エクセレントドリル

1級 電気工事施工管理技士

試験によく出る 重要問題集

市ケ谷出版社

はじめに

「電気工事施工管理技士」の資格制度は，建設業法によって制定されたもので，電気工事技術者の技術水準を高めること，および社会的地位の向上を目的としています。この資格は，電気工事の仕事に携わる者にとって，必要不可欠なものとなっています。

この試験に出題される電気工学，電気設備，関連分野，施工管理法，関連法規は，電気工事の現場で指導監督的な立場に立つことを期待されている受験生各位にとって，身につけておかなければならない知識です。

本書は，忙しく活躍されている電気工事技術者の皆様が，**独学で短期間に試験に合格することを目標**としてつくられています。

本書の主な特徴は，次の３点です。

① 章の扉には，学習の指針，出題分野と出題傾向を示し，能率良い学習ができるようにしました。節では項目ごとに過去の出題傾向と出題内容（キーワード）を表組で示し，内容確認がしやすいようにしました。

② **頻出の試験問題を，多数掲載**してあります。受験勉強で大切なことは，**「多くの試験問題を解き，合格に必要な力をつけること」**です。本書はできるだけ多くの問題を取りあげ，解説してあります。

③ 毎年のように出題される内容について，**「試験によく出る重要事項」**として簡潔にまとめてあります。出題頻度の高い重要な語句は**黒色のゴシック**で，重要な事項は，**緑色のアンダーライン**で示してあり，学習の効果を高められるようにしてあります。

本書を十分活用されることにより，輝かしい「1級電気工事施工管理技士」の資格を取得されることを，心から祈念しています。

執筆者一同

試験の特徴と本書の利用法

(1) 本書の構成

本書は，次のような内容で構成されています。

1章　電気工学　（選択問題）
2章　電気設備　（選択問題）
3章　関連分野　（選択問題）
4章　設計・契約 **（必須問題）**
5章　工事施工（選択問題）
6章　施工管理 **（必須問題）**
7章　法規　　（選択問題）

(2) 試験の特徴と対策

① 試験には，**必須問題と選択問題**とがあります。その内容と分野別出題数，解答数，および本書における収録問題数は，viiiページの一覧表のとおりです。

② **重点学習方法**としては，次の方法があります。

1) **必須問題**を重点的に学習する。
　・問題数が多い**施工管理**を最重点に学習する。
　・問題数が少ない設計・契約も取りこぼさないように学習する。

2) **選択問題**は，自分の得意分野を中心にして，確実に得点できるように学習する。

(3) 本書での学習の仕方

① 章の初めに学習の指針，出題分野と出題傾向を示しました。効果的学習に役立てて下さい。

② 各節の初めに過去の出題傾向と出題内容（キーワード）を項目ごとに示しました。細かく表記していますので確実におさえておきましょう。

③ すべて過去に出題された問題や類似の問題を掲載しています。これらの問題をすらすらと解けるなら，その分野は**一応合格圏内**にあると判断してもよいでしょう。**解けなければ，解説を読みゴシックのキーワードを覚え，さらにアンダーラインの部分を正しく理解し，問題が解けるようになるまで，繰り返しましょう。**

④ **「試験によく出る重要事項」**は，過去に繰り返し出題された内容を整理したものです。今後も出題される可能性が高いので，内容を十分理解して下さい。

⑤ 項目の重要度を★の数で示してあります。「★★★」が付されている箇所は，最も重要度が高いことを示していますので，参考にして下さい。

(4) 学科試験の解答時の留意事項

学科試験は，**四肢択一**の形式で出題されます。出題形式は，主として次の形式の問い掛けがされています。

・**不適当なもの**はどれか。
・**最も不適当なもの**はどれか。
・**適当なもの**はどれか。
・**正しいもの**はどれか。
・**誤っているもの**はどれか。
・**定められていないもの**はどれか。
・**定められているもの**はどれか。

「不適当なものはどれか。」という問い掛けの出題が多いのですが，同じ問い掛けの出題が続くと，そのつもりになって，次の出題が「適当なものはどれか。」であっても，問い掛けをよく読まないで「不適当なものはどれか。」と思って解答してしまう場合もあります。

出題の問い掛けは，問題ごとに最後までよく読むことが大切です。

このことは非常に簡単なことですが，実際には問題の流れにのって，ついうっかりして，失敗する例もあるようです。

また，正しい，あるいは適当である文が並んでいて，１つの文だけ誤っているもの，あるいは適当でないもの，すなわち「まちがっているもの」を探す形式の出題が多いので，**文章を正しく読みとる**ことが特に大切です。

時間は十分にあります。落ち着いて，混乱のないようにしましょう。

(5) 受験申込について

① 試験日および試験地

学科試験は，毎年６月上旬に行われます。試験地は，札幌，仙台，東京，新潟，名古屋，大阪，広島，高松，福岡および那覇です。

② 受験申込書の提出期間および提出先

受験申込期間は，２月上旬から２月中旬ですが，詳しくは，官報を見るか，(一・財) 建設業振興基金にて最新の情報を入手して下さい。

又，受験申込書の提出先は，(一・財) 建設業振興基金です。

一般財団法人 建設業振興基金 試験研修本部
〒105－0001 東京都港区虎ノ門４丁目２番12号 虎ノ門４丁目MTビル２号館
TEL：03－5473－1581　　FAX：03－5473－1592

目　　次

電気工学等

施工管理法・法規

分野別出題数と解答数、本書収録問題数一覧

最近の出題数及び必要解答数は，以下に示すようになっています（令和元年度の例）。なお，各章の出題数の内訳については，毎年多少変わります。

午前の部：電気工学，電気設備，関連分野，設計・契約

出題数：58 問　　必要解答数：32 問　　解答時間：2 時間 30 分

出題分類		出題数	必要解答数	選択・必須	本書収録問題数
第 1 章　電気工学		15	10	選択問題 15 問出題 10 問選択	61
1-1 電気理論	5				
1-2 電気機器	3				
1-3 電力系統	4				
1-4 電気応用	3				
第 2 章　電気設備		33	15	選択問題 33 問出題 15 問選択	87
2-1 発電設備	2				
2-2 変電設備	1				
2-3 送配電設備	9				
2-4 構内電気設備	16				
2-5 電車線	3				
2-6 その他設備	2				
第 3 章　関連分野		8	5	選択問題 8 問出題 5 問選択	39
3-1 機械設備関係	2				
3-2 土木関係	4				
3-3 建築関係	2				
第 4 章　設計・契約		2	2	**必須問題**	8
午前の部　小計		58	32		195

午後の部：工事施工，施工管理，法規

出題数：34 問　　必要解答数：28 問　　解答時間：2 時間 00 分

出題分類		出題数	必要解答数	選択・必須	本書収録問題数
第 5 章　工事施工		9	6	選択問題 9 問出題 6 問選択	39
第 6 章　施工管理		12	12	**必須問題**	59
6-1 施工計画	3				
6-2 工程管理	3				
6-3 品質管理	3				
6-4 安全管理	3				
第 7 章　法規		13	10	選択問題 13 問出題 10 問選択	45
7-1 建設業法	3				
7-2 電気関係法規	3				
7-3 建築関係法規	3				
7-4 労働安全衛生法	2				
7-5 労働基準法	1				
7-6 その他関連法規	1				
午後の部　小計		34	28		143
合　計		92	60		338

第1章　電気工学

◎学習の指針

電気工学は，知っておかなければならない電気基礎技術からの出題です。
4つの分野から毎年15問出題され，任意に10問を選択し解答します。
着実に理解できる項目より始め，その範囲を広げていきましょう。

●出題分野と出題傾向

・問題No.1～15が対象です。
・電気工学の範囲は，基礎となる理論から，電気を作る，電気を配る，電気を使うまでの幅広い範囲となっています。
・電気工学は，電気理論，電気機器，電力系統，電気応用の4つの分野から出題されます。
・電気工学は，公式を扱った問題，計算問題が多く出題されます。
選択問題ですので，着実に理解できる項目から学習し，その選択の範囲を広げていきましょう。

分野	出題数	出題頻度が高い項目
1-1　電気理論	5	電気磁気・電気回路の公式を扱った計算， 計測計器の動作原理，分流器の倍率， 論理回路とリレー回路，自動制御方式
1-2　電気機器	3	同期発電機の各種特性，変圧器の電圧変動・損失， 力率改善に必要なコンデンサ容量の算出
1-3　電力系統	4	発電方式と供給力，汽力発電のランキンサイクル， 水力発電所の出力計算，直流送電の特徴， 送配電線の短絡容量計算
1-4　電気応用	3	照明の用語，逐点法照度計算， 太陽電池の原理， 電動機の始動方式・速度制御
計	15	

1－1 電気理論

●過去の出題傾向

電気理論は，毎年電気磁気より2問，電気回路，電気計測，自動制御より1問ずつの合計5問出題されている。

[電気磁気]

・電気磁気は，毎年**公式を扱った問題**，**計算問題**が出題されている。

・**コンデンサ**の出題頻度が高い。**コンデンサ**は，容量の算出，または蓄えられる電荷，エネルギーを算出させる問題が多い。
　いずれも，関係する公式を理解し，その算出方法を習得しておく。

・**直線状電流と磁界**は**アンペア周回路**の法則と呼ばれ，電流と磁界の強さの関係をあらわした公式を理解しておく。

・**インダクタンス**，**直線状電流と磁界**の出題頻度が高い。
　自己インダクタンス，**相互インダクタンス**を求める問題が，しばしば出題されている。関係する公式を理解し，式の変換により**自己・相互インダクタンス**を導き出せるようにしておく。

[電気回路]

・電気回路は，毎年**公式を扱った問題**，**計算問題**が出題されている。

・**抵抗**の出題頻度が高い。**抵抗**は，導体の抵抗値の算出，または電流を流した時に発生する熱量を算出させる問題が多い。

・三相回路についてしばしば出題される。Y回路，Δ回路の違い，**相電圧**と**線間電圧**の変換方法を習得しておく。

・**抵抗**，**インダクタンス**，**リアクタンス**が接続された基本回路の特性，及び**力率**の仕組みと，計算方法を習得しておく。

・**キルヒホッフの法則**，**ブリッジ回路**は，電気回路の基本であり理解しておく必要がある。

[電気計測]

・電気計測は，様々な電気計器の動作原理を問う問題が多い。
　計測機器の種類，**特徴**，**動作原理**を理解しておく。

・**分流器**の役割と倍率，抵抗の求め方を習得しておく。

[自動制御]

・自動制御は，**論理回路**と**伝達関数**に関する問題が交互に出題される傾向がある。

・OR 回路，AND 回路，NOR 回路，NAND 回路の入力と出力の関係を理解しておく。
・フィードバック制御の伝達関数の求め方を習得しておく。

項目	出題内容（キーワード）
電気磁気	コンデンサ： 平行板コンデンサ，静電容量，電荷量，誘電体，誘電率，比誘電率，電極板，コンデンサに蓄えられるエネルギー，コンデンサの並列接続・直列接続の合成容量 電流と磁界： アンペア右ねじの法則，アンペア周回路の法則，磁界，フレミング左手の法則 電気力線，等電位面，等電位線，正電荷，負電荷 コイルのインダクタンス： 自己インダクタンス，相互インダクタンス，透磁率，平均磁路長，磁束，磁気抵抗
電気回路	ジュール熱： ジュールの法則，発熱量 電気抵抗： 導体，抵抗率，抵抗値 交流回路： キルヒホッフの法則（第 1 法則，第 2 法則），インピーダンス，誘導リアクタンス，容量リアクタンス，平衡三相電源，線間電圧，相電圧，消費電力，力率，位相差，波形率，実効値，平均値，皮相電力，有効電力，無効電力 ブリッジ回路： 検電器，実数，虚数
電気計測	電気計測計器： 誘導形計器，静電形計器，熱電対形計器，永久磁石可動コイル形計器，電流力計形計器 分流器： 分流器の倍率，内部抵抗
自動制御	論理回路： OR 回路，AND 回路，NOR 回路，NAND 回路，真理値表，シーケンス制御，リレー接点 フィードバック制御： ブロック図，伝達関数，合成伝達関数，制御量，目標値，入力信号，出力信号，ステップ入力，積分動作

1-1　電気理論　電気磁気　コンデンサ　★★★

1　図に示す電極板の面積 $A = 0.2\text{m}^2$ の平行板コンデンサに，比誘電率 $\varepsilon_r = 2$ の誘電体があるとき，このコンデンサの静電容量として，**正しいものはどれか。**

ただし，誘電体の厚さ $d = 4\text{ mm}$，真空の誘電率は ε_0〔F/m〕とし，コンデンサの端効果は無視するものとする。

1.　$1.6\,\varepsilon_0$〔F〕
2.　$40\,\varepsilon_0$〔F〕
3.　$100\,\varepsilon_0$〔F〕
4.　$2\,500\,\varepsilon_0$〔F〕

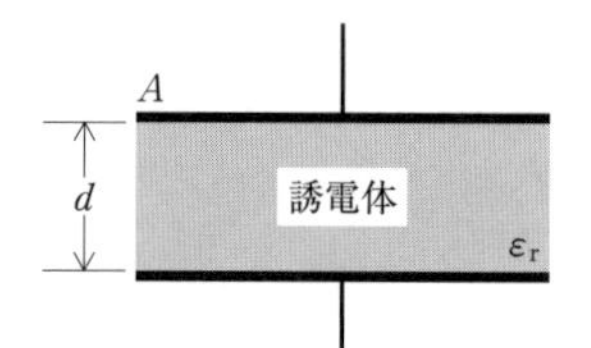

解答

コンデンサの静電容量 C は，次の式で表される。

$$C = \varepsilon \frac{A}{d}$$　A：電極板の面積，d：誘電体の厚さ

ε（誘電率）$= \varepsilon_r$（比誘電率）$\times \varepsilon_0$（真空の誘電率）

上式に問題中の数値を代入すると，$100\,\varepsilon_0$ が得られる。

したがって，**3が正しい。**　<u>正解　3</u>

解説

平行板コンデンサの面積 A（m^2），誘電体の厚さ d（m），誘電率 ε とすると，コンデンサ容量 C（F）は，①式で表される。

$$C = \varepsilon \frac{A}{d}\ \text{(F)} \quad \cdots\cdots ①$$

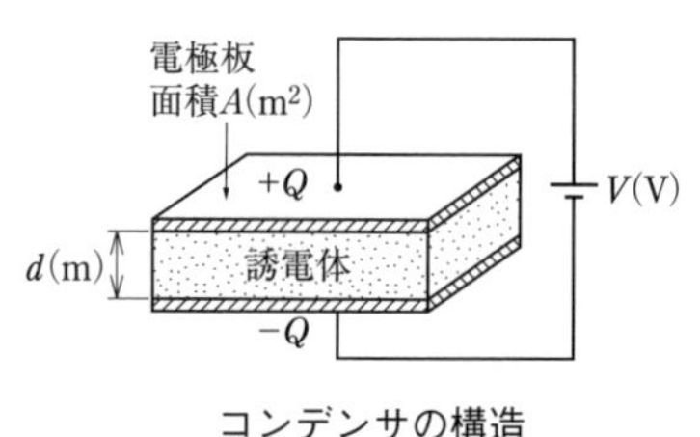

コンデンサの構造

①式からわかるように，コンデンサ容量は面積に比例し，厚さに反比例することがわかる。

式に問題文の数値を代入する。

$A = 0.2\text{m}^2$，$d = 4\text{ mm} \Rightarrow 0.004\text{ m}$

ε（誘電率）$= \varepsilon_r$（比誘電率）$\times \varepsilon_0$（真空の誘電率）$= 2\,\varepsilon_0$

よって，$C = \dfrac{2\,\varepsilon_0 \times 0.2}{0.004} = 100\,\varepsilon_0$

となる

試験によく出る重要事項

1. コンデンサに蓄えられる電荷

容量 C（F）の平行板コンデンサに電圧 V（V）を印加し，電極板には $+Q$（q），$-Q$（q）の電荷が蓄えられたとすると，②式が成り立つ。

$$Q = CV \Rightarrow C = \frac{Q}{V}\text{(F)} \cdots\cdots\cdots\cdots ②$$

2. コンデンサの合成容量

❶ 直列接続の場合

コンデンサ C_1，C_2，C_3 を直列接続したとき，それぞれのコンデンサに蓄えられる電荷 Q は等しいため，合成コンデンサ容量 C_0 は，③式で表すことができる。

$$V = V_1 + V_2 + V_3 = Q\frac{1}{C_1} + Q\frac{1}{C_2} + Q\frac{1}{C_3} = Q\left(\frac{1}{C_1} + \frac{1}{C_2} + \frac{1}{C_3}\right)$$

$$C_0 = \frac{Q}{V} = \frac{1}{\frac{1}{C_1}+\frac{1}{C_2}+\frac{1}{C_3}} \quad \text{よって，} \frac{1}{C_0} = \frac{1}{C_1} + \frac{1}{C_2} + \frac{1}{C_3} \cdots\cdots\cdots\cdots ③$$

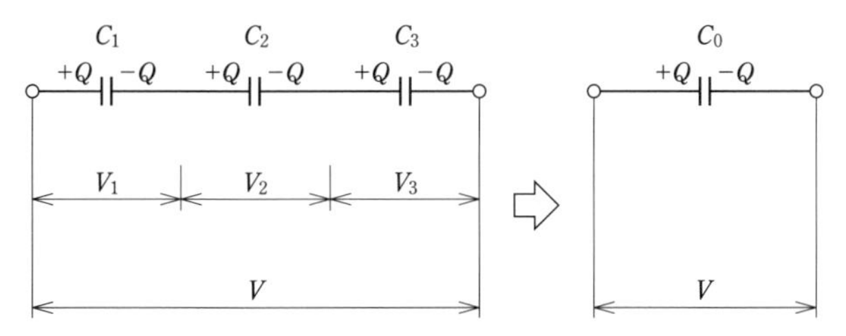

❷ 並列接続の場合

コンデンサ C_1，C_2，…，C_n を並列接続したとき，それぞれのコンデンサにかかる電圧が等しいため，合成コンデンサ容量 C_0 は，④式で表すことができる。

$$Q = Q_1 + Q_2 + Q_3 = C_1V + C_2V + C_3V = V(C_1 + C_2 + C_3)$$

$$C_0 = \frac{Q}{V} = C_1 + C_2 + C_3 \cdots\cdots\cdots\cdots ④$$

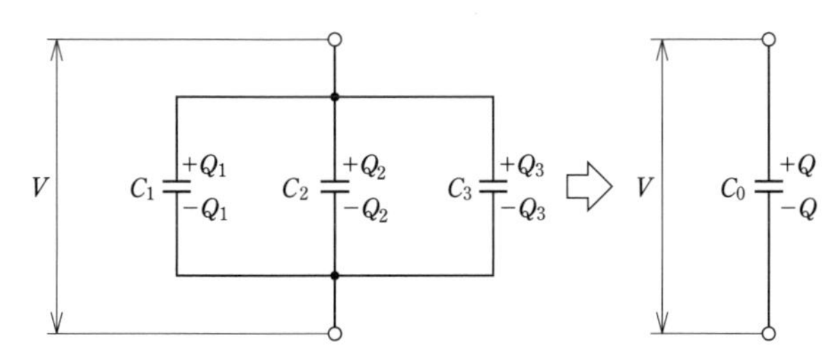

類題　図に示す回路において，コンデンサ C_1 に蓄えられる電荷量として，正しいものはどれか。

1. 50 μC
2. 60 μC
3. 250 μC
4. 300 μC

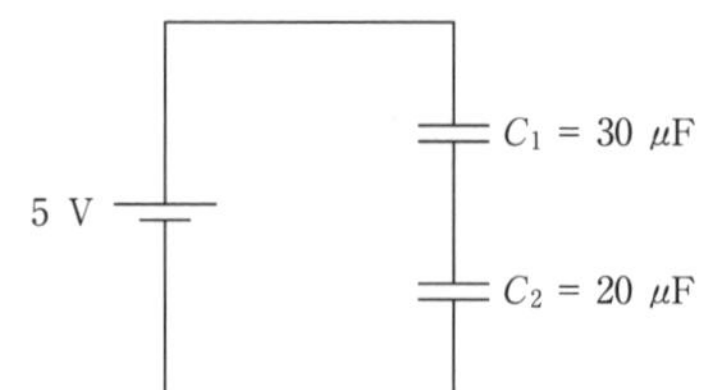

解答

直列接続のコンデンサの合計容量 C は，

$$C=\frac{1}{\frac{1}{C_1}+\frac{1}{C_2}}=\frac{C_1C_2}{C_1+C_2}=\frac{30\times 20}{30+20}=\frac{600}{50}=12\ (\mu\text{F})$$

となる。それぞれ C_1，C_2 に蓄えられる電荷量 Q は等しいため，Q は，電圧 V とすると，$Q=CV=12\times 5=60(\mu\text{C})$ となる。

したがって，2 が正しい。　　正解　2

類題　図に示す回路において，電圧 V〔V〕を加えたとき，静電容量 C_1〔F〕，C_2〔F〕のコンデンサに蓄えられる合計のエネルギー W〔J〕の大きさを表す式として，正しいものはどれか。

1. $W=\frac{C_1C_2V^2}{2(C_1+C_2)}$〔J〕
2. $W=\frac{(C_1+C_2)V^2}{2C_1C_2}$〔J〕
3. $W=\frac{V^2}{2(C_1+C_2)}$〔J〕
4. $W=\frac{(C_1+C_2)V^2}{2}$〔J〕

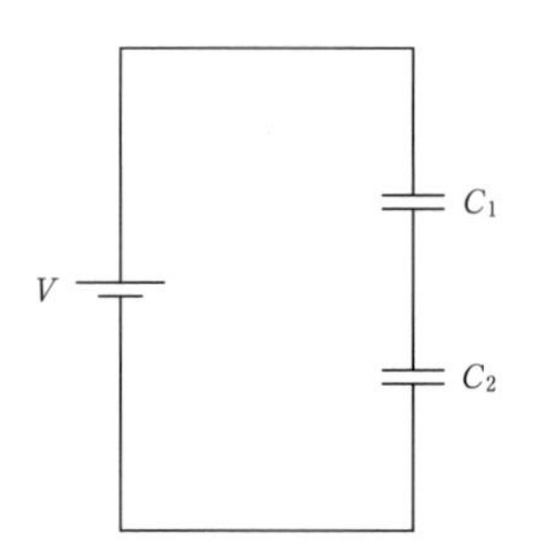

解答

静電容量 C_1（F），C_2（F）のコンデンサを直列接続したときの合成容量は，

$C=\frac{C_1C_2}{C_1+C_2}$ となる。このコンデンサが，電圧 V（V）で充電されているときに蓄えられるエネルギー W（J）は，$W=\frac{1}{2}CV^2=\frac{C_1C_2V^2}{2(C_1+C_2)}$（J）となる。

したがって，1 が正しい。　　正解　1

1-1　電気理論　電気磁気　直線状電流と磁界　★★★

2　図に示す無限に長い直線状導線に電流 I〔A〕が流れているとき，点Pの磁界の強さ H〔A/m〕を表す式として，**正しいものはどれか。**

ただし，直線状導線から点Pまでの垂直距離は r〔m〕とする。

1. $H=\dfrac{I}{r}$〔A/m〕
2. $H=\dfrac{I}{2r}$〔A/m〕
3. $H=\dfrac{I}{2\pi r}$〔A/m〕
4. $H=\dfrac{I}{\pi r^2}$〔A/m〕

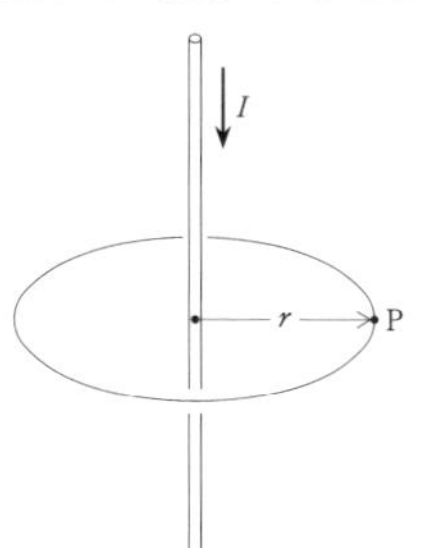

解 答

直線状導体に流れる電流 I から r 離れた点での磁界は，次の式で表される。

$I=2\pi rH$　よって，$H=\dfrac{I}{2\pi r}$

したがって，**3が正しい。**　　　正解　3

解 説

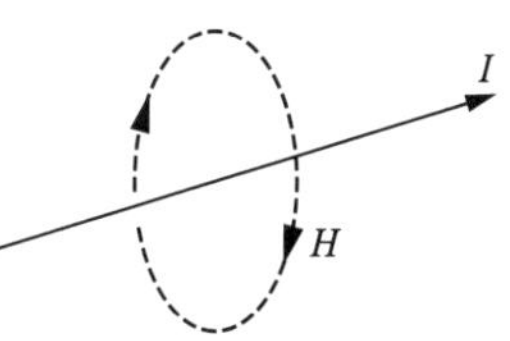

右図のような無限に長い直線導体に，電流 I（A）が流れているとき，この導体と垂直に交わる半径 r の円周上に，右回りの磁界ができる（**アンペア右ねじの法則**）。

また，半径 r 上の点Pの磁界 H（A/m）は，電流 I を中心に一周しており，円周上の磁界は等しい。1周の長さは $2\pi r$ で表されるため，

$$I=2\pi rH$$

となる（**アンペア周回路の法則**）。

よって，円周上の点Pの磁界は，次の式で表される。

$$H=\frac{I}{2\pi r}\ \text{(A/m)}$$

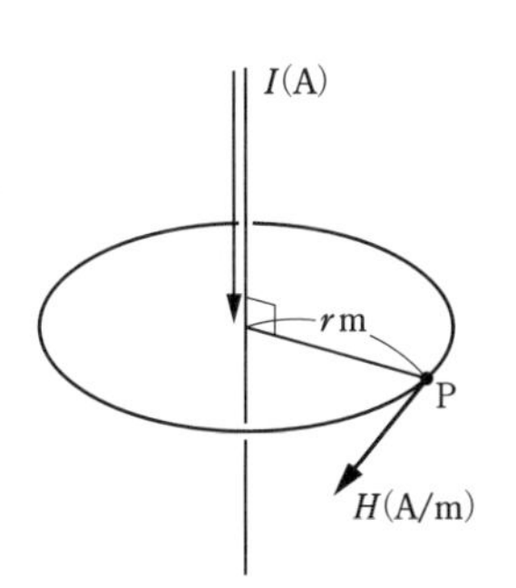

電流と磁界の関係

類題　十分に長い平行直線導体A，Bに図に示す方向に電流を流したとき，導体Aに流れる電流が導体Bの位置につくる磁界の方向と，導体Bに働く力の方向の組合せとして，**正しいもの**はどれか。

	磁界の方向	力の方向
1.	a	ア
2.	b	ア
3.	a	イ
4.	b	イ

解答

導体Aの電流により導体Bの位置には，右ねじを回す方向（b）に磁界が発生する（**アンペア右ねじの法則**）。磁界の方向が左手の人さし指，電流の方向が中指とすれば，親指の方向が電磁力となり，導体Bに働く力の方向はイとなる（**フレミング左手の法則**）。

したがって，**4**が正しい。　正解　4

1−1　電気理論　電気磁気　電気力線　★★

3　静電界における電気力線に関する記述として，**不適当なもの**はどれか。

1. 電気力線は，等電位面と垂直に交わる。
2. 電気力線は，負電荷に始まり正電荷に終わる。
3. 電気力線の密度は，その点の電界の大きさを表す。
4. 電気力線の向きは，その点の電界の方向と一致する。

解答

電気力線とは，電界の状態を視覚的に線で表現したもので，正電荷に始まり負電荷に終わる。また，電気力線には下記の特徴がある。

・電気力線は等電位面（等電位線）と垂直に交わる。
・電気力線の密度は，その点の電界の大きさを表す。
・電気力線の任意の点の接線方向が，その点の電界の方向である。

したがって，**2**が不適当である。　正解　2

1-1 電気理論 電気磁気 インダクタンス ★★★

4 図に示す，平均磁路長 L〔m〕，断面積 S〔m^2〕，透磁率 μ［H/m］の環状鉄心に，巻数 N_1，N_2 の2つのコイルがあるとき，両コイル間の相互インダクタンス M〔H〕を表す式として，**正しいもの**はどれか。

ただし，漏れ磁束はないものとする。

1. $M = \dfrac{\mu S N_1 N_2}{L}$［H］
2. $M = \dfrac{N_1 N_2}{\mu S L}$［H］
3. $M = \dfrac{L}{\mu S N_1 N_2}$［H］
4. $M = \dfrac{\mu S L}{N_1 N_2}$［H］

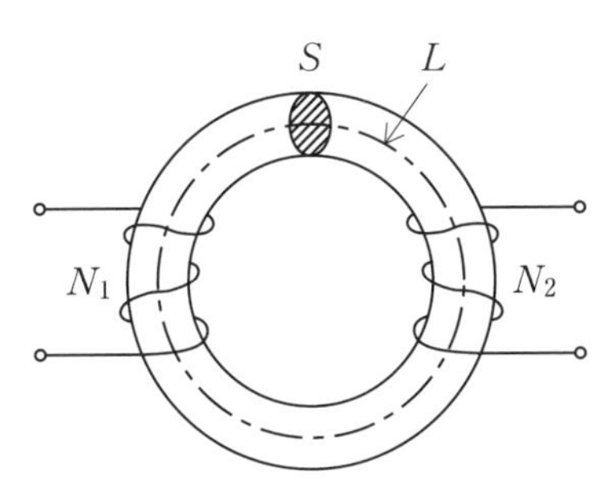

解答

巻数 N_1，N_2 のコイルの相互インダクタンスは，$M = \dfrac{\mu S N_1 N_2}{L}$（H）である。

したがって，**1 が正しい。** **正解 1**

解説

単一の巻線回路に電流 I が流れているとき，電流に比例してコイルを貫く磁路に磁束 ϕ（Wb）が発生する。①式の係数 L_0 を**自己インダクタンス**と呼ぶ。

$$\phi = L_0 I \text{（Wb）} \Rightarrow L_0 = \frac{\phi}{I} \text{（H）} \cdots\cdots ①$$

よって，巻数 N_1 のコイルの自己インダクタンスは，$L_1 = N_1 \dfrac{\phi}{I}$（H）となる。

磁気抵抗 Rm は，磁束の流れにくさを表す度合いで，$\phi = \dfrac{N_1 I}{Rm}$（Wb）である。

また，磁気抵抗は，磁路長 L に比例し，透磁率 μ，断面積 S に反比例するため $Rm = \dfrac{L}{\mu S}$ であり，この Rm を ϕ の式に代入すると，$\phi = \dfrac{\mu S N_1 I}{L}$（Wb）となる。

この ϕ を自己インダクタンス L_1 に代入し，$L_1 = \dfrac{\mu S {N_1}^2}{L}$（H）が得られる。

同様に巻数 N_2 のコイルの自己インダクタンスは，$L_2 = \dfrac{\mu S {N_2}^2}{L}$（H）となる。

ここで設問の図のように環状鉄心に巻かれた2つのコイルがあるとき，コイルの**相互インダクタンス M** は，結合係数を k とすると②式で表される。

$$M = k\sqrt{L_1 \cdot L_2}\ \text{(H)} \cdots\cdots ②$$

漏れ磁束はないため $k = 1$ であり，相互インダクタンスは③式となる。

$$M = \sqrt{\frac{\mu S N_1^2}{L} \cdot \frac{\mu S N_2^2}{L}} = \frac{\mu S N_1 N_2}{L}\ \text{(H)} \cdots\cdots ③$$

試験によく出る重要事項

1. 磁気回路

磁気回路は，磁気抵抗 Rm を抵抗 R，磁束 ϕ を電流 I，起磁力 nI を起電力 V というように，電気回路と対比させて考えると理解が容易である。

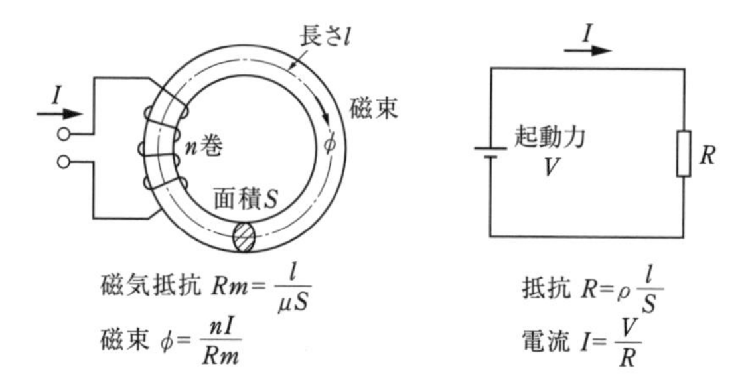

磁気回路と電気回路

2. ヒステリシスループ

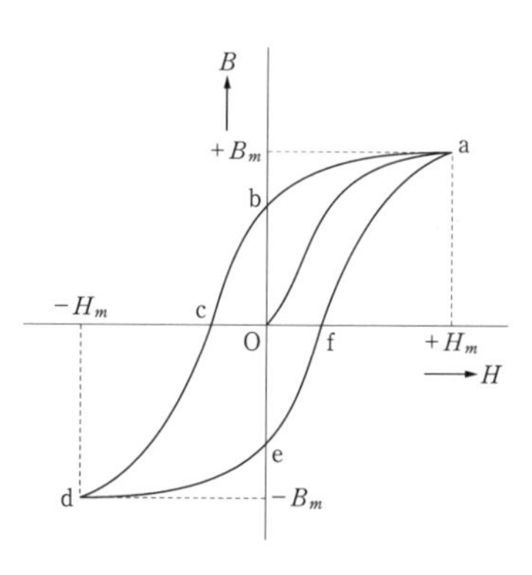

右のグラフは横軸に H:**磁界の強さ**（A／m），縦軸に磁性体自身が磁化された強さ B：**磁束密度**（T）を表している。

1. 0→aの経路

磁性体が磁化されていない状態から，磁界を徐々に加えていくと，もうこれ以上磁化しないa点に達する。この磁束密度を**飽和磁束密度**（Bm）という。

2. a→bの経路

磁界を徐々に減らし0にする。外部磁界を0にしても磁性体には，**残留磁気**（0b）が残る。

3. b→cの経路

逆向きの磁界を磁性体自体の磁束密度が0になるまで加えていく。残留磁気を完全になくすための磁界の強さを**保磁力**（0c）という。

4. c→dの経路

さらに逆向きに磁界を加えていくと，もうこれ以上磁束密度が増えていかない飽和点dに達する。

5. d→e→f→aの経路

再び元の向きに磁界を加えていくと，a点に戻っていく。

この曲線を**ヒステリシスループ**と呼び，囲われた部分は，**ヒステリシス損**と呼ばれる磁気損失となる。

1-1　電気理論　電気回路　ジュール熱　★★★

5　1Ωの抵抗に5Vの電圧を1分間かけたとき，この抵抗に発生する熱量として，正しいものはどれか。

1. 5 J
2. 25 J
3. 300 J
4. 1 500 J

解答

抵抗をR（Ω），電流をI（A），時間をt（秒）とすれば，発熱量Q（J）は，

$$Q=RI^2t \text{ (J)}$$

となる（ジュールの法則）。

また電流I（A）は，次の式で求められる。

$$I=\frac{V}{R}=\frac{5}{1}=5.0 \text{ (A)}$$

Rは1(Ω)，tは秒であるから1分を60秒に換算し，Rとtを発熱量を求める式に代入する。

$$Q=1\times5.0^2\times60=1\,500 \text{ (J)}$$

したがって，4が正しい。　正解　4

1−1　電気理論　電気回路　電線の電気抵抗　★★★

6　直径が 2 mm，長さが 1 km の導体の抵抗値として，**正しいもの**はどれか。
ただし，導体の抵抗率は 2×10^{-8} Ω・m とする。

1. $\dfrac{1}{50\pi}$ Ω
2. $\dfrac{\pi}{20}$ Ω
3. $\dfrac{20}{\pi}$ Ω
4. 50π Ω

解答

抵抗 R(Ω)は，断面積 A(m^2)に反比例し，長さ l(m)と抵抗率 ρ（Ω・m)に比例する。

よって，抵抗は次の式で表される。

$$R = \rho \frac{l}{A}$$

導体の断面積 A(m^2)，長さ l(m)は，次のようにして求める。

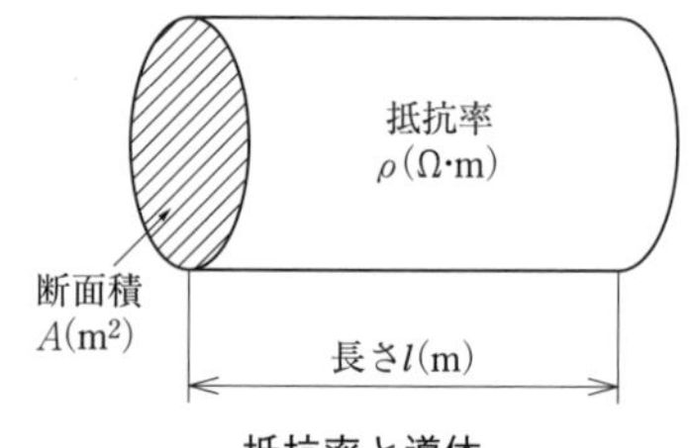

抵抗率と導体

$$A = \pi \times (\text{半径})^2 = \pi \times (\frac{2}{2} \times 10^{-3})^2$$

$$= \pi \times 10^{-6} (m^2)$$

$l = 1$ (km)　よって，$l = 1 \times 10^3$(m)

抵抗率は $\rho = 2 \times 10^{-8}$(Ω・m) であり，これらの数値を上式に代入する。

$$R = \rho \frac{l}{A}$$

$$= 2 \times 10^{-8} \times \frac{1 \times 10^3}{\pi \times 10^{-6}} = \frac{20}{\pi} \ (\Omega)$$

したがって，**3** が正しい。　　**正解　3**

1-1　電気理論　電気回路　交流回路　★★★

7

交流回路に関する記述として，**不適当なものはどれか**。

1. 回路網の任意の接続点において，流入する電流の和と流出する電流の和は等しい。
2. 回路網の中で任意の閉回路を一巡するとき，その閉回路中の起電力の和と電圧降下の和は等しい。
3. 電源に直列に接続されたコンデンサのそれぞれの電圧は，各コンデンサの静電容量に比例した大きさとなる。
4. 電源に並列に接続された抵抗のそれぞれの電流は，各抵抗の値に反比例した大きさとなる。

解答

直列に接続されたコンデンサの電圧

右図の直列接続されたコンデンサの合成容量 C は，①式で表される。

$$C = \frac{1}{\frac{1}{C_1} + \frac{1}{C_2}} = \frac{C_1 C_2}{C_1 + C_2} = \cdots\cdots\cdots ①$$

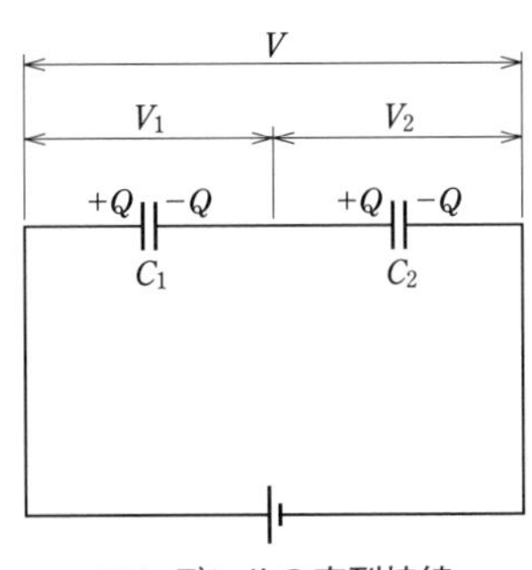

コンデンサの直列接続

コンデンサの直列接続において，それぞれのコンデンサに蓄えられる電荷Qは等しいので，次の式が成り立つ。

$$V_1 = \frac{Q}{C_1} \cdots\cdots ②,\quad V_2 = \frac{Q}{C_2} \cdots\cdots ③$$

$$Q = CV = \frac{C_1 C_2}{C_1 + C_2} \cdot V \cdots\cdots\cdots\cdots ④$$

④式を②，③式にそれぞれ代入すると，⑤，⑥式となり，直列接続されたコンデンサの電圧は，それぞれの静電容量に反比例することがわかる。

$$V_1 = \frac{Q}{C_1} = \frac{C_2}{C_1 + C_2} V \cdots\cdots ⑤,\quad V_2 = \frac{Q}{C_2} = \frac{C_1}{C_1 + C_2} V \cdots\cdots ⑥$$

したがって，**3** が不適当である。

正解　3

試験によく出る重要事項

1. 並列に接続された抵抗の電流

次の図のような並列に接続された抵抗回路において，各抵抗の電圧は等しいことから，それぞれの抵抗に流れる電流値は，次のようになる。

$$I_1 = \frac{V}{R_1} \quad I_2 = \frac{V}{R_2} \quad I_3 = \frac{V}{R_3}$$

これにより，電源に並列に接続された抵抗のそれぞれの電流は，各抵抗の値に反比例した大きさになることがわかる。

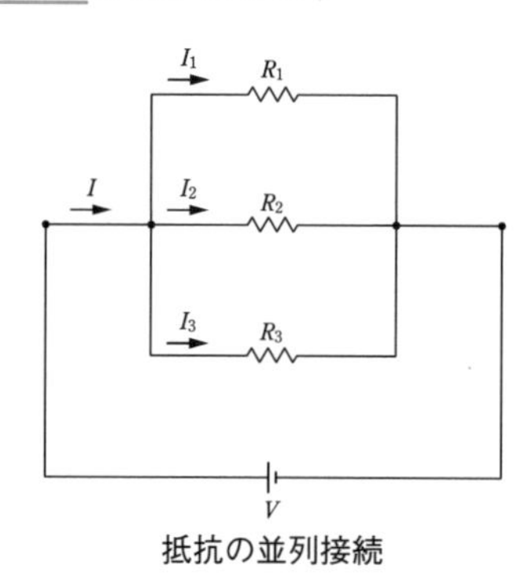

抵抗の並列接続

2. キルヒホッフ第1法則

回路網の任意の接続点において，流入する電流の和と流出する電流の和は等しい。これをキルヒホッフの第1法則という。

右図の接続点aでは，次の式が成り立つ。

$I_1 + I_2 = I_3$

3. キルヒホッフ第2法則

回路網の中で任意の回路を一巡するとき，その閉回路網の中で起電力の和と電圧降下の和は等しい。これをキルヒホッフの第2法則という。

右図の閉回路では，次の式が成り立つ。

閉回路Ⅰ：$E_1 = R_1I_1 + R_3I_3$

閉回路Ⅱ：$E_2 = R_2I_2 + R_3I_3$

閉回路Ⅲ；$E_1 - E_2 = R_1I_1 - R_2I_2$

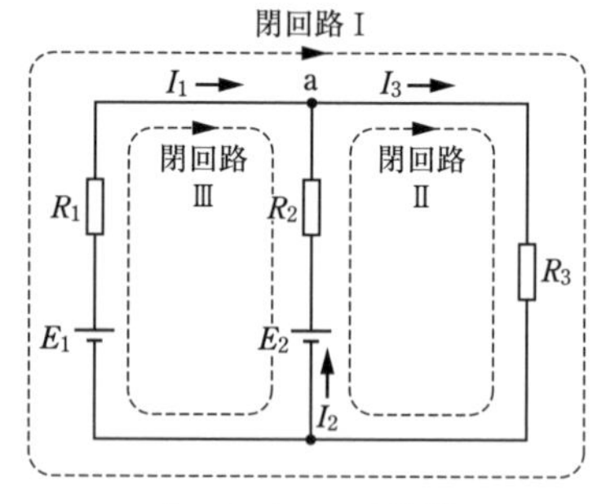

キルヒホッフの法則

1-1 電気理論 電気回路 三相回路 ★★★

8 図に示す三相交流回路に流れる電流 I〔A〕を表す式として，**正しいものは**どれか。

ただし，電源は平衡三相電源とし，線間電圧は V〔V〕，誘導リアクタンスは X_L〔Ω〕，容量リアクタンスは X_C〔Ω〕，X_L と X_C の関係は $X_L > X_C$ とする。

1. $I = \dfrac{V}{3(X_L - X_C)}$〔A〕
2. $I = \dfrac{V}{\sqrt{3}(X_L - X_C)}$〔A〕
3. $I = \dfrac{\sqrt{3}V}{X_L - X_C}$〔A〕
4. $I = \dfrac{3V}{X_L - X_C}$〔A〕

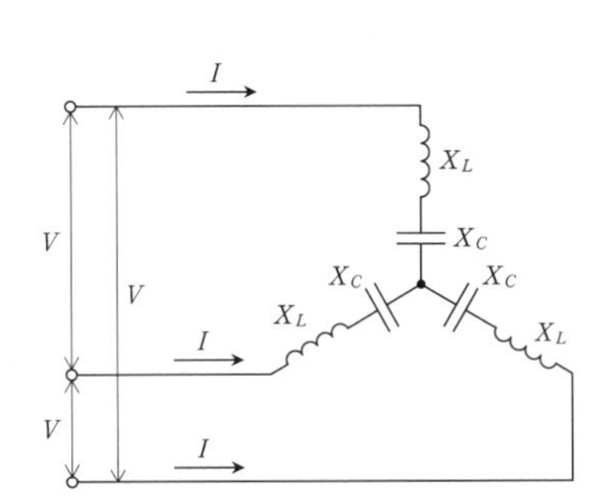

解 答

各相を流れる電流 I (A) は，次式で求められる。

$$I = \frac{\text{相電圧}}{\text{相インピーダンス}} = \frac{V}{\sqrt{3}\,(X_L - X_C)} \text{ (A)}$$

したがって，**2 が正しい。** **正解 2**

解 説

電源は平衡三相電源であり，また各相のインピーダンスは等しい。

この場合，各相を流れる電流は，下の図のような仮想中性線を想定した等価回路で算出することができる。

設問では電圧は線間電圧 V (V) のため，相電圧に変換する必要があり $\dfrac{V}{\sqrt{3}}$ (V) となる。

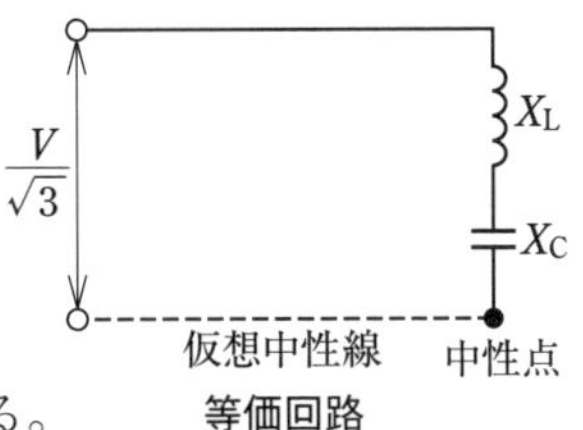

等価回路

また，各相のインピーダンスは $X_L - X_C$ であり，よって，各相を流れる電流 I (A) は，次の式で表される。

$$I = \frac{\text{相電圧}}{\text{相インピーダンス}} = \frac{V}{\sqrt{3}\,(X_L - X_C)} \text{ (A)}$$

類題　図に示す平衡三相回路において，三相負荷の消費電力が4 kWである場合の抵抗 R の値として，正しいものはどれか。

1.　10 Ω
2.　30 Ω
3.　90 Ω
4.　270 Ω

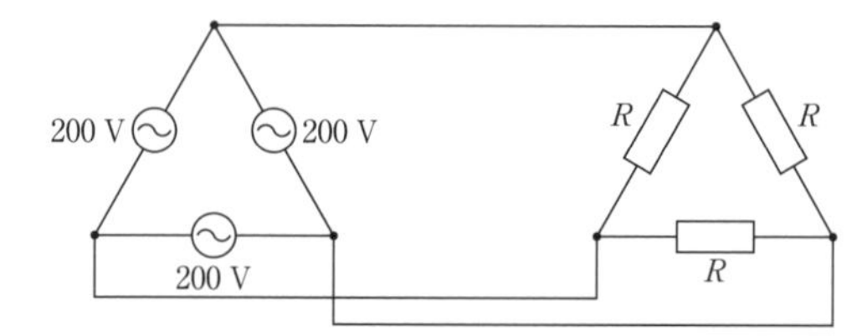

解答

単相消費電力 P_1 は，$P_1 = VI = \frac{V^2}{R}$ であるから，三相分は次の式で表される。

三相消費電力 $4(\mathrm{kW}) = 4\,000(\mathrm{W}) = 3P_1 = 3 \times \frac{V^2}{R}$

よって，$R = \frac{3V^2}{3P_1} = \frac{3 \times (200)^2}{4\,000} = 30$（Ω）　したがって，2が正しい。 正解　2

1−1　電気理論　電気回路　力率　★★★

9　図に示す RLC 直列回路に交流電圧を加えたときの力率の値として，正しいものはどれか。

ただし，$R = 3$ Ω，$X_L = 8$ Ω，$X_C = 4$ Ωとする。

1.　0.5
2.　0.6
3.　0.7
4.　0.8

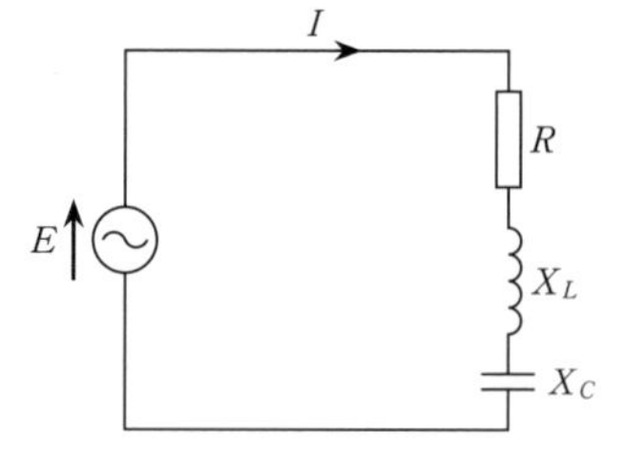

解答

力率 $\cos\theta$ は，インピーダンスを Z，抵抗を R とすると，次の式で表される。

$$\cos\theta = \frac{R}{Z} \qquad Z = \sqrt{R^2 + (X_L - X_C)^2}$$

これに問題文の数値を代入すると，$\cos\theta = 0.6$ となる。

したがって，2が正しい。　正解　2

解説

力率は電圧と電流の位相差であり，回路の R，X_L，X_C の大きさで決定される。力率を cos θ，インピーダンスを Z とすると，次の式で表される。

$$\cos\theta = \frac{R}{Z}$$

$$Z = \sqrt{R^2 + (X_L - Xc)^2} = \sqrt{3^2 + (8-4)^2} = 5(\Omega)$$　よって，$\cos\theta = \frac{R}{Z} = \frac{3}{5} = 0.6$

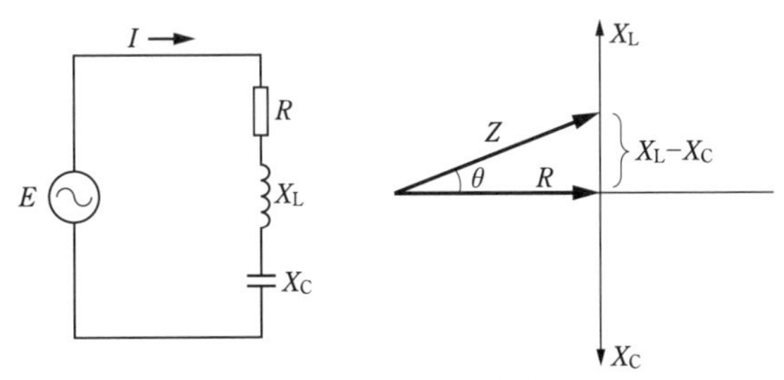

インピーダンスと力率

類題　電気回路に関する記述として，**不適当なもの**はどれか。

1.　交流回路の波形率は，実効値を平均値で除した値である。
2.　交流回路における皮相電力は，有効電力の2乗と無効電力の2乗の和の平方根に等しい。
3.　回路網の中で任意の閉回路を一巡するとき，その閉回路中の起電力の総和と電圧降下の総和は等しい。
4.　並列に接続された抵抗のそれぞれに流れる電流は，各抵抗値に比例した大きさとなる。

解答

電圧 V，電流 I，抵抗 R の関係は，$V = IR$　よって，$I = \frac{V}{R}$ となる。

上式より，並列に接続された抵抗にかかる電圧は等しいから，並列に接続された抵抗それぞれに流れる電流は，各抵抗値に反比例した大きさとなる。

したがって，**4** が不適当である。　**正解　4**

1-1　電気理論　電気回路　ブリッジ回路　★★★

10　図に示す回路において，検電器の電圧が０〔V〕となるとき，抵抗 R〔Ω〕とインダクタンス L〔mH〕の値の組合せとして，**正しいもの**はどれか。
ただし，相互インダクタンスは無視するものとする。

	R	L
1.	100 Ω	10 mH
2.	100 Ω	20 mH
3.	200 Ω	10 mH
4.	200 Ω	20 mH

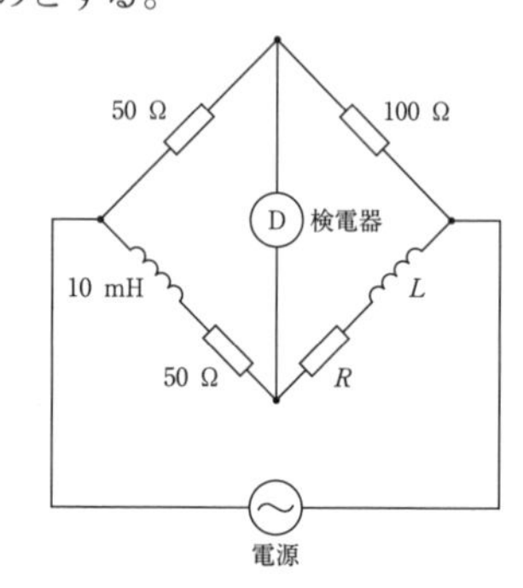

解答

右図の交流ブリッジ回路において，検電器の電圧が０の場合，対角線同士のインピーダンスをかけたもの同士が等しくなり，次の式が成立する。

$\dot{Z}_1 \cdot \dot{Z}_4 = \dot{Z}_2 \cdot \dot{Z}_3$ ……………………………… ①

①式に問題にある数値を代入すると，下記の式が成立する。

$50\,(R + j\omega L) = 100\,(50 + j\omega 10)$ ···· ②

②式を実数と虚数に分けて整理すると，下記の式が成立する。

$50R - 5\,000 + j\omega(50L - 1\,000) = 0$ ···· ③

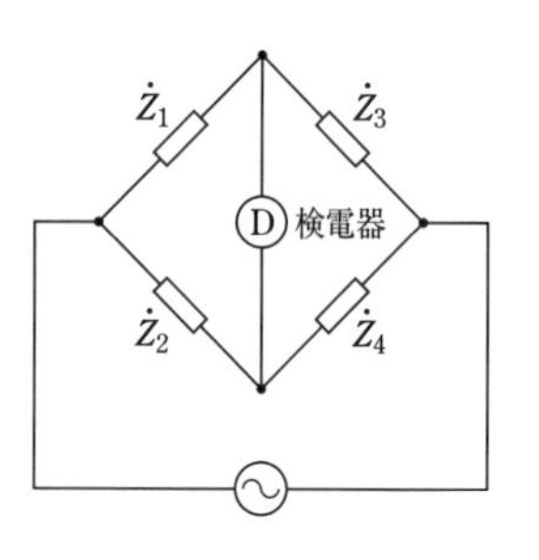

③式の実数部，虚数部は０となるため

$$50R - 5\,000 = 0 \quad よって \quad R = \frac{5\,000}{50} = 100\ (\Omega)$$

$$50L - 1\,000 = 0 \quad よって \quad L = \frac{1\,000}{50} = 20\ (\mathrm{mH})$$

となる。

したがって，**2** が正しい。

正解　2

1-1 電気理論　電気計測　計器の動作原理 ★★

11

指示電気計器の動作原理に関する記述として，**不適当なものはどれか。**

1.　誘導形計器は，固定電極と可動電極との間に生ずる静電力の作用で動作する計器である。
2.　熱電対形計器は，測定電流で熱せられる1つ以上の熱電対の起電力を用いる熱形計器である。
3.　永久磁石可動コイル形計器は，固定永久磁石の磁界と可動コイル内の電流による磁界との相互作用によって動作する計器である。
4.　電流力計形計器は，固定コイルと可動コイルに測定電流を流し，固定コイル内の電流による磁界と可動コイルの電流との相互作用によって動作する計器である。

解 答

固定電極と可動電極の間に生ずる静電力の作用によって動作するのは，静電形計器である。したがって，**1が不適当である。**　　**正解　1**

解 説

各種測定用計器は，次のように規定されている（JIS C 1102-1）。

1. 誘導形計器

固定コイルの交流磁界と，この磁界によって可動導体中に誘導される渦電流との相互作用によって動作する計器である。

2. 静電形計器

固定電極と可動電極との間に電圧を加えると，可動電極が静電力により吸引されることによって動作する計器である。

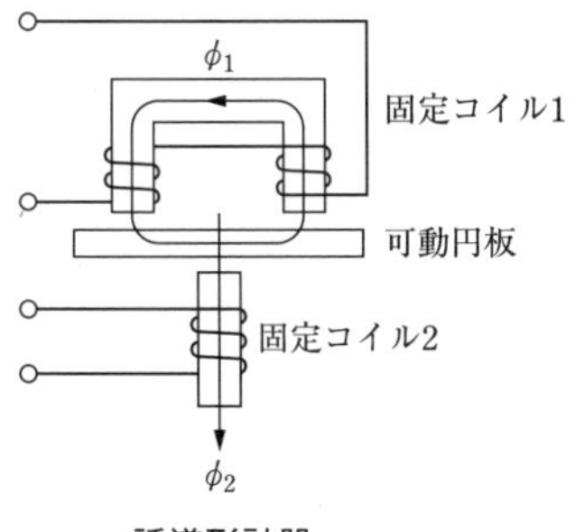

誘導形計器

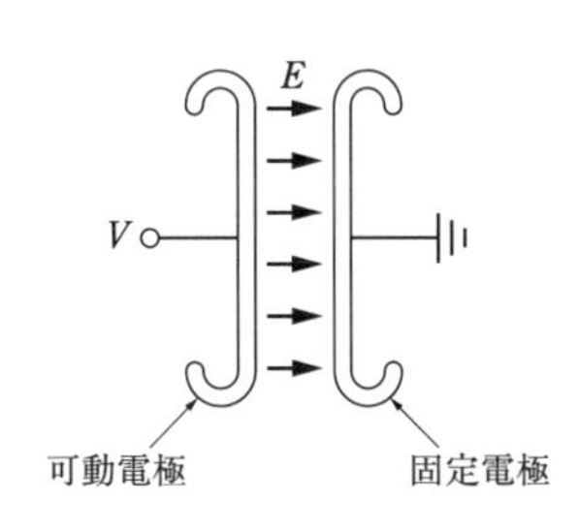

静電形計器

3. 熱電対形計器（熱電形計器）

導体内の電流の熱効果によって動作する計器である。

4. 永久磁石可動コイル形計器

固定永久磁石の磁界と，可動コイル内の電流による磁界との相互作用によって動作する計器である。

5. 電流力計形計器

固定コイルと可動コイルに測定電流を流し，両コイル間の電磁力を利用して動作する計器である。

試験によく出る重要事項

各測定用計器の特徴をまとめると，次の表のようになる。

指示計器の種類

分　類	記　号	計器の動作原理	使用回路	指　示	適用計器
永久磁石可動コイル形		電磁作用	直　流	平均値	電圧計 電流計 抵抗計 温度計 磁束計
可動磁石形		軟鉄に生ずる磁気誘導作用	交　流	実効値	電圧計 電流計
電流力計形		電流間の相互作用	交直流	実効値	電圧計 電流計 電力計
整流形		整流器の整流作用	交　流	(平均値)×(正弦波の波形率)	電圧計 電流計 回転計
熱電形		熱電効果作用	交直流	実効値	電圧計 電流計 電力計
静電形		静電的吸引，反発力	交直流	実効値	電力計
誘導形		磁界とうず電流の相互作用	交　流	実効値	電圧計 電流計 電力計 電力量計

類題　電流力計形計器に関する記述として，**不適当なもの**はどれか。

1. 交流専用の計器である。
2. 電力計としても使用される。
3. 固定コイルの磁界の中に，可動コイルを配置している。
4. 永久磁石可動コイル形計器に比べ，外部磁界の影響を受けやすい。

解答

電流力計形計器は，鉄心をもたないため，交流，直流どちらでも使用が可能である。

したがって，**1** が**不適当**である。　**正解　1**

1-1　電気理論　電気計測　分流器　★★★

12　図のように可動コイル形電流計に抵抗 R〔Ω〕の分流器を接続したとき，この分流器の倍率 m を表す式として，**正しいもの**はどれか。

ただし，r〔Ω〕は，電流計の内部抵抗とする。

1. $m = 1 - \dfrac{r}{R}$
2. $m = 1 - \dfrac{R}{r}$
3. $m = 1 + \dfrac{r}{R}$
4. $m = 1 + \dfrac{R}{r}$

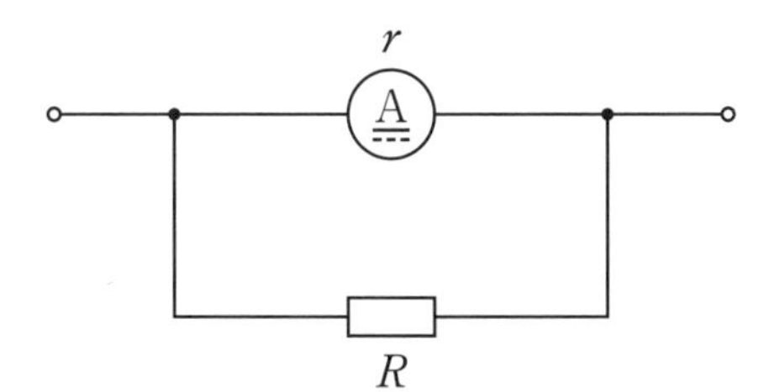

解答

電流計の電流を Ia，測定電流を I とすると，$Ia = \dfrac{R}{R + r} I$ の関係がある。

よって，倍率 m は　$m = \dfrac{I}{Ia} = \dfrac{R + r}{R} = 1 + \dfrac{r}{R}$　となる。

したがって，**3** が**正しい**。　**正解　3**

解説

電流計単独では測定できる範囲には限りがある。電流計に抵抗を並列に接続し抵抗に電流を分流することにより，電流計の定格値以上の電流を測定することができる。この抵抗を**分流器**と呼ぶ。電流計の電流を Ia，測定電流を I とすると，分流器の倍率 m は $m=\frac{I}{Ia}$ と表される。

分流器に流れる電流を I_R とすると，次の式の関係がある。

$I_R = I - Ia$

電流計の電圧 Va，分流器の電圧を V_R とすると，次の式で表される。

$Va = Ia\,r \quad V_R = (I - Ia)\,R$

電流計と分流器の電圧は等しくなるため

$Va = V_R \rightarrow Ia\,r = (I - Ia)\,R$　よって，$Ia\,(R + r) = R\,I$

となり，これを整理し倍率の式に変換する。

$$m = \frac{I}{Ia} = \frac{R + r}{R} = 1 + \frac{r}{R}$$

類題　図に示す最大目盛 50 mA の直流電流計の測定範囲を 1 A まで拡大するために接続する分流器の抵抗 Rs〔Ω〕の値として，**正しいもの**はどれか。

ただし，直流電流計の内部抵抗 Ra = 1.9 Ω とする。

1. 0.03 Ω
2. 0.1 Ω
3. 2.0 Ω
4. 10.0 Ω

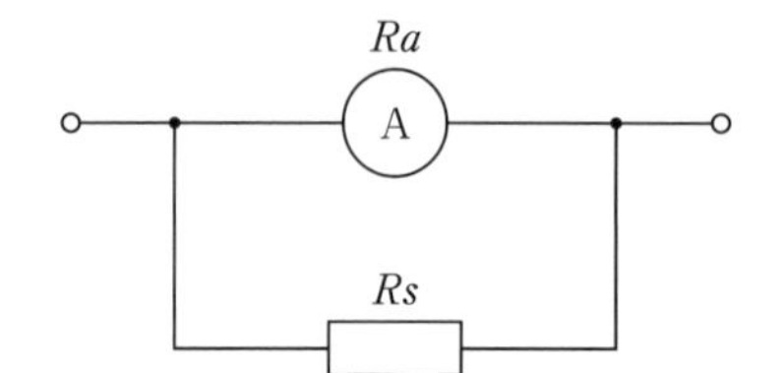

解答

電流計の電流を Ia，測定電流を I とすると，$Ia = \frac{Rs}{Ra + Rs}I$ の関係がある。

Ia と I の倍率を m とすると，$m = \frac{I}{Ia} = \frac{Ra + Rs}{Rs} = \frac{Ra}{Rs} + 1$　よって，$Rs = \frac{Ra}{m - 1}$

$m = \frac{1A}{50\,mA} = \frac{1A}{0.05A} = 20$　よって，$Rs = \frac{Ra}{m - 1} = \frac{1.9}{20 - 1} = 0.1$（Ω）となる。

したがって，**2** が正しい。　　**正解　2**

1-1 電気理論　自動制御　シーケンス制御　★★

13 入力（A，B）と出力〔X〕の状態が真理値表の関係となる場合の論理回路の名称として，**適当なもの**はどれか。

1. OR回路
2. AND 回路
3. NOR 回路
4. NAND 回路

入力		出力
A	B	X
OFF	OFF	ON
OFF	ON	ON
ON	OFF	ON
ON	ON	OFF

真理値表

解答

A，B の両方，あるいはどちらかの入力が OFF のとき出力が ON になり，また A, B どちらの入力ともに ON のとき出力が OFF となるのは，NAND 回路である。

したがって，**4 が適当である。**　　正解　4

解説

シーケンス制御は，あらかじめ定められた順序にしたがって，制御の各段階を逐次進めていく制御である。

リレーを用いたシーケンス制御においては，リレー接点の ON と OFF の動作を組み合わせ，シーケンス制御の論理演算に対応した制御を行っている。

1. OR 回路（論理和回路）

A，B どちらかの入力が ON のとき，または双方とも入力が ON のとき，出力 X が ON となる回路である。

2. AND 回路（論理積回路）

A，B 双方の入力が ON のとき，出力 X が ON となる回路である。

3. NOR 回路（論理和否定回路）

A，B どちらかでも入力が ON のとき，または双方とも入力が ON のとき，出力 X が OFF となる回路である。

4. NAND 回路（論理積否定回路）

問題の表中の論理回路は，A，B 双方の入力が OFF，またはどちらかの入力が OFF のとき，出力 X が ON となっており，A，B 双方の入力が ON のときのみ，出力 X が OFF となっている。これは AND 回路の出力を反転したもので，NAND 回路（論理積否定回路）と呼ばれる。

試験によく出る重要事項

リレーを組み合わせることにより，論理回路を構成することができる。

次の表に論理回路と，MIL 記号，JIS 記号，それに対応したリレーを組み合わせた回路を示す。

	OR回路	AND回路	NOR回路	NAND回路
MIL 記号	A, B → Y	A, B → Y	A, B → Y	A, B → Y
JIS 記号	≥1	&	≥1	&
リレー 回路図	P, A, B, X, N, X−a	P, A, B, X, N, X−a	P, A, B, X, N, X−b	P, A, B, X, N, X−b

論理回路とリレー回路

1-1 電気理論　自動制御　フィードバック制御　★★

14 図に示すフィードバック制御のブロック線図の合成伝達関数 G を表す式として，**正しいものはどれか。**

ただし，G_1，G_2 は伝達関数とする。

1. $G = G_1 \cdot G_2$

2. $G = G_1 + G_2$

3. $G = \dfrac{G_1}{1+G_1G_2}$

4. $G = \dfrac{G_1 \cdot G_2}{1+G_1 G_2}$

入力信号 X　出力信号 Y

解 答

設問のフィードバック制御の場合，$Y = G_1\ (X - G_2Y)$ の関係が成り立つ。

これにより伝達関数 $G = \dfrac{Y}{X} = \dfrac{G_1}{1 + G_1G_2}$ となる。

したがって，**3 が正しい。**　　**正解　3**

解 説

フィードバック制御とは，制御量の値を目標値と比較し，それらを一致させるように制御する動作をいう。

下図のブロック図において，入力信号 X，出力信号 Y とすると，

$Y=GX$　よって　$G = \dfrac{Y}{X}$

が成立する。この G を**伝達関数**と呼ぶ。

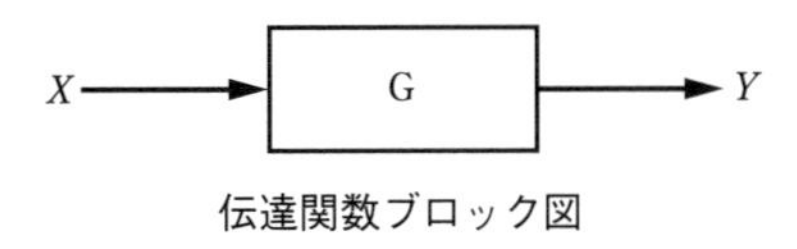

伝達関数ブロック図

次に右図のようなフィードバック制御のブロック図において，A は入力信号 X から出力信号 Y ×伝達関数 G_2 を差し引いたものとなる。

$A = X - G_2Y$ ……①

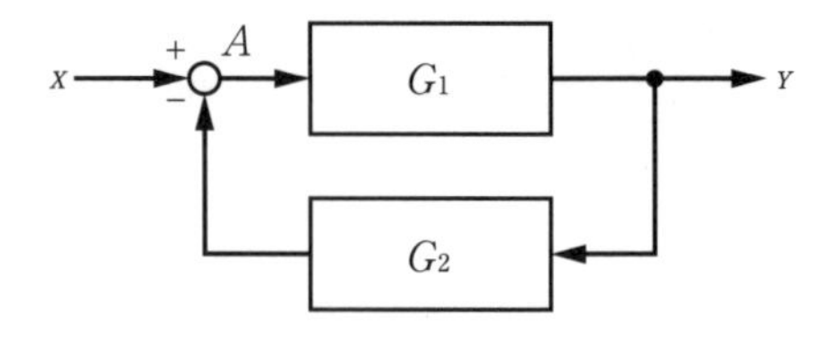

フィードバック制御ブロック図

また，　$Y = G_1A \;\Rightarrow\; A = \dfrac{Y}{G_1}$ ……②

となる。①，②式より，次の式が導き出される。

$$A = X - G_2Y = \frac{Y}{G_1} \;\Rightarrow X = Y\,\frac{1 + G_1G_2}{G_1} \quad \text{よって，} \; G = \frac{Y}{X} = \frac{G_1}{1 + G_1G_2}$$

類題　積分動作を行う制御システム G に，図のように時間 t_1 でステップ入力を加えたときの出力を表すグラフとして，**適当なもの**はどれか。

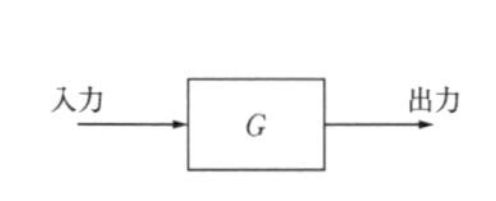

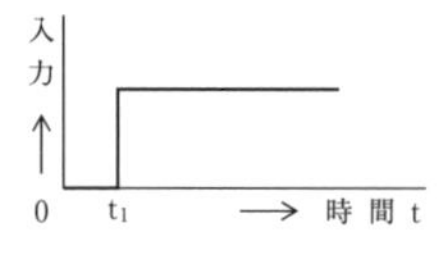

1.

出力

0　t1　→ 時 間 t

2.

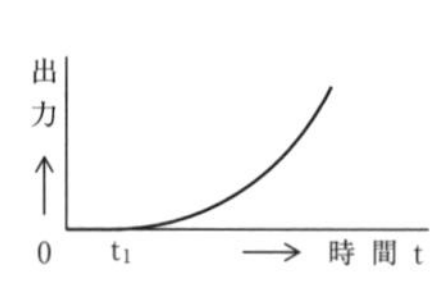

3.

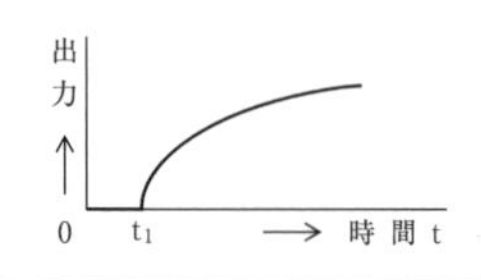

4.

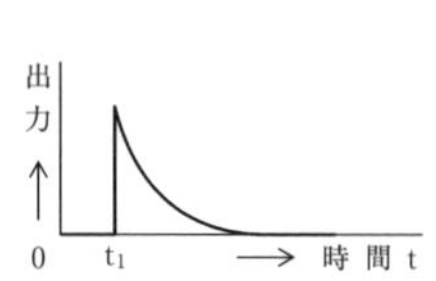

解 答

ステップ入力を1とした場合，これを**積分動作**の入力とすると出力は t となり，時間と出力は比例関係を示す直線となる。

この特性を表すグラフは，1である。

したがって，**1 が適当なものである。**

正解　1

1-2 電気機器

●過去の出題傾向

電気機器は，毎年発電機，変圧器，関連機器（コンデンサ，リアクトル等）から合計３問出題されている。

［発電機］

・発電機は，毎年１問出題されている。

・発電機では**同期発電機**が，ほぼ毎年出題されており出題の確率が高い。

・**同期発電機**の**電圧変動率**，**並行運転**，**励磁方式**，**三相短絡試験**等についての問題が出題されている。

・**電圧変動率**はしばしば出題されており，算出式を理解し算出方法を習得しておく。

［変圧器］

・変圧器は，毎年１問出題されている。

・変圧器の損失に関する出題頻度が高い。
鉄損，**銅損**の仕組み，算出式を理解すると共に，**効率**が最大となる条件を導き出せるようにしておく。
負荷電流と**効率**，**鉄損**，**銅損**の関係を表したグラフを選択する問題が出題されている。損失の特性とグラフを関連付けて理解しておくとよい。

・変圧器の**電圧変動率**の近似式を選択する問題が出題されており，その算出方法を等価回路，ベクトル図をもとに理解しておくとよい。

［関連機器］

・関連機器は，**コンデンサ**，**リアクトル**，**遮断器**について，毎年１問出題されている。

・電力系統における**コンデンサ**，**リアクトル**がどういう障害，事象を抑制するために設置されるのか問う問題が出題されている。設置されている目的と，どういう効果があるのか理解しておく。

・**コンデンサの力率改善**の計算問題の出題頻度が高い。
ベクトル図を使って，力率改善のために必要なコンデンサ容量を算出させる問題が出題されている。算出式とベクトル図の関連を理解し，算出方法を習得しておく。

・**遮断器**には，**ガス遮断器**，**真空遮断器**，**油遮断器**，**磁気遮断器**等の種類があり，**消弧方式**の違いを問う問題が出題されている。
各種遮断器がアークをどのような仕組みで冷却，消弧しているのか，その特徴を理解しておく。

項目	出題内容（キーワード）
発電機	**同期発電機電圧変動率：** 電圧変動率算出式，定格電圧，端子電圧，定格力率，定格出力，無負荷，定格負荷，励磁 **同期発電機並行運転：** 並行運転を行うための条件，相回転，周波数，起電力，位相差，波形 **同期発電機励磁方式：** ブラシレス励磁方式，ブラシ，スリップリング，回転子，界磁巻線，界磁電流，回転整流器，交流励磁機 **同期発電機三相短絡試験：** 定格回転速度，界磁電流，短絡電流，リアクタンス，磁気飽和
変圧器	**変圧器電圧変動率：** 変圧器の電圧変動率近似値算出式，百分率抵抗降下，百分率リアクタンス降下，定格二次電圧，無負荷時二次電圧，一次電圧，等価回路，ベクトル図 **三相変圧器結線方式：** Δ-Y 結線，Y-Δ結線，Δ-Δ結線，Y-Y-Δ結線，線間電圧，線電流，相電流，位相 **変圧器の損失：** 変圧器効率の算出式，銅損，鉄損，無負荷損，負荷損，負荷電流，最大効率，補機損
関連機器	**コンデンサ：** 力率改善コンデンサ容量算出式，電力用コンデンサ，改善前力率，改善後力率，有効電力，無効電力，皮相電力 **リアクトル：** 限流リアクトル，短絡電流，遮断容量，高調波，進相コンデンサ，共振回路，突入電流，再点弧 **遮断器：** 真空遮断器，アーク，消弧，ガス遮断器，SF_6，不活性ガス，空気遮断器，油遮断器，磁気遮断器，アークシュート

1-2	電気機器	発電機　電圧変動率	★★

15

定格電圧 6 600 V の同期発電機を，定格力率における定格出力から無負荷にしたとき，端子電圧が 7 260 V になった。このときの電圧変動率の値として，**正しいものはどれか。**

ただし，励磁を調整することなく，回転速度は一定に保つものとする。

1.　5.8 %
2.　9.1 %
3.　10.0 %
4.　17.3 %

解答

同期発電機の電圧変動率は，定格負荷状態から励磁を調整することなく，回転速度を一定のまま無負荷状態にしたときの端子電圧の変動の割合をいう。電圧変動率は定格電圧を V_n，無負荷電圧を V_0 としたとき，次の式で表される。

$$\text{電圧変動率} = \frac{V_0 - V_n}{V_n} \times 100\ (\%)$$

ここに設問の数値を代入し，電圧変動率を算出する。

定格電圧 Vn = 6 600（V）　無負荷にしたときの端子電圧 V_0 = 7 260（V）

$$\text{電圧変動率} = \frac{7\,260 - 6\,600}{6\,600} \times 100 = 10.0\ (\%)$$

したがって，**3 が正しい。**　正解　3

1-2	電気機器	発電機　並行運転	★★

16

三相同期発電機の並行運転を行うための条件として，**必要のないものはどれか。**

1.　周波数を一致させる。
2.　定格電流を一致させる。
3.　起電力の大きさを一致させる。
4.　起電力の位相を一致させる。

解答

三相同期発電機の並行運転を行うための条件として，定格電流を一致させることは必要ない。

したがって，**2が必要ない。**　　**正解　2**

解説

複数の同期発電機を直接，あるいは送電線路を介して接続して運転することを並行運転という。接続に伴うじょう乱を防止し，安定的に運転させるには，下記の条件が必要となる。

① 相回転，周波数が合っていること。
② 起電力の大きさが同じこと。
③ 起電力に位相差がないこと。
④ 起電力の波形が等しいこと。

類題　同期発電機においてスリップリングが不要な励磁方式として，**適当なものは**どれか。

1. 直流励磁方式
2. コミュテータレス励磁方式
3. ブラシレス励磁方式
4. サイリスタ励磁方式

解答

同期発電機は回転子の界磁巻線にスリップリングとブラシを介して直流電流を流す必要がある。**ブラシレス励磁方式**の同期発電機は，主発電機，回転整流器，交流励磁機により構成されており，回転部に非接触で界磁電流を供給できるため，ブラシと**スリップリング**が不要となる。

したがって，**3が適当である。**　　**正解　3**

類題 図のような三相同期発電機の三相短絡試験において，定格回転速度で運転しているときの界磁電流 I_f と短絡電流 I_s の関係を表すグラフとして，**適当なもの**はどれか。

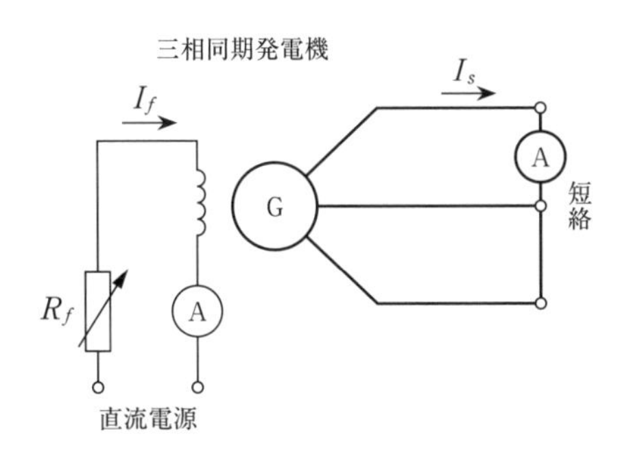

1.

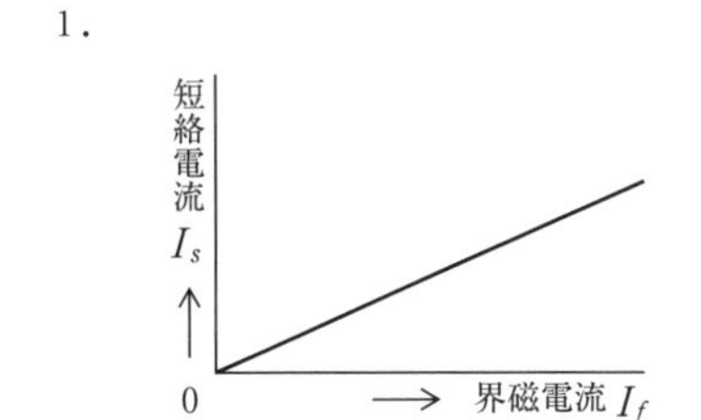

2.

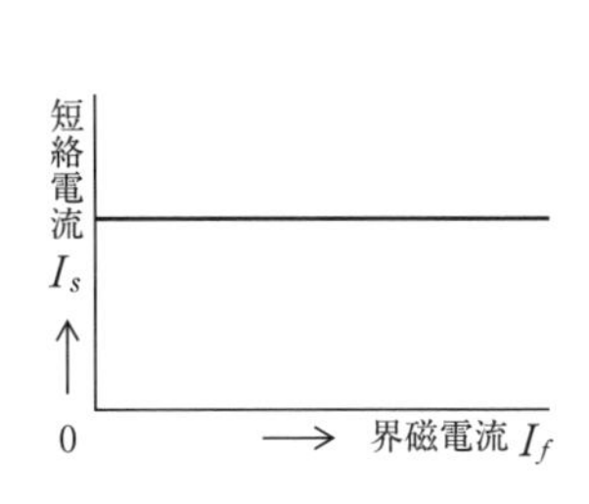

3.

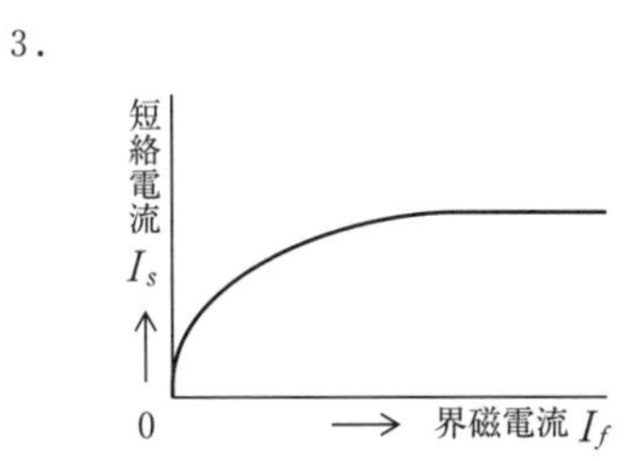

4.

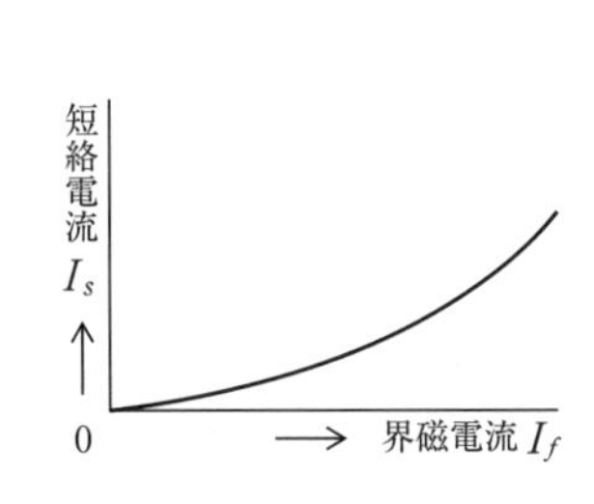

解 答

三相短絡運転では，リアクタンスによる遅れ短絡電流が流れる。磁気飽和の影響を受けないため，界磁電流と短絡電流の関係は比例関係を示す直線となる。これを表すグラフは1である。

したがって，**1** が**適当**である。

正解 1

1-2 電気機器　変圧器　電圧変動率 ★★★

17

変圧器の電圧変動率の近似値 ε〔%〕を求める式として，**正しいものはどれか。**

ただし，p は百分率抵抗降下，q は百分率リアクタンス降下，$\cos\theta$ は力率とする。

1. $\varepsilon = p\cos\theta + q\sin\theta$〔%〕
2. $\varepsilon = p\sin\theta + q\cos\theta$〔%〕
3. $\varepsilon = \sqrt{3}\,(p\cos\theta + q\sin\theta)$〔%〕
4. $\varepsilon = \sqrt{3}\,(p\sin\theta + q\cos\theta)$〔%〕

解答

電圧変動率 ε は，定格2次電圧 V_{2n}，無負荷時2次電圧 V_{20} とすると，

$$\varepsilon = \frac{V_{20} - V_{2n}}{V_{2n}} \times 100\ (\%)$$

で表され，これより近似式 $\varepsilon = p\cos\theta + q\sin\theta$ が導き出される。

したがって，1 が正しい。　　**正解　1**

解説

変圧器の電圧変動率

変圧器が定格力率 $\cos\theta$（特に指定がないときは100%）において，定格二次電圧を V_{2n}，変圧器が無負荷のときの二次電圧を V_{20} とすると，電圧変動率 ε（%）は①式で表される。

$$\varepsilon = \frac{V_{20} - V_{2n}}{V_{2n}} \times 100\ (\%) \quad \cdots\cdots ①$$

変圧器の一次側電圧を二次側電圧に換算したときの，等価回路，ベクトル図は次ページの図のようになる。ベクトル図より，二次電圧 V_{20} を求める簡易式は②式で表される。

$$V_{20} \fallingdotseq V_{2n} + I_{2n}r_{21}\cos\theta + I_{2n}x_{21}\sin\theta \quad \cdots\cdots ②$$

①式に②式 V_{20} を代入すると，③式のようになる。

$$\varepsilon = \frac{V_{20} - V_{2n}}{V_{2n}} \times 100$$

$$= \frac{I_{2n}r_{21}}{V_{2n}} \cdot \cos\theta \times 100 + \frac{I_{2n}x_{21}}{V_{2n}} \cdot \sin\theta \times 100 \quad \cdots\cdots ③$$

百分率抵抗降下は，

$$p = \frac{I_{2n} r_{21}}{V_{2n}} \times 100$$

百分率リアクタンス降下は，

$$q = \frac{I_{2n} x_{21}}{V_{2n}} \times 100$$

であるから，この p，q を③式に代入し，解答 1. にある④式が求められる。

$$\varepsilon = p\cos\theta + q\sin\theta \ (\%) \quad \cdots\cdots ④$$

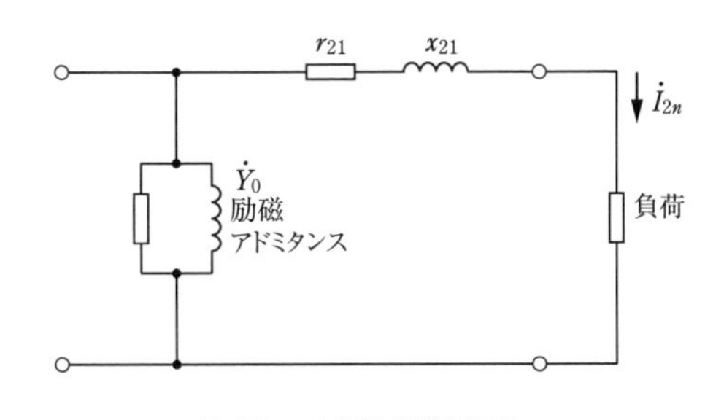

変圧器の2次側換算等価回路

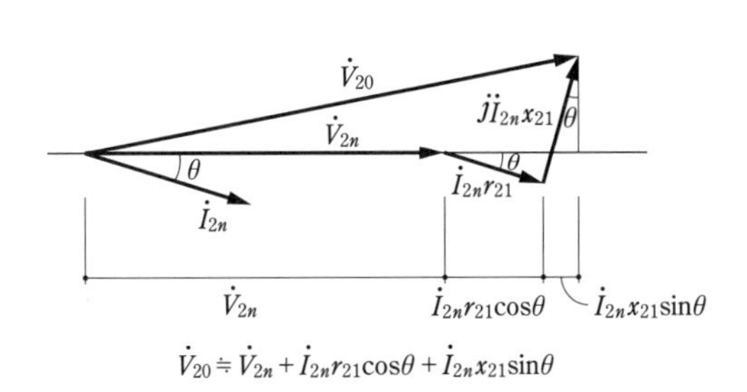

$$\dot{V}_{20} \fallingdotseq \dot{V}_{2n} + \dot{I}_{2n}r_{21}\cos\theta + \dot{I}_{2n}x_{21}\sin\theta$$

変圧器電圧変動率ベクトル図

類題　三相変圧器の結線に関する記述として，**不適当なもの**はどれか。
　ただし，一次及び二次の線間電圧はインピーダンス降下を無視するものとする。

1.　Δ－Y 結線は，発電所の昇圧用変圧器に多く用いられる。
2.　Y－Δ結線は，二次側線間電圧の位相が一次側線間電圧より 60°遅れている。
3.　Δ－Δ結線は，平衡負荷の場合に線電流が相電流の$\sqrt{3}$倍となる。
4.　Y－Y－Δ結線は，Δ巻線内に第 3 調波電流を環流させるので，起電力のひずみを抑制できる。

解 答

Y－Δ結線は，二次側線間電圧の位相が一次側線間電圧より 30°遅れている。
したがって，**2** が不適当である。　　**正解　2**

1-2 電気機器　変圧器　損失 ★★★

18 変圧器の負荷電流に対する効率と損失を表すグラフとして，**適当なものは**どれか。

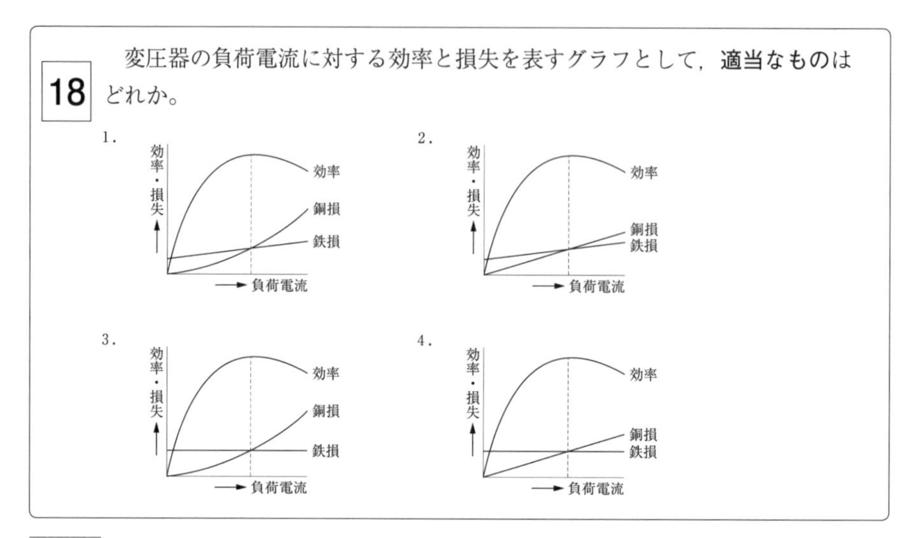

解答

1. 変圧器の損失

変圧器の損失には，**鉄損**と**銅損**がある。鉄損は，負荷の状況には関係がなく一定（固定損）である。銅損は変圧器の巻線の抵抗損（負荷電流の2乗に比例）で，負荷状況によって変化する。

2. 変圧器の効率

変圧器の効率ηは，出力と入力の比を百分率で表したものである。

入力＝出力＋損失＝出力＋（鉄損＋銅損）

$$\text{効率}\ \eta = \frac{\text{出力}}{\text{入力}} = \frac{\text{出力}}{\text{出力} + (\text{鉄損} + \text{銅損})}$$

鉄損＝銅損のとき鉄損＋銅損が最小値を示すため，このときが最大効率となる。

以上をまとめると，次のようになる。

① 鉄損は，負荷に関係なく一定である。

② 銅損は，負荷電流の2乗に比例する。

③ 鉄損＝銅損のとき，変圧器の効率は最大を示す。

上記の特性を示すグラフは，3である。

したがって，**3が適当である**。　**正解 3**

試験によく出る重要事項

変圧器の損失

変圧器の損失は大別すると，負荷関係なく発生する**無負荷損**と，負荷電流によって変化する**負荷損**に分けられる。

無負荷損は，主として磁束によって鉄心に発生する鉄損が中心であるが，絶縁物の誘電体損も含まれる。

負荷損は，負荷電流による巻線の抵抗損であり，銅損と呼ばれる。その他，変圧器を冷却するためのファンや送油ポンプなどの補器の損失もある。

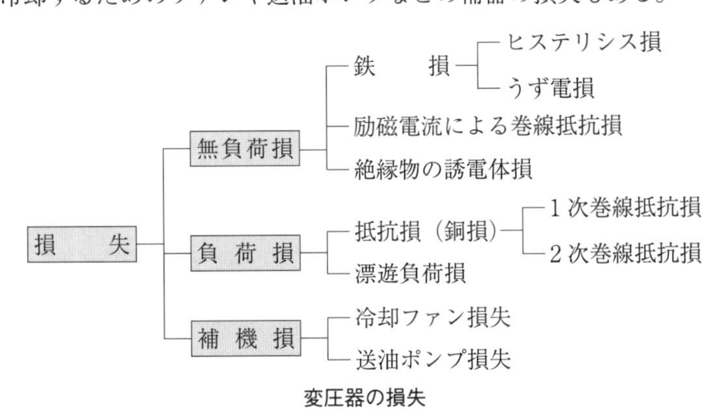

変圧器の損失

類題　変圧器の負荷電流が $\frac{1}{2}$ 倍になったとき，鉄損と銅損の変化の組合せとして，**最も適当なものはどれか。**

	鉄損	銅損
1.	$\frac{1}{2}$ 倍	$\frac{1}{4}$ 倍
2.	$\frac{1}{2}$ 倍	$\frac{1}{2}$ 倍
3.	1 倍	$\frac{1}{4}$ 倍
4.	1 倍	$\frac{1}{2}$ 倍

解答

鉄損は，負荷電流に関わらず一定であるため1倍である。銅損＝巻線抵抗×(負荷電流)^2 であるため，負荷電流が$\frac{1}{2}$となれば銅損は$\left(\frac{1}{2}\right)^2=\frac{1}{4}$ 倍となる。

したがって，**3が最も適当である。**　　**正解　3**

1-2 電気機器 | 関連機器 コンデンサ ★★★

19 有効電力 P が 1 200 kW で力率 0.6 の三相負荷に接続して，力率を 0.8 に改善するために必要な電力用コンデンサの容量 Q〔kvar〕として，**正しいもの**はどれか。

1.　240 kvar
2.　336 kvar
3.　700 kvar
4.　900 kvar

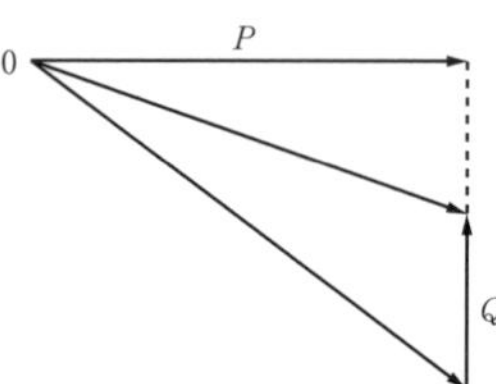

解答

改善前の力率を $\cos\theta_1$，改善後の力率を $\cos\theta_2$，力率改善に必要な負荷電力を P（kW）とすると，コンデンサ容量を Qc（kvar）は，次の式で表される。

$$Qc = P\tan\theta_1 - P\tan\theta_2$$

これにより，Qc = 700kvar が得られる。

したがって，**3** が正しい。　　　　正解　3

解説

問題にあるコンデンサによる力率改善の仕組みをベクトル図で表すと，下の図のようになる。この図では，有効電力 P（kW），改善前の力率 $\cos\theta_1$ が力率改善用のコンデンサ Qc（kvar）接続することによって，力率 $\cos\theta_2$ に改善されたことを示している。力率改善用コンデンサ Qc は，次の式で表される。

$$Qc = P\tan\theta_1 - P\tan\theta_2 = P\left(\frac{\sqrt{1-\cos^2\theta_1}}{\cos\theta_1} - \frac{\sqrt{1-\cos^2\theta_2}}{\cos\theta_2}\right)$$

この式に問題文の数値を代入し，Qc を算出する。

$$Qc = 1{,}200\left(\frac{\sqrt{1-0.6^2}}{0.6} - \frac{\sqrt{1-0.8^2}}{0.8}\right) = 1{,}200 \times \frac{7}{12} = 700\ \text{(kvar)}$$

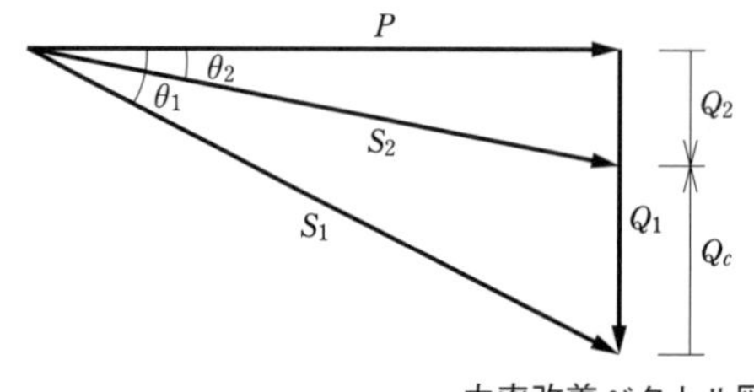

P：有効電力
S_1：力率改善前の皮相電力
S_2：力率改善後の皮相電力
Q_1：力率改善前の無効電力
Q_2：力率改善後の無効電力
Q_c：コンデンサ容量

力率改善ベクトル図

1-2 電気機器 | 関連機器 リアクトル ★★

20 リアクトルを設置する目的に関する記述として，**不適当なものはどれか。**

1. 回路に直列に接続し，短絡時の電流を抑制する。
2. 回路に直列に接続し，負荷の遅れ力率を改善する。
3. 進相コンデンサに直列に接続し，コンデンサへの高調波の流入を抑制する。
4. 進相コンデンサに直列に接続し，コンデンサ投入時の突入電流を抑制する。

解答

負荷の遅れ力率の改善を目的に設置するのは，進相コンデンサである。

したがって，**2 が不適当である。**　　正解　2

解説

リアクトル設置の目的

リアクトルは，次の目的別に設置されている。

1. 短絡電流の抑制

回路に直列にリアクトルを接続し，短絡時の短絡電流を抑制する。限流リアクトルと呼ばれる。回路に接続される機器を機械的，熱的に保護するとともに，遮断器の遮断容量の軽減も行う。

2. 高調波の流入の抑制

進相コンデンサは，電源系統のリアクタンスと共振回路を形成し，増幅された高調波がコンデンサに流れ込み事故に至ることがある。このためにリアクトルを進相コンデンサに直列に接続し，回路を誘導性にすることにより共振点をずらし，高調波の流入を抑制する。

3. 突入電流の抑制

進相コンデンサに直列に接続されたリアクトルは，コンデンサ投入時の突入電流を抑制し，開放時の再点弧を防止する効果がある。

1−2 電気機器 | 関連機器　遮断器 ★★

21

交流遮断器の消弧方式に関する記述として，**不適当なものはどれか。**

1.　真空遮断器は，高真空中での高い絶縁耐力と強力なアークの拡散作用により消弧する方式である。
2.　ガス遮断器には，アークに圧縮空気を吹き付け，その冷却作用などにより消弧する方式がある。
3.　油遮断器には，アークによる油の気化を利用してアークを冷却し消弧する方式がある。
4.　磁気遮断器は，アークに磁界を加えて引き伸ばし，アークシュート内に押し込んで冷却し消弧する方式である。

解 答

ガス遮断器は，SF_6 等の不活性ガスをアークに吹き付け消弧する方式である。

したがって，**2** が不適当である。　**正解 2**

解 説

SF_6 は六フッ化硫黄ガスと呼ばれる絶縁ガスである。SF_6 の高い絶縁性とアーク消弧性能により，ガス遮断器は，高い開閉性能とコンパクト性を実現している。ただし，SF_6 は地球温暖化係数が高く，ガス管理，廃棄処理を適切に行う必要がある。

交流遮断器は，常時電流，異常電流を遮断する機能を持つが，遮断時に発生するアークを冷却し，消す（消弧）方式によって次の種類がある。

1.　真空遮断器（VCB）

真空が持つ高い絶縁性能とアークを拡散させる消弧機能を利用した遮断器である。

2.　ガス遮断器（GCB）

SF_6 等の不活性ガスをアークに吹き付けて，消弧させる遮断器である。問題文にあるアークに圧縮空気を吹き付けて消弧する遮断器は，空気遮断器（ACB）である。

3.　油遮断器（OCB）

消弧室内の油内で発生したアークを，油の気化作用により冷却，消弧させる遮断器である。

4.　磁気遮断器（MCB）

アークと遮断電流によって作られた磁界により，アークをアークシュート内に押し込んで冷却，消弧する遮断器である。

1-3 電力系統

●過去の出題傾向

電力系統は，毎年発電所，変電所，送配電線より合計**4問出題**されている。

[発電所]

・発電所は，毎年1問出題されている。
・需要の変化に対し安定的に電気を供給するために，どういう発電方式が適しているか問う問題が出題される。**ピーク供給力**，**ミドル供給力**，**ベース供給力**に適した発電方式は何か，1日の電力需要の変化と供給力の関連をグラフとともに理解しておくとよい。
・**汽力発電所**，**水力発電所**に関する問題の出題頻度が高い。
・**汽力発電所**は，**ランキンサイクル**に関する問題の出題が多い。
汽力発電所の構成機器が**ランキンサイクル**のどの過程の仕事を行っているのか，用語と図を関連付けて理解しておく。
・**水力発電所**は，**出力計算**に関する出題が多い。
発電機出力の有効落差，流量，効率による算出式を理解しておく。

[変電所]

・変電所は，毎年1問出題されている。
・変電所の構成機器に関する問題が出題される。
リアクトル，**コンデンサ**，**同期調相機**，**静止型無効電力補償装置**等の調相設備の基本的な役割，特性を理解しておく。
・変電所の母線の種類には**単一母線**，**二重母線**，**環状母線**があるが，点検時，事故時にどのような違いがあるのか理解しておく。

[送配電線]

・送配電線は，毎年2問出題されている。
・**直流送電**は，その特徴を問う問題が出題されている。
送電端から受電端までのどのような機器で構成され，その長所，短所は何か理解しておく。
・**短絡容量**は，計算問題，文章問題ともに出されている。
計算問題は，短絡容量の算出過程，算出方法を習得しておく。
文章問題は，短絡容量の軽減対策について出題されており，軽減のためにはどのような対策があるか理解しておく。
・送配電線に発生する，**誘導障害**，**雷害**，**表皮効果**等の各種障害について出題されている。障害が起きる原因とそれを防ぐための対策について理解をしておく。

項目	出題内容（キーワード）
発電所	**発電方式：** ピーク供給力，ミドル供給力，ベース供給力， 流れ込み式水力発電，調整池式水力発電，揚水式水力発電， 火力発電，太陽光発電，風力発電，石炭火力発電，石油火力発電， LNG 火力発電 **汽力発電所（火力発電所）：** ランキンサイクル，タービン，加熱，膨張，凝縮，昇圧， 断熱圧縮過程，等圧受熱過程，断熱膨張過程，等圧凝縮過程 **水力発電所：** 発電機出力，仕事量，流量，有効落差，水車効率，発電機効率
変電所	**調相設備：** 分路リアクトル，電力用コンデンサ，同期調相機， 静止形無効電力補償装置，進相無効電力，フェランチ現象， 直列リアクトル，進相コンデンサ，サイリスタ装置 **母線方式：** 密閉母線，単一母線，二重母線，環状母線 **変電所の構成機器：** 送油風冷式変圧器，油入自冷変圧器，単巻変圧器，二巻線変圧器， 酸化亜鉛形避雷器，直列ギャップ付避雷器
送配電線	**直流送電：** 交直変換所，交流送電方式，大電力長距離送電，送電損失， 直流遮断，誘電体損失 **短絡容量：** 短絡容量，パーセントインピーダンス，基準容量，三相短絡事故 **各種障害：** 電磁誘導，静電誘導，ねん架，架空電線路，雷害対策，架空地線， フラッシオーバ，逆フラッシオーバ，アーマロッド， アークホーン，表皮効果，単導体方式，多導体方式， 電力系統の安定度向上

1-3　電力系統　発電所　発電全般　★★★

22　発電方式に関する記述として，**最も不適当なもの**はどれか。

1. 流込み式水力発電は，河川の水をそのまま利用するため，出力は河川自流に依存する。
2. 揚水式水力発電は，河川の水を有効活用できることから，ベース電源として利用する。
3. 火力発電は，効率が良く発電単価が低い発電機を優先して運転する。
4. 太陽光発電や風力発電は，季節や気象条件等に左右されるため，出力変動が大きい。

解答

揚水式水力発電は，比較的短時間の負荷変動に対応しやすい**ピーク調整電源**である。

したがって，**2**が最も不適当である。　正解　2

解説

発電方式は，需要の変化に対応して一定量の電気を安定的に供給する**ベース供給力**，作る電気の量が調整しやすい**ピーク供給力**，ベース供給力とピーク供給力どちらにも対応できる**ミドル供給力**に分けることができる。

1. 流れ込み式水力発電

調整池をもたないため，出力は流れ込む水の量に依存している。出力電力の調整が難しいため，**ベース供給力**として使用される。初期コストは高いが，耐用期間全体でみると経済性に優れている。

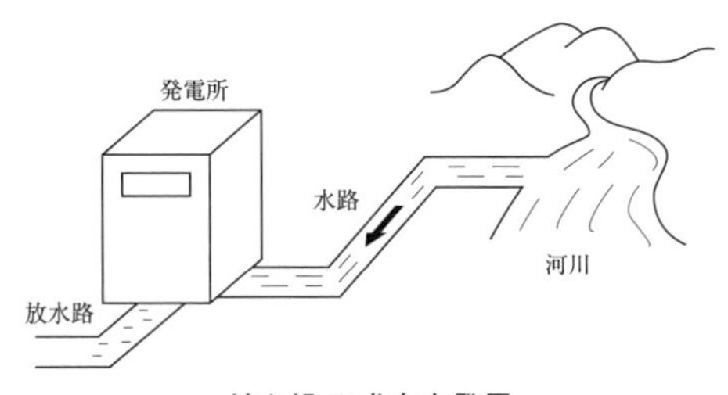

流れ込み式水力発電

2. 揚水式水力発電

調整池を発電所の上部にもち，夜間，休日等の軽負荷時に下部の池より揚水し，昼間の重負荷時に調整池から水を落下させ発電する方式である。比較的短時間の負荷変動に対応しやすい**ピーク供給力**である。初期コストは高いが，耐用期間平均でみると経済性に優れている。

3. 火力発電

連続運転がしやすく，また出力調整の融通性も高いことから，どの供給力ももつ。石油火力はピーク供給力，LNG火力は，ベース，ミドル供給力，石炭火力は燃料単価が安いこともあり，ベース供給力として使用される。

4. 太陽光発電，風力発電

太陽光発電，風力発電は，CO_2を発生しない再生可能エネルギーであるが，季節や気象条件に左右されるため，出力変動が大きい。

右の図は，電力需要と各供給力の関係を示しているが，原子力稼働時のものであり注意されたい。

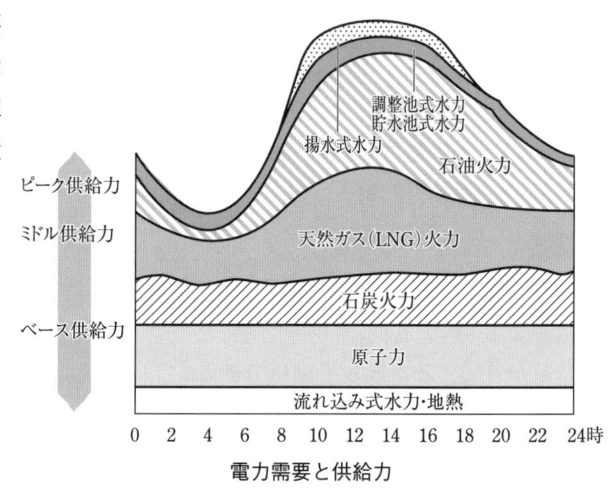

電力需要と供給力

> 類題　各種発電方式の出力分担を適切に行い，経済的な運用を行うために考慮すべき事項の記述として，**最も不適当なもの**はどれか。
>
> 1. 太陽光発電や風力発電は，季節や気象条件などに左右されるため，出力変動が大きい。
> 2. 調整池式水力発電は，電力需要の少ない夜間に貯水し，電力需要の多い昼間に発電する。
> 3. 流込式水力発電所の点検や作業のための停止は，河川流量の少ない渇水期に行う。
> 4. 火力発電では使用燃料や発電効率などの違いがあり，比較的効率の低い石炭火力発電はピーク時に用いる。

解答

石炭火力発電は，石油，LNGに比較して燃料費が安いため，**ベース供給力**として用いられる。

したがって，**4**が最も不適当である。　　　　**正解　4**

1-3 電力系統　発電所　火力発電所　★★★

23 図に示す汽力発電のランキンサイクルにおいて，タービンの入口から出口に至る蒸気の圧力及び体積の変化を示す過程として，**適当なもの**はどれか。

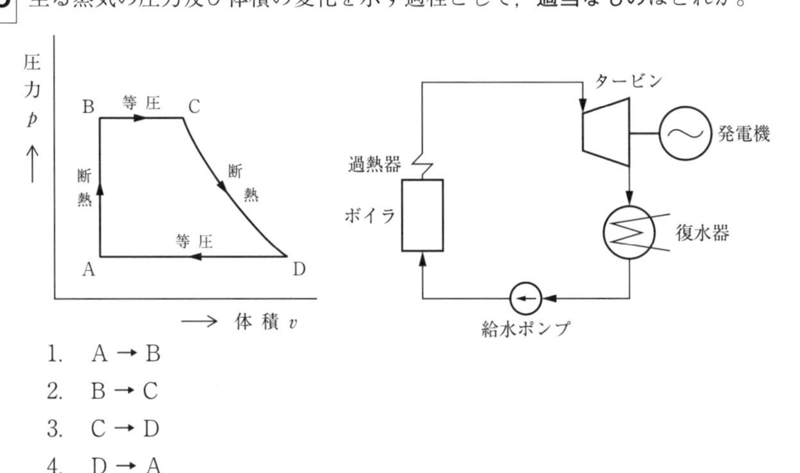

1. A → B
2. B → C
3. C → D
4. D → A

解答

タービンの入口から出口へ至る過程は，過熱器からの過熱蒸気がタービン内でタービンを回転させる仕事を行う**断熱膨張過程**（C → D）である。

したがって，**3** が適当である。　　　　正解　3

解説

汽力発電所の**ランキンサイクル**は，蒸気タービンの基本サイクルであり，加熱，膨張，凝縮，昇圧を行う熱サイクルである。

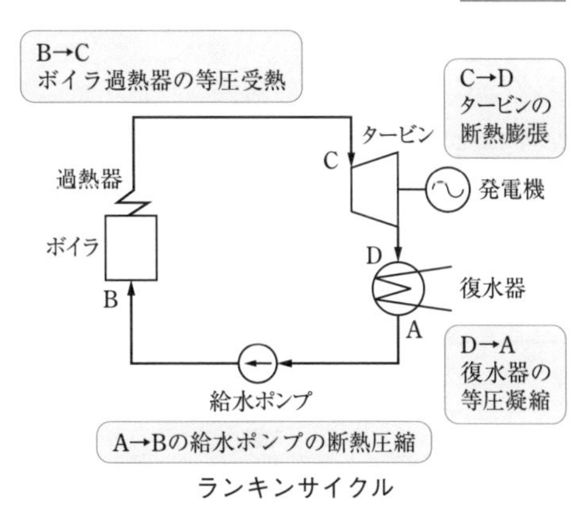

ランキンサイクル

1. A → B：**断熱圧縮過程**

　給水ポンプによりボイラに給水するまでの**断熱圧縮**の過程である。復水器の凝縮水が，給水ポンプにより断熱状態で圧縮されボイラに給水される。

2. B→C：**等圧受熱過程**

ボイラ，過熱器での給水の**等圧受熱**の過程である。ボイラの内部で熱を吸収した水が蒸発し，乾き飽和空気となり，さらに，過熱器に送り込まれ燃焼ガスの熱を吸収し，過熱蒸気になる。

3. C→D：**断熱膨張過程**

タービン内部で過熱蒸気が**断熱膨張**し，仕事を行う過程である。過熱器からタービンに送り込まれた過熱蒸気が，タービンの中で膨張することによりタービンローターに回転力を与える。断熱膨張した蒸気は，圧力，温度が下降し，湿り蒸気となって復水器に送り込まれる。

4. D→A：**等圧凝縮過程**

復水器での**等圧凝縮過程**である。タービンから送り込まれた湿り蒸気が，復水器の中で流れる冷却水により冷却され，復水となる。

類題　汽力発電所の蒸気タービン及びタービン発電機に関する記述として，**最も不適当なもの**はどれか。

1. タービン発電機には，突極形の回転子が用いられる。
2. タービン発電機の水素冷却方式は，空気冷却方式に比べて冷却効果が大きい。
3. 蒸気タービンは，蒸気加減弁により蒸気流量を調整し速度制御する。
4. 蒸気タービンは，その中で蒸気が作用する原理によって分類すると，衝動タービンと反動タービンに分けられる。

解答

タービン発電機は，高速で回転するため遠心力，風損の影響を抑えるため突極形ではなく**円筒形の回転子**が用いられる。

したがって，**1が最も不適当である。**　　　　正解　1

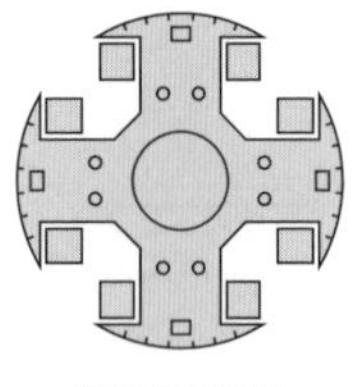

究極形回転子

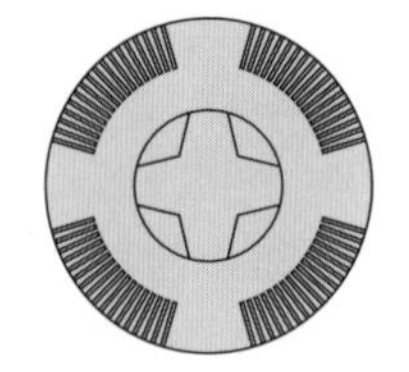

円筒形回転子

回転子の形状

1-3 電力系統　発電所　水力発電所　★★★

24 水力発電所において，最大出力 98 MW を発電するために必要な流量として，適当なものはどれか。

ただし，有効落差は 250 m とし，水車効率と発電機効率を総合した効率を 80 %とする。

1.　30 m^3/s
2.　50 m^3/s
3.　300 m^3/s
4.　500 m^3/s

解 答

水力発電所の発電機出力 P（kW）は，**P = 9.8 × 流量 × 有効落差 × 効率** で表される。この式に問題中の数値を代入すると，流量は 50（m^3/s）となる

したがって，**2 が適当である。**　　正解 2

解 説

水力発電所の発電機出力を求める問題である。発電機出力は，H(m)の高さ（有効落差）から毎秒 Q（m^3/s）の水が落下するとき，単位時間に行う仕事量 P（kW）をいい，次の式で表される。ここで，水車効率 η_T と発電機効率 η_G をかけ合わせたものが効率 η となる。

$$P\ (\text{kW}) = 9.8 \times \text{流量} \times \text{有効落差} \times \text{効率} = 9.8QH\eta$$

よって，$Q = \dfrac{P}{9.8H\eta} = \dfrac{98 \times 10^3\ (\text{kW})}{9.8 \times 250(\text{m}) \times 0.8} = 50\ (m^3/s)$

ただし，$1\text{MW} = 1 \times 10^3\text{kW}$

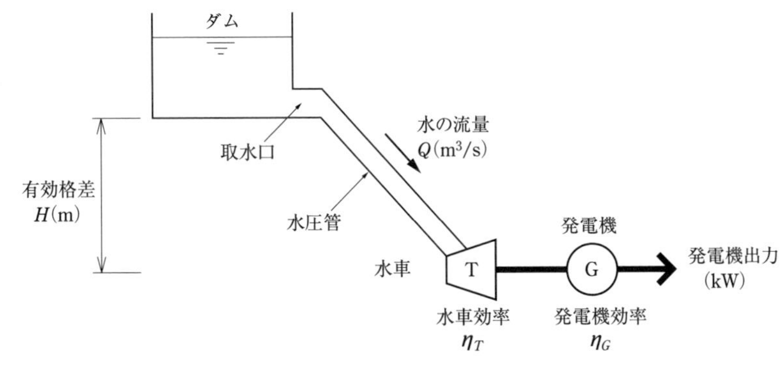

水力発電所発電出力

1-3 電力系統　変電所　構成機器　★★★

25 調相設備を用いた電力系統の電圧調整に関する記述として，**不適当なもの**はどれか。

1. 分路リアクトルは，進相無効電力を吸収し，系統の電圧降下を軽減できる。
2. 電力用コンデンサは，進相無効電力を発生し，系統の電圧降下を軽減できる。
3. 同期調相機は，界磁電流を変化させることにより，無効電力を連続的に調整することができる。
4. 静止形無効電力補償装置（SVC）は，無効電力を発生・吸収し，即応性に優れた電圧調整ができる。

解 答

分路リアクトルは，進相無効電力を吸収するため，夜間軽負荷時のフェランチ現象による系統の電圧上昇を軽減できる。

したがって，**1** が不適当である。　**正解　1**

解 説

1. **分路リアクトル**

分路リアクトルは，系統の分路（並列）に接続され進相無効電力を吸収する。長距離地中配電線路では，夜間の軽負荷時に送電端より受電端の電圧が上がる現象（フェランチ現象）が生ずるが，これを抑制する効果がある。

2. **電力用コンデンサ**

電力用コンデンサは，進相無効電力を発生する調相設備であり，電力系統の各所に配置される。負荷変動に対応して投入，開放を行い，力率を改善することにより，系統の電圧低下を改善する

3. **同期調相機**

同期調相機は同期発電機を無負荷で運転させ，界磁電流を調整することにより，無効電力を遅相から進相に連続的に変化させて供給することができる。

4. **静止形無効電力補償装置（SVC）**

静止形無効電力補償装置（SVC）は，直列リアクトル，進相コンデンサ，サイリスタ装置で構成される。進相から遅相まで高速で連続的に無効電力を制御することができ，即応性に優れた電圧調整機能をもっている。

1-3 電力系統　変電所　構成機器　★★

26

変電所に関する記述として，**最も不適当なもの**はどれか。

1.　密閉母線の種類には，ガス絶縁母線，固体絶縁母線などがある。
2.　二重母線は，環状母線に比べて系統運用上の自由度がなく，制御及び保護回路は複雑である。
3.　大型の変圧器は，単相器の状態で輸送し，現地で三相器に組み立てる場合がある。
4.　ガス絶縁変圧器は，不燃性ガスを絶縁に使用しており，地下変電所など屋内設置に適している。

解答

二重母線は，片側母線の停止が容易であるため，環状母線に比べ，系統運用上の自由度が増し，制御及び保護回路は複雑とならない。

したがって，**2が最も不適当である**。　　**正解　2**

解説

二重母線は，2重化された母線に変圧器，配電線が2重に接続されており，点検時，事故時の片側停止が容易である。環状母線は母線が環状につながれているため，点検時，事故時は母線が部分停止となり，系統運用の自由度がなく，制御及び保護回路が複雑となる。

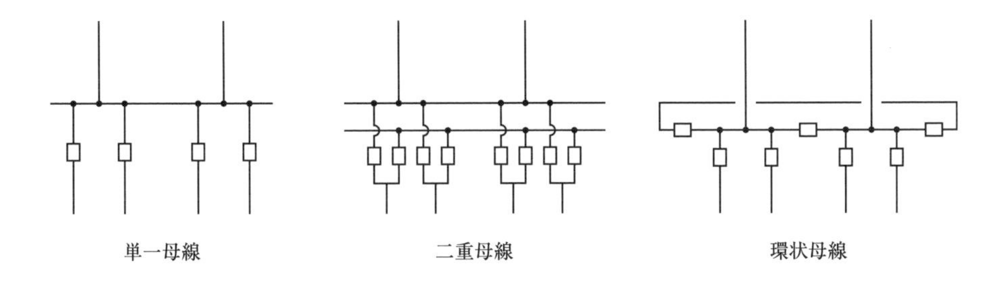

変電所母線種類

類題　変電所の構成機器に関する記述として，**不適当なもの**はどれか。

1. 送油風冷式の変圧器は，油入自冷式に比べて冷却能力が大きい。
2. 単巻変圧器は，二巻線変圧器に比べてインピーダンス及び電圧変動率が小さい。
3. 酸化亜鉛形避雷器は，直列ギャップ付き避雷器に比べて放電時間遅れが大きい。
4. 気中保護ギャップは，線路引込口や引出口の線路と大地間に避雷器と同じ目的で設置される。

解答

酸化亜鉛形避雷器は，直列ギャップの代わりに酸化亜鉛素子を使用する。放電時間遅れがなく保護特性に優れる。

したがって，**3が不適当である。**　**正解　3**

解説

1. ギャップ付避雷器

ギャップ付避雷器は，続流を抑制する素子と，続流を遮断する直列ギャップで構成されている。直列ギャップ部は，急激に変化するサージ電圧によっては適切な保護ができないおそれがあり，また，雷サージの特性によっては続流が遮断できないこともある。

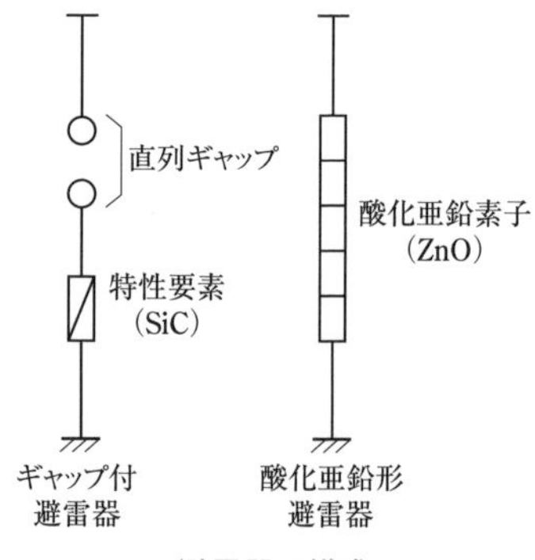

避雷器の構成

2. 酸化亜鉛形避雷器

酸化亜鉛形避雷器は，直列ギャップをもたず，酸化亜鉛素子（Z_nO）を使用している。これにより小型軽量化に加え，電圧―電流特性（非直線特性）に優れる。通常の電圧では絶縁体となり，放電耐量が大きいという特性をもっている。

1-3 電力系統　送配電線　直流送電　★★★

27

直流送電方式の特徴に関する記述として，**最も不適当なもの**はどれか。

1. 周波数の異なる交流系統間の連系が可能である。
2. 交直変換所での高調波の防止対策が不要である。
3. 交流送電方式に比べて，大電力の長距離送電に適している。
4. 交流送電方式に比べて，送電損失が少ない。

解答

交直変換所での変換装置から高調波が発生するため，高調波の防止対策が必要である。

したがって，**2 が最も不適当である。**　　**正解 2**

解説

直流送電は，送電端で交流電力を交流→直流に変換し，直流電線路を通じて送電し，受電端で直流→交流に逆変換を行う方式である。

送電端で交流から変換された直流は，脈動分を直流リアクトルで滑らかにする。受電端では，交流系統に無効電力を供給する必要があるので，電力用コンデンサ，同期調相機などの調相設備を設ける必要がある。

長所

1. 送電端，受電端間で一旦直流に変換してから交流に再変換するため，異なる周波数の交流系が連系できる。
2. 安定度に問題がなく，許容電流の限度まで送電できるので，大容量，長距離の送電に適している。
3. 無効電力がないため，誘電体損がなく，電圧降下，送電損失が少ない。
4. 導体は 2 条でよく（交流は 3 条），大地を帰路とした場合は 1 条でも送電可能であり，送電線路の建設費が安くなる。

短所

1. 交流⇔直流変換装置では，高調波が発生するため高調波対策が必要となる。
2. 受電端では負荷の無効電力を供給するための調相設備，電力用コンデンサ等の無効電力補償装置が必要となる。

3. 大地帰路方式では電食を起こす恐れがある。
4. 直流は交流と違い電流が0となるポイントがないため，大電流の直流遮断は困難である。

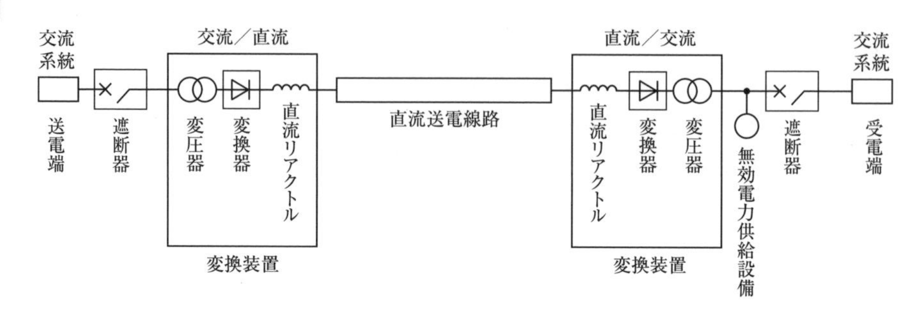

直流送電ブロック図

類題　電力系統における直流送電方式の特徴に関する記述として，**最も不適当なもの**はどれか。

1. 周波数の異なる交流系統間が連系できる。
2. 大地帰路方式の場合は，電食を起こすおそれがある。
3. 交流送電方式に比べて，大電力の長距離送電や海底ケーブルの送電に適している。
4. ケーブル送電の場合は，誘電体損失を考慮する必要がある。

解答

直流送電方式は，ケーブル送電の場合 充電電流が流れないため，誘電体損失を考慮する必要がない。

したがって，**4が最も不適当**である。　　**正解　4**

1-3 電力系統　送配電線　短絡容量　★★★

28　図に示す受電点の短絡容量として，**正しいもの**はどれか。

ただし，基準容量：10 MV·A

変電所のパーセントインピーダンス：$\%Zg = j2\%$

配電線のパーセントインピーダンス：$\%Zl = 6 + j6\%$

1. 10 MV·A
2. 70 MV·A
3. 100 MV·A
4. 125 MV·A

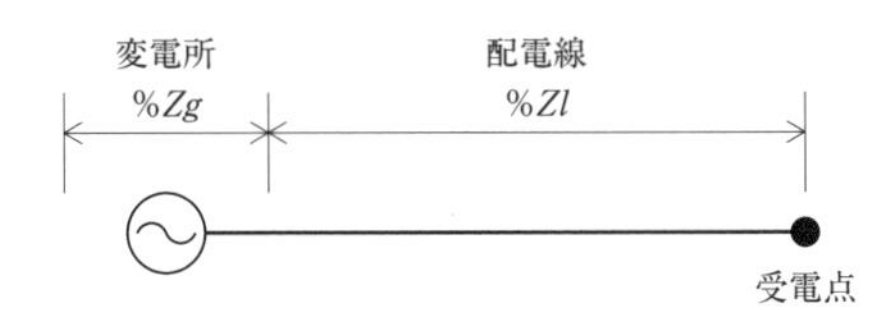

解 答

短絡容量 Ps（VA）は，次の式で表される。

$$Ps = P_n \times \frac{100}{|\%Z|} \qquad P_n：基準容量（VA）$$

受電点の％Zは，変電所と配電線の合計となるため，$|\%Z|$は下記となる。

$$\%Z = \%Zg + \%Zl = j2 + 6 + j6 = 6 + j8\ (\%) \Rightarrow |\%Z| = \sqrt{6^2 + 8^2} = 10$$

基準容量は10（MV・A）であり，短絡容量は次のように導き出される。

$$Ps = P_n \times \frac{100}{|\%Z|} = 10\ (\mathrm{M \cdot VA}) \times \frac{100}{10} = 100\ (\mathrm{MV \cdot A})$$

したがって，**3が正しい。**　　　　**正解　3**

試験によく出る重要事項

短絡容量の算出

三相回路における％Zは，そのインピーダンスに定格電流 I_n を流した場合に，発生する電圧降下と回路の電圧（E_P 相電圧）の比を％で表したものである。

線間電圧を E_L とすると，$E_P = \dfrac{E_L}{\sqrt{3}}$ であるため，％Zは，次のように表される。

$$\%Z = \frac{ZIn}{E_P} \times 100 = \frac{\sqrt{3}\,ZIn}{E_L} \times 100 \quad よって，Z = \frac{\%Z}{100} \cdot \frac{E_L}{\sqrt{3}\,In}$$

また右上の図において，負荷端で三相短絡事故が発生したときに流れる短絡電流 Is は，回路が三相平衡回路であるとすると，右下の図のような等価回路に置き換えることができ，次の式のように表される。

$$Is=\frac{E_P}{Z}=\frac{E_L}{\sqrt{3}Z}=\frac{E_L}{\sqrt{3}}\cdot\frac{100}{\%Z}\cdot\frac{\sqrt{3}\,I_n}{E_L}$$

$$=\frac{In}{\%Z}\times 100$$

したがって，短絡容量 Ps は，次の式で表すことができる。

$$Ps=\sqrt{3}E_L Is=\sqrt{3}E_L\cdot\frac{In}{\%Z}\times 100$$

$$=\frac{Pn}{\%Z}\times 100$$

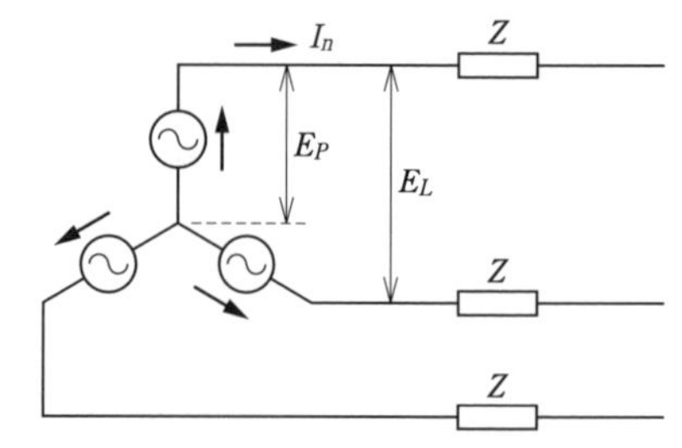

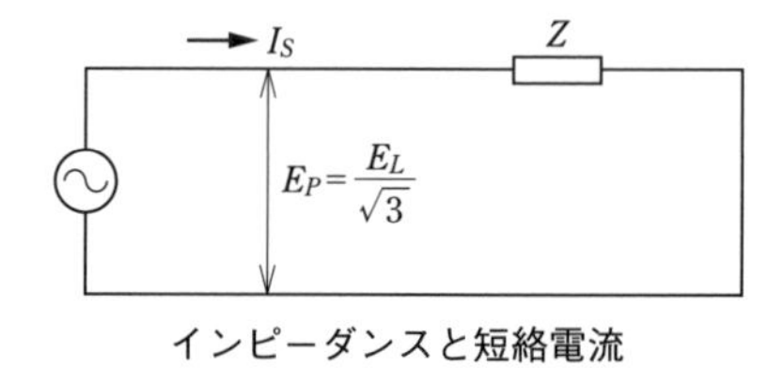

インピーダンスと短絡電流

類題　送配電系統における短絡容量の軽減対策に関する記述として，**最も不適当なものはどれか。**

1. 高インピーダンスの変圧器を採用する。
2. 電力用コンデンサを設置する。
3. 限流リアクトルを設置する。
4. 変電所の母線を分割する。

解答

送配電系統に設置される**電力用コンデンサ**は，力率改善，電圧調整等を行う目的で設置する。短絡容量の軽減対策用ではない。

したがって，**2 が最も不適当である。**　　　　正解　2

1-3 電力系統　送配電線　各種障害　★★★

29 架空送電線に近接している通信線への電磁誘導に関する記述として，**不適当**なものはどれか。

1. 電磁誘導電圧は，送電線と通信線の平行長に反比例する。
2. 電磁誘導電圧は，送電線の故障電流や各相の負荷電流の不平衡により発生する。
3. 電磁誘導軽減対策として，架空地線に導電率の良いアルミ覆鋼より線を使用する。
4. 電磁誘導軽減対策として，中性点接地方式に高インピーダンス接地方式を採用する。

解答

電磁誘導電圧は，送電線と通信線の相互インダクタンスにより発生するため，その平行長に比例する。

したがって，**1が不適当である。**　　正解　1

解説

送電線と通信線が近接して布設されている場合，通信線に誘導障害が発生することがある。誘導障害は，送電線と通信線の電磁的結合による誘導電圧が生ずる**電磁誘導**と，静電的結合による誘導電圧が生ずる**静電誘導**がある。

1. 電磁誘導

三相の架空送電線においては，各相の電流がバランスして流れているため，正常状態では電力線各相電流と通信線相互の相互インダクタンスは次の式のようになり，電磁誘導電圧 E は生じない。

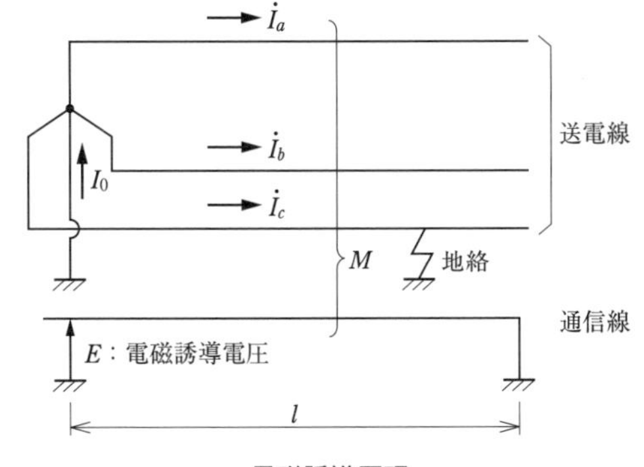

電磁誘導原理

$$E = -j\omega Ml(\dot{I}a + \dot{I}b + \dot{I}c)$$
$$= -j\omega Ml\dot{I}_0$$

$\omega = 2\pi f$

M：相互インダクタンス

l：電線長

$\dot{I}$a，$\dot{I}$b，$\dot{I}$c：各相電流

I_0：地絡電流（常時は $\dot{I}_0 = \dot{I}a + \dot{I}b + \dot{I}c \fallingdotseq 0$）

しかし地絡故障が発生し，大地を帰路とする地絡電流 I_0 が流れると，通信線に電磁誘導により誘導電圧が生ずる。電力線と通信線相互の相互インダクタンスは，送電線と通信線が平行して布設されている距離と地絡電流 I_0 の大きさに比例する。

2. 静電誘導

電力線各相と通信線相互の相互静電容量が等しい場合は，静電誘導は生じないが，電力線のねん架が不十分で相互静電容量が不平衡の場合，静電誘導電圧が生ずる。

その大きさは，電力線と通信線の相互静電容量の大きさ及び不平衡の度合いの大きさに比例する。送電線の各相に流れる電流の不平衡には影響されない。

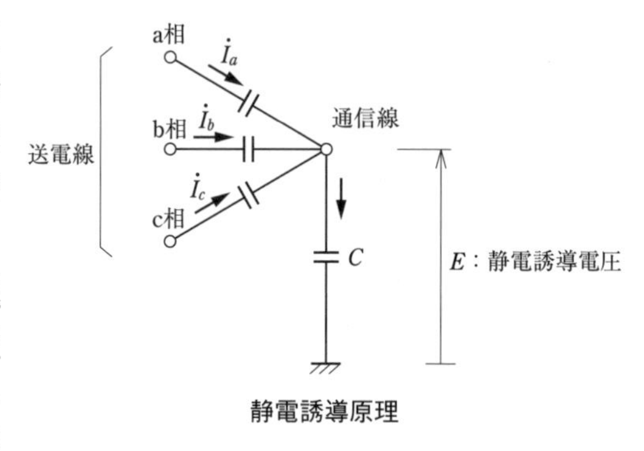

静電誘導原理

> 類題　架空送電線路の雷害対策に関する記述として，**最も不適当なもの**はどれか。
>
> 1.　がいしの過絶縁による雷害防止は困難なので，鉄塔の頂部に架空地線を設ける。
> 2.　鉄塔の電位上昇による逆フラッシオーバを防止するため，スペーサを設ける。
> 3.　雷撃時のフラッシオーバによる電線の損傷などを防止するため，アーマロッドを設ける。
> 4.　がいし連のフラッシオーバによるがいし破損を防止するため，アークホーンをがいし連の両端に設ける。

解答

スペーサは，電線の垂れ込み，スリートジャンプ及びギャロッピングの防止装置である。逆フラッシオーバ防止装置ではない。

したがって，2が最も不適当である。　　**正解　2**

1-3 電力系統　送配電線　各種障害　★★

30

送電線の表皮効果に関する記述として，**不適当なもの**はどれか。

1. 周波数が高いほど，表皮効果は小さくなる。
2. 抵抗率が小さいほど，表皮効果は大きくなる。
3. 表皮効果が大きいほど，電力損失が大きくなる。
4. 表皮効果が大きいほど，電線中心部の電流密度は小さくなる。

解答

表皮効果は，電線の表面に比べ中心にいくほど電流が流れにくくなる現象である。周波数が高いほど表皮効果は大きくなり，電流分布の表面集中度が高くなる

したがって，**1 が不適当である。**　**正解 1**

解説

表皮効果とは，電線の表面に比べ中心にいくほど電流が流れにくくなる現象のことで，表皮度を表す表皮深さ d，透磁率 μ，角速度 ω，抵抗率 ρ とすると，次の式で表される。

$$d = \sqrt{\frac{2\rho}{\mu\omega}} \qquad \omega = 2\pi f$$

1. 周波数 f が高くなれば ω は大きくなり，表皮深さ d は小さくなる。したがって，電線表面近くにしか電流が流れなくなり，表皮効果は大きくなる。
2. 抵抗率 ρ が小さいほど，表皮深さ d も小さくなる。したがって，表皮効果は大きくなる。
3. 表皮効果が大きいほど，電流は電線の表面近くしか流れなくなる。このため電流を有効に流せる導体の断面積が小さくなるため抵抗が大きくなり，電力損失が大きくなる。
4. 表皮効果が大きいほど，電流は電線の中心部に流れにくくなり，中心部の電流密度は小さくなる。

類題　架空送電線路における，単導体方式と比較した多導体方式の特徴として，**不適当なもの**はどれか。

ただし，多導体の合計断面積は，単導体の断面積に等しいものとする。

1. 表皮効果が大きい。
2. 送電容量が大きい。
3. 電線のインダクタンスが小さい。
4. 電線表面の電位傾度が小さい。

解答

架空送電線路の**多導体方式**とは，1相分の電線として，2本または複数の導体を30～50 cm程度の間隔で並べた方式である。断面積が等しければ単導体より多導体の方が表面積は大きくなる。表皮効果は，導体表面積が大きいほど小さくなるため，多導体方式の方が表皮効果は小さい。

このほかにも多導体方式は，

・電線のインダクタンスが小さくなり，送電容量が大きくなる。

・電線表面の電位傾度が小さくなり，コロナが発生しにくくなる。

などの電気的に優れた点があり，超高圧架空電線路の多くで採用されている。

したがって，**1が不適当**である。　　**正解　1**

類題　電力系統の安定度向上対策に関する記述として，**不適当なもの**はどれか。

1. 上位電圧階級の導入を行う。
2. 中間開閉所を設置する。
3. 高速保護リレー方式を採用する。
4. 高リアクタンスの変圧器を採用する。

解答

電力系統の安定度向上対策として，系統のリアクタンスを小さくする必要があり，**低リアクタンスの変圧器**を採用する。

したがって，**4が不適当**である。　　**正解　4**

1-4 電気応用

●過去の出題傾向

電気応用は，毎年照明，電気化学・太陽電池，電動機より1問ずつの合計3問出題されている。

[照明]

・照明は，毎年1問出題されている。

・照明に関して定められた用語の意味を問う問題が出題されている。

・**照度**，**輝度**，**光束**，**光度**，**放射束**等の基本用語がどのように定義されているのか理解しておく。

・照度計算には，光束法，**逐点法**の2つの方法があるが，電気応用では**逐点法**に関する問題が出題されている。光束法は，構内電気設備で述べるため，ここでは，**逐点法**を使った照度の算出式を理解しておく。

[電気化学・太陽電池]

・電気化学，太陽電池に関する問題が，毎年交互に出題される傾向にある。

・電気化学は金属の**電解析出**，**蓄電池**についての出題である。

・**電解析出**は，**電解精錬**，**電鋳**，**電気めっき**，**電解研磨**についてその概要を理解しておく。

・**蓄電池**は，**鉛蓄電池**に関して出題される可能性が高い。

・**太陽電池**は，発電の原理，発電効率を問う問題が出題されている。

・**太陽電池**のp型半導体，n型半導による構成と，正孔，電子が移動して発電する仕組みを図とともに理解しておく。

・**単結晶シリコン**，**多結晶シリコン**，**アモルファスシリコン**等の太陽電池の材料による発電効率の違いについて理解しておく。

[電動機]

・電動機について，毎年1問出題されている。

・電動機は，**誘導電動機**についての出題頻度が高い。
なかでも**始動方式**と**速度制御方式**については要注意である。

・**始動方式**は，どのような仕組みで始動電流を抑えているのか理解しておく。
全電圧始動に対して，各始動方式の**始動電圧**，**始動電流**，**始動トルク**がどのように変化するか，その数値を問う問題が出題される可能性が高い。

・**速度制御方式**は，**極数切換制御**で同期速度と極数の関係を問う問題がしばしば出題される。同期速度が極数に反比例することを算出式をもとに理解しておくとよい。

項目	出題内容（キーワード）
照明	**照明用語：** 光束，ルーメン（lm），光源，放射束，照度，ルクス（lx），被照面，光度，輝度，点光源，単位立体角，輝度，発光面，可視光線 **逐点法照度計算：** 距離の逆2乗法則，入射角の余弦法則，法線照度，水平面照度 **光源の種類・特徴：** ランプ効率，色温度，平均演色評価数，定格寿命
電気化学 太陽電池	**金属の電界析出：** 電解精錬，金属イオン，電気分解，電鋳，電気めっき，電着，電解研磨，電解液 **蓄電池：** 据置鉛蓄電池，ベント形蓄電池，酸霧，放電終止電圧，放電電流，内部抵抗，残存容量，正極活物質，二酸化鉛，ニッケル・カドミウム蓄電池，負極活物質，自己放電 **太陽電池：** シリコン太陽電池，p形半導体，n形半導体，pn接合，多結晶シリコン太陽電池，単結晶シリコン太陽電池，光起電力効果，アモルファスシリコン
電動機	**始動方式：** スターデルタ始動法，Δ結線，Y結線，始動トルク，リアクトル始動法，始動用リアクトル，コンドルファ始動法，インバータ始動法，可変周波数，可変電圧 **速度制御：** 一次電圧制御，速度－トルク特性，極数切換制御，同期速度，極数，二次抵抗制御，巻線形誘導電動機，2次巻線，比例推移，周波数制御，インバータ

1-4 電気応用　照明　用語 ★★★

31

照明に関する記述として，**不適当なもの**はどれか。

1. 光束とは，光源の放射束のうち光として感じるエネルギーの量をいう。
2. 照度とは，被照面の単位面積当たりの輝度をいう。
3. 光度とは，点光源からある方向の単位立体角当たりに放射される光束の量をいう。
4. 輝度とは，発光面の単位面積当たりの光度をいう。

解答

照度とは，被照面の単位面積当たりの**光束**をいう。

したがって，**2 が不適当である。**　　正解　2

解説

1. 放射束

放射とは，電磁波である光のエネルギーが空間を伝わることをいう。**放射束**とは，単位時間にある面積を通過する放射エネルギーの量をいい，単位は W または J/S である。

2. 光束

電磁波のうち，人が光として感じられる範囲を可視光線と呼び，その波長は 380 ～ 780（nm）である。**光束**とは，この可視範囲の放射束のエネルギー量をいい，単位は lm である。

3. 照度

照度とは，光束が入射する被照射面の単位面積当たりの明るさをいい，単位は lx である。

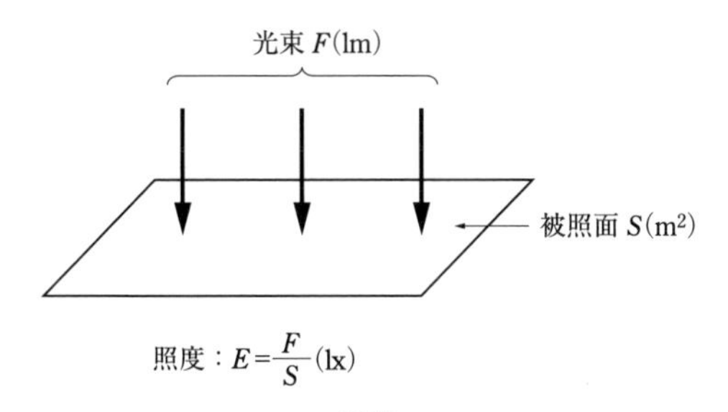

照度

4. 光度

光源が1点に集約されるものを点光源という。**光度**とは，点光源からある方向の単位立体角あたりに放射される光束の量をいい，単位はcdである。

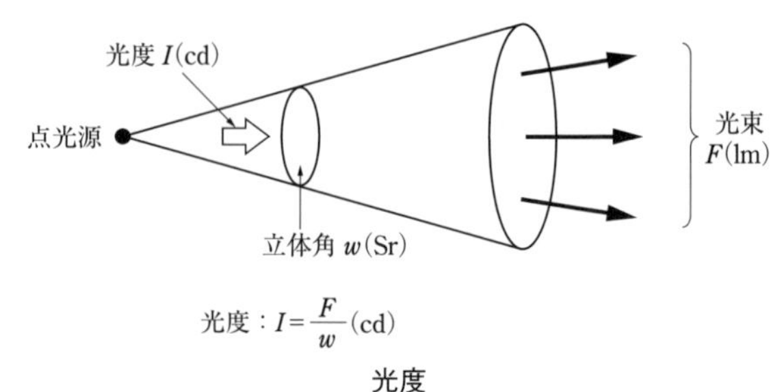

光度：$I=\dfrac{F}{w}$(cd)

光度

5. 輝度

輝度とは，光源の光度（cd）を光源の見かけの面積で除したものをいい，単位はcd/m^2である。

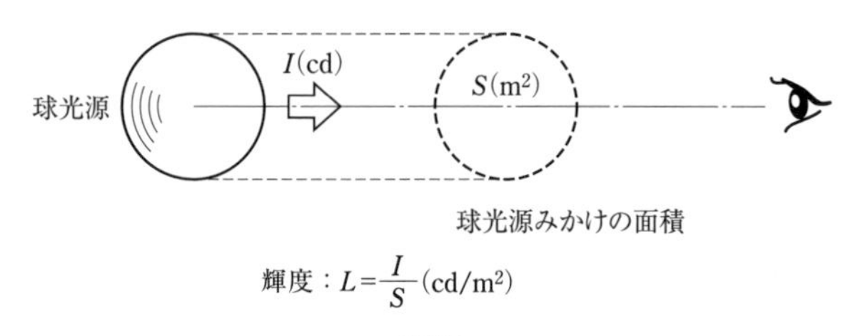

輝度：$L=\dfrac{I}{S}$(cd/m^2)

輝度

類題　照明に関する記述として，**不適当なもの**はどれか。

1.　放射束とは，単位時間にある面を通過する放射エネルギーの量をいう。
2.　光束とは，電磁波の放射束のうち光として感じるエネルギーの量をいう。
3.　光度とは，点光源からある方向の単位立体角当たりに放射される光束の量をいう。
4.　輝度とは，光を受ける面の単位面積当たりに入射する光束の量をいう。

解答

輝度とは，光源の光度を光源の見かけの面積で除したものをいう。

したがって，4が不適当である。　**正解　4**

1-4 電気応用　照明　照度計算　★★

32 図に示す床面P点の水平面照度 E_h〔lx〕を求める式として，**正しいものは**どれか。

ただし，Lは点光源とし，P方向に向かう光度を I〔cd〕，LPの距離を R〔m〕，∠PLOを θ とする。

1. $E_h = \dfrac{I}{R^2}\sin\theta$〔lx〕
2. $E_h = \dfrac{I}{R^2}\cos\theta$〔lx〕
3. $E_h = \dfrac{I}{4\pi R^2}\sin\theta$〔lx〕
4. $E_h = \dfrac{I}{4\pi R^2}\cos\theta$〔lx〕

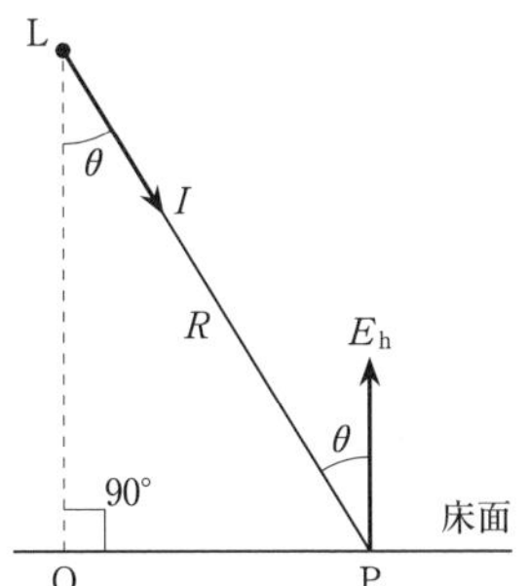

解答

水平面照度は，光度(I)に比例し，光源からの距離（R)の2乗に反比例し，光の入射角の余弦(cos)に比例する。

したがって，**2が正しい。**　**正解　2**

解説

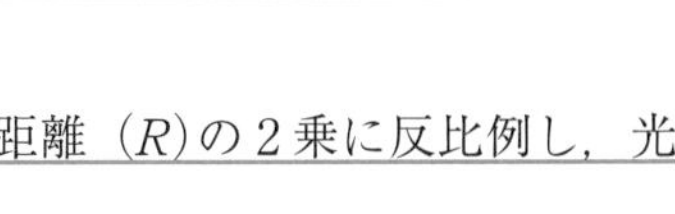

照度計算の基本原則は，照度は光源からの距離(R)の2乗に反比例し，光の入射角の余弦(cos)に比例する。

1．距離の逆2乗法則

点光源から R(m)離れた点Pの法線照度 E_n は光源の光度 I(cd)に比例し，距離 R(m)の2乗に反比例する。

$$E_n = \frac{I}{R^2}$$

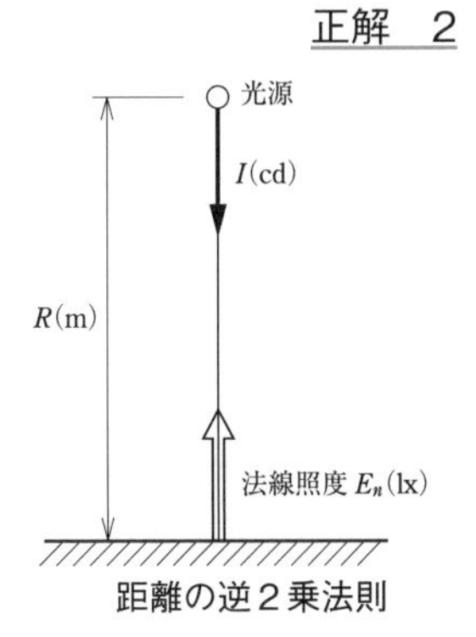

距離の逆2乗法則

2．入射角の余弦法則

水平面照度 E_h は入射角の余弦(cos θ)に比例する。

$$E_h = E_n \cdot \cos\theta$$

以上より，水平面照度は　$E_h = \dfrac{I}{R^2}\cdot\cos\theta$

となる。

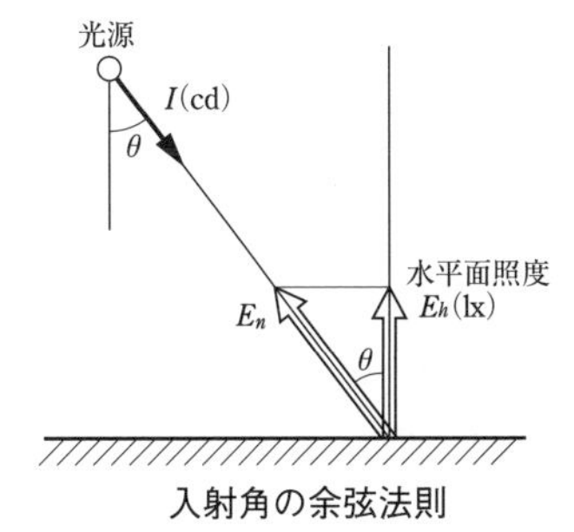

入射角の余弦法則

1-4 電気応用　照明　光源の種類・特徴　★★★

33

照明の光源に関する記述として，**不適当なものはどれか。**

1. 水銀ランプは，低圧ナトリウムランプに比べてランプ効率が高い。
2. 水銀ランプは，ハロゲン電球に比べて平均演色評価数が低い。
3. 高周波点灯専用形蛍光ランプ（Ｈｆ蛍光ランプ）は，低圧ナトリウムランプに比べて色温度が高い。
4. 高周波点灯専用形蛍光ランプ（Ｈｆ蛍光ランプ）は，ハロゲン電球に比べて定格寿命が長い。

解答

ランプ効率は，水銀ランプは約50（lm/W），低圧ナトリウムランプは約140（lm/W）である。水銀ランプは，低圧ナトリウムランプに比べてランプ効率が低い。

したがって，**1**が不適当である。　**正解　1**

試験によく出る重要事項

次の表に，照明器具のランプの特性比較を示す。

ランプ効率，**色温度**，**平均演色評価数**，**定格寿命**は基本特性であり，ランプ種類別の違いを理解しておく。

照明器具ランプ特性表

	ハロゲン電球（白熱電球）	直管蛍光ランプ（Hf型）	高圧水銀ランプ	メタルハライドランプ	高圧ナトリウムランプ
容　量	数W～数kW	32W，45W	40～2,000W	100～2,000W	35～1,000W
ランプ効率（lm/W）	16	100	50～60	80～90	130～160
色温度（K）	2,900	3,500～5,000	3,900	3,800	2,000
平均演色評価数（Ra）	100	88	40	70	25
定格寿命（h）	1,000～2,000	12,000	12,000	9,000	12,000

1-4 電気応用　金属の電解析出　★★

34　金属の電解析出に関する次の文章に該当する用語として，**最も適当なものは**どれか。

「金属の表面に他の金属を電着し，金属表面の装飾や腐食防止，耐摩耗性を与えることを目的に行う。」

1.　電解精錬
2.　電鋳
3.　電気めっき
4.　電解研磨

解答

金属の表面に他の金属を電着し，金属表面の装飾や腐食防止，耐摩耗性を与えることを目的に行うのは，**電気めっき**である。

したがって，**3 が最も適当**である。　　**正解　3**

解説

電解析出とは，金属イオンを含有する溶液を電気分解すると，陰極上に純度の高い金属が付着する作用のことである。

これを応用したものに**電解精錬**，**電鋳**，**電気めっき**，**電解研磨**がある。

1. **電解精錬**

   電解精錬とは，不純物を含む金属板を陽極として，その金属イオンを含む溶液の中で電気分解することにより，陰極に純金属を析出させることである。

2. **電鋳**

   電鋳とは，電解液の中に水溶液状の金属を原型密着し，電気分解することで原型と同じ型を作り，複製用の精密な型を作ることである。

3. **電気めっき**

   電気めっきとは,金属表面の装飾や腐食防止,耐摩耗性を与えることを目的に,金属の表面に他の金属を電着させることである。

4. **電解研磨**

   電解研磨とは，研磨しようとする金属を陽極として，電解液の中で電気分解を行うと，陽極の金属表面の突起物が電解液中に溶け込み，金属の表面が滑らかになることを利用した研磨方法である。

類題　据置鉛蓄電池に関する記述として，**不適当なもの**はどれか。

1.　ベント形蓄電池は，酸霧が脱出しないようにしたもので，使用中補水が不要である。
2.　定格容量は，規定の条件下で放電終止電圧まで放電した時に取り出せる電気量である。
3.　蓄電池から取り出せる容量は，放電電流が大きくなるほど減少する。
4.　蓄電池の内部抵抗は，残存容量の減少にともない増大する。

解答

ベント形蓄電池は，水の電気分解反応や自然蒸発によって電解液中の水分が失われるため，使用中補水が必要である。

したがって，**1が不適当**である。　**正解　1**

類題　蓄電池に関する記述として，**不適当なもの**はどれか。

1.　鉛蓄電池の正極活物質には，二酸化鉛が使用される。
2.　ニッケル・カドミウム蓄電池の負極活物質には，カドミウムが使用される。
3.　鉛蓄電池の放電容量は，放電電流が大きいほど小さくなる。
4.　ニッケル・カドミウム蓄電池の自己放電は，温度が低いほど大きくなる。

解答

ニッケル・カドミウム蓄電池は，長期放置すると自己放電により容量が減少する。自己放電量は，温度が高いほど大きくなる。

したがって，**4が不適当**である。　**正解　4**

1-4 電気応用　太陽電池 ★★

35 シリコン太陽電池に関する記述として，**最も不適当なもの**はどれか。

1.　シリコン太陽電池は，p 形半導体と n 形半導体を接合した構造となっている。
2.　シリコン太陽電池は，pn 接合部に光が入射したときに起こる光起電力効果を利用している。
3.　シリコン太陽電池は，表面温度が高くなると最大出力が低下する温度特性を有している。
4.　多結晶シリコン太陽電池は，単結晶シリコン太陽電池に比べて変換効率が高い。

解答

多結晶シリコン太陽電池は，**単結晶シリコン太陽電池**に比べて変換効率が低い。

したがって，**4 が最も不適当**である。　**正解　4**

解説

太陽電池は，一次電池，二次電池のように電力を蓄える蓄電池ではなく，光を即時に電力に変換して出力する発電装置である。

1. 太陽電池の原理

太陽電池は，p 型半導体と n 型半導体を接合した構造をもつ。p 型と n 型の半導体接合部に太陽光が当たることにより，正孔(＋)と電子(－)が発生する。その際，正孔(＋)は p 型半導体へ，電子(－)はn 型半導体へ移動し，それらを表面電極，裏面電極としてつなぐことにより電気が発生する（**光起電力効果**）。

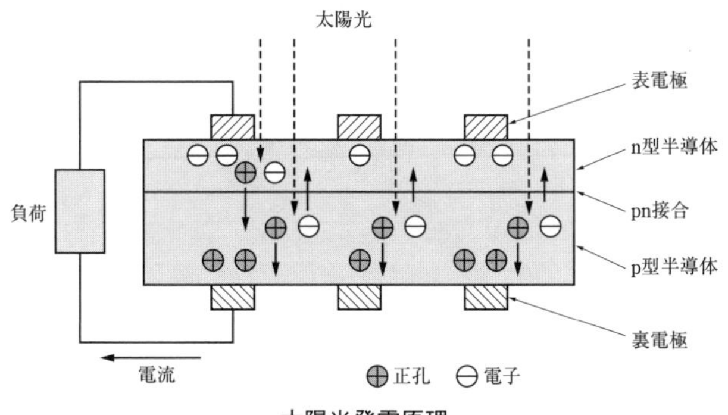

太陽光発電原理

2. 太陽電池の材料と特徴

太陽電池の材料は，シリコン結晶系のほか，化合物系があるが，シリコン結晶系が主流である。シリコン結晶系半導体は，**単結晶シリコン**，**多結晶シリコン**，**アモルファスシリコン**（非結晶系）に分類される。

単結晶シリコンが最も発電効率が良い。アモルファスシリコンは大量生産しやすく，低コストであるが変換効率に劣る。

シリコン結晶系太陽電池は，電池の表面温度が上昇することで発電効率が落ち，出力が低下する温度特性を有している。夏場は太陽電池の表面温度が60～70℃の気温となるため，25℃（定格出力）に対し10～20％の出力低下となる。

類題　太陽光発電システムの太陽電池に関する記述として，**不適当なもの**はどれか。

1.　太陽電池の材料には，一般的にシリコンが用いられている。
2.　太陽電池の電流は，p形半導体→n形半導体→負荷の順に流れる。
3.　アモルファス太陽電池は，結晶系太陽電池に比べて温度上昇による変換効率の低下が小さい。
4.　太陽電池の開放電圧は，太陽電池の温度が一定ならば，入射光が極端に弱くならない限り一定である。

解答

太陽電池に光があたることによって発生した正孔（＋）は，p型半導体，電子（－）はn型半導体に溜まる。n型半導体の電子は，負荷を通じてp型半導体に移動するが，電流の方向は電子と逆のため，p型半導体→負荷→n型半導体の順に流れる。

したがって，**2**が不適当である。　**正解　2**

1-4 電気応用　電動機　始動方式　★★★

36 三相誘導電動機の始動方式に関する記述として，**最も不適当なもの**はどれか。

1. スターデルタ始動法は，始動トルクが全電圧始動時の $\frac{1}{\sqrt{3}}$ になる。
2. リアクトル始動法は，始動用リアクトルを挿入して始動電流を低減させる方式である。
3. コンドルファ始動法は，比較的大容量の電動機に採用され，始動電流を全電圧始動時の 25 %まで低減可能である。
4. インバータ始動法は，可変周波数・可変電圧の交流を作り出し，誘導電動機を始動する方式である。

解答

スターデルタ始動法は，始動トルクが，全電圧始動時の $\frac{1}{3}$ になる。

したがって，**1 が最も不適当である**。　　正解　1

解説

電動機は始動時，定格電流の 5 ～ 6 倍の電流が流れる場合があるため，遮断器が動作したり，大きな電圧降下が生じたりする。この始動電流を低減させる方法として，下記の方式がある。

1. スターデルタ始動法

スターデルタ始動法とは，始動時電動機の巻線方式をΔ結線からY結線に切り替えて始動し，定格速度付近になったらΔ結線に戻す方式である。全電圧始動時に比べ，始動電圧は $\frac{1}{\sqrt{3}}$ となり，始動電流及び始動トルクは $\frac{1}{3}$ になる。

2. リアクトル始動法

リアクトル始動法とは，始動時に始動用リアクトルを接続して始動し，始動完了後に始動リアクトルを短絡する方式である。

3. コンドルファ始動法

コンドルファ始動法とは，比較的大容量の電動機に採用され，三相変圧器を用いて端子にかかる電圧を下げて始動する方式である。

4. インバータ始動法

インバータ始動法とは，インバータを用いて低周波数，低電圧で始動する方式である。

1-4	電気応用	電動機　速度制御	★★★

37

三相誘導電動機の速度制御に関する記述として，**最も不適当なものはどれか。**

1.　一次電圧制御は，トルクがほぼ一次電圧の2乗に比例することを利用して制御する方式である。
2.　極数切換制御は，同期速度が極数に正比例することを利用して段階的に制御する方式である。
3.　巻線形誘導電動機の二次抵抗制御は，比例推移を利用し二次抵抗を変化させて制御する方式である。
4.　周波数制御は，インバータなどの可変周波数電源を用い周波数を変化させて制御する方式である。

解答

極数切替制御は，同期速度が極数に反比例することを利用して速度制御を行う方式である。

したがって，**2が最も不適当である。**　　**正解　2**

解説

1.　一次電圧制御

誘導電動機のトルクは，一次端子電圧の2乗に比例する。一次電圧制御はこれを利用して，速度−トルク特性を変化させ速度制御を行う方式である。

2.　極数切替制御

誘導電動機の回転速度 (N) は，次の式で表される。

$N=(1-S)N_0$　　N_0：同期速度　　S：すべり

$N_0=\dfrac{120f}{P}$　　f：周波数　　P：極数

上の式からわかるように，同期速度は極数に反比例する。極数切替制御は，これを利用し極数を切り替えて速度を制御する方式である。

3.　二次抵抗制御

巻線形誘導電動機の2次巻線の抵抗値を変化させると，速度−トルク特性が変化する。これは比例推移と呼ばれ，これを利用した速度制御が，二次抵抗制御である。

4.　周波数制御

誘導電動機の回転速度は，前述のように周波数に比例する。周波数制御は，インバータ等を利用して，周波数を変化させて速度制御を行う方式である。

第２章　電気設備

◎学習の指針

電気設備は，６つの分野から幅広い範囲の出題です。
毎年 33 問出題され任意に 15 問を選択します。
得意な分野をつくり，集中的に学習しましょう。

●出題分野と出題傾向

・問題 No.16 ～ 48 が対象です。
・電気設備は，下記の６つの分野からの選択問題です。出題された問題からおおむね２問に１つを選んで解答します。
・問題数が多いので，すべての分野をまんべんなく学習するより，まず得意な分野に絞って学習した方が効果的です。

分野	出題数	出題頻度が高い項目
2-1　発電設備	2	水力発電の各種水車の特性， 汽力発電の熱サイクル， 風力発電の運動エネルギー
2-2　変電設備	1	変電所を構成する機器の各種特性
2-3　送配電設備	9	交流連系，系統の運用・制御，再閉路方式， 各種障害・異常現象と対策，保護システム
2-4　構内電気設備 2-4-1　負荷設備 2-4-2　電力設備 2-4-3　防災設備 情報通信・弱電設備	16	光束法照度計算，コンセント回路の法規， 地絡遮断器の設置基準，電動機の速度制御， 需要家の受電方式，キュービクル式受電設備， 無停電電源装置の用語，各種接地，雷保護， 自動火災報知設備の法基準，非常電源の法基準， 非常用の照明・誘導灯設置基準，構内交換機方式， LAN 用語，TV 共同受信損失計算
2-5　電車線	3	ちょう架線，き電方式，信号保安設備
2-6　その他設備	2	道路トンネル照明，光ファイバー，情報通信
計	33	

2-1 発電設備

●過去の出題傾向

発電設備は，毎年水力発電，火力発電，風力設備，燃料電池の４つの項目の中から**２問出題**されている。

[発電設備]

・水力発電は，**ペルトン水車**，**フランシス水車**，**プロペラ水車**等の水車方式の特徴を理解しておく。
・**比速度**，**キャビテーション**等水力発電に関連する用語について出題されている。
・火力発電は，汽力発電所の構成機器が，**熱サイクル**の中でどういう役割を行うのか答えさせる問題が多い。
・**熱サイクル**の基本的な仕組みを機器線図とともに理解しておく。
・**コンバインドサイクル発電**と**蒸気タービン発電**の熱効率を比較させる問題がしばしば出題されている。
・風力発電は，**風車の運動エネルギー**を表す式を答えさせる問題が出題されている。
・燃料電池に関する問題は，数年ごとに出題されている。

項目	出題内容（キーワード）
水力発電	水力発電の水車： フランシス水車，ランナ，ペルトン水車，ノズル，カプラン水車，中低落差領域，反動水車，プロペラ水車，比速度，実物水車回転速度，水車出力，有効落差 キャビテーション： 吸出し管，水泡
火力発電	熱サイクル： 再熱器，給水加熱器，空気予熱器，節炭器，復水器，ボイラ，高圧タービン，中低圧タービン コンバインドサイクル発電： 蒸気タービン，ガスタービン，高温ガス，蒸気
風力発電	風の運動エネルギー： 受風面積，風速，空気密度，空気質量
燃料電池	各種燃料電池： 固体高分子形燃料電池，りん酸形燃料電池

2-1　発電設備　水力発電　★★★

1

フランシス水車に関する記述として，**不適当なもの**はどれか。

1. 吸出管があるので，排棄損失が少ない。
2. プロペラ水車と比較して，高い落差まで使用できる。
3. カプラン水車と比較して，部分負荷での効率低下が少ない。
4. ペルトン水車と比較して，高落差領域で比速度を大きくとれる。

解答

フランシス水車の羽根は可動ではない。羽根が可動の**カプラン水車**に比較し，部分負荷での効率低下が大きい。

したがって，**3 が不適当である**。　**正解　3**

解説

水力発電の主な水車には，**フランシス水車**，**ペルトン水車**，**カプラン水車**，**プロペラ水車**があり，その特徴は下記のようになる。

また，文中に出てくる**比速度**は，次のように定義されている。

比速度：その水車の形と運転状態を相似に保って，その大きさを変え単位落差で単位出力を出させたとき，その水車が回転すべき回転速度のことをいい，次の式の Ns で表される。

$$Ns = N\frac{\sqrt{P}}{H^{\frac{5}{4}}}\ (\mathrm{m \cdot kW})$$

N：実物水車回転速度　P：水車出力　H：有効落差

1. フランシス水車

フランシス水車は反動水車の一つであり，ランナの外周から水が流入し，ランナに回転力を与える。吸出し管をもち，そこで流水の速度を減少させ，水のもつエネルギーを有効回収するため，廃棄損失が少ない。

適用落差が高範囲のため，中高落差域に使用される。出力の範囲が広く，構造も単純なため最も広く用いられる。

2. ペルトン水車

ペルトン水車は，ノズルからのジェット水流をランナに吹き付けて回転させる。高落差領域に適している。

3. カプラン水車

カプラン水車は反動水車の一つであり，流水がランナを軸に対し斜め方向に通過する。水量によって羽根の角度を変えられるため，フランシス水車に比べ負荷変動に対し効率的な発電が可能である。適用落差領域は，中低落差領域である。

4. プロペラ水車

プロペラ水車は，反動水車の一つであり，カプラン水車と同一構造であるが，羽根の角度は変えることはできない。中低落差領域に使用される。

	落差（m）	比速度（m・kW）	構　造
フランシス水車	50～600	75～350	ケーシング 案内羽根（ガイドベーン） 羽根車（ランナー）
ペルトン水車	250以上	17～25	ニードル弁 ノズル 羽根車（ランナー）
カプラン水車	50～80	250～900	ケーシング 案内羽根（ガイドベーン） 羽根車（ランナー）（角度可変）
プロペラ水車	50～80	250～900	ケーシング 案内羽根（ガイドベーン） 羽根車（ランナー）

水力発電水車の種類

類題　ペルトン水車に関する記述として，**不適当なもの**はどれか。

1.　ペルトン水車は，ノズルから流出するジェットをランナに作用させるものである。
2.　ペルトン水車のランナは，ジェットを受けるバケットと，バケットの取付部であるディスクとからなる。
3.　ペルトン水車のノズル内には，負荷に応じて使用流量を調整するためのニードルが設けられる。
4.　ペルトン水車には，ランナの出口から放水面までの接続管として吸出し管が設置される。

解答

ランナの出口から放水面までの接続管として**吸出し管**が設置されるのは，フランシス水車，プロペラ水車，斜流水車等の反動水車である。

したがって，**4 が不適当**である。　　正解　4

類題　水力発電所において，水車に発生するキャビテーションに関する記述として，**最も不適当なもの**はどれか。

1.　キャビテーションが発生すると，水車に振動を起こし異音が発生する。
2.　水車の比速度が小さいほど，キャビテーションを抑制できる。
3.　キャビテーションが発生すると，効率や出力が低下する。
4.　吸出し管の高さが高いほど，キャビテーションを抑制できる。

解答

キャビテーションは，水流によって圧力が低下し，そこで生じた水泡が壊れて大きな衝撃が生ずる現象である。吸出し管の高さを低くすることが，抑制策としてあげられる。

したがって，**4 が最も不適当**である。　　正解　4

2-1　発電設備　火力発電　★★★

2

汽力発電所の設備に関する記述として，**不適当なものはどれか**。

1.　再熱器は，高圧タービンで仕事をした蒸気を中低圧タービンで使用するために再過熱する。
2.　給水加熱器は，タービンの途中から抽気した蒸気でボイラへの給水を加熱する。
3.　空気予熱器は，煙道の燃焼ガスで燃焼用空気を加熱して燃焼効率を向上させる。
4.　節炭器は，石炭を粉末にしてバーナから炉内に吹き込み浮遊燃焼させる。

解 答

節炭器とは，汽力発電所において煙道ガスの余熱を利用してボイラ給水を加熱して供給することにより，ボイラ効率を高めるための装置である。

したがって，**4** が不適当である。　　正解　4

試験によく出る重要事項

汽力発電所において，燃料の燃焼によってもたらされる熱エネルギーを機械エネルギーに変換する過程を**熱サイクル**と呼ぶ。汽力発電所の熱サイクルを構成する**再熱器**，**給水加熱器**，**空気予熱器**，**節炭器**，**復水器**の機能は，次のようになる。

1．再熱器

高圧タービンを回転させた蒸気は，ボイラの**再熱器**に戻り再加熱した後，中低圧タービンに送り込まれ中低圧タービンを回転させる。これにより熱効率が高くなり，またタービン翼の腐食防止にもなる。このサイクルを**再熱サイクル**という。

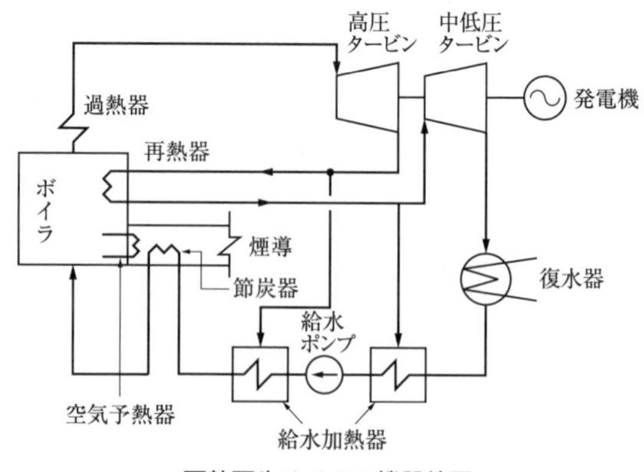

再熱再生サイクル機器線図

2. 給水加熱器

復水器で復水として回収された水は，**給水加熱器**でタービン抽気または他の蒸気で加熱されボイラに送られる。給水加熱器は，熱効率を高める装置である。このサイクルを**再生サイクル**という。

3. 空気予熱器

空気予熱器は，燃焼用空気を煙導ガスの余熱を利用して加熱し，熱効率を高める装置である。

4. 節炭器

節炭器は，煙導ガスの余熱を利用して，ボイラ給水を加熱し，ボイラ効率を高める装置である。

5. 復水器

タービンから排出された湿り蒸気は，**復水器**で等圧冷却されて熱を失い，復水として回収される。

類題　コンバインドサイクル発電に関する記述として，**不適当なもの**はどれか。

1. 排気再燃形より排熱回収形が主流となっている。
2. 蒸気タービンによる汽力発電と比べて，起動・停止時間が短い。
3. 蒸気タービンによる汽力発電と比べて，熱効率が低い。
4. 蒸気タービンによる汽力発電と比べて，単位出力当たりの温排水量が少ない。

解答

コンバインドサイクル発電は，ガスタービンと蒸気タービンを組み合わせた発電方式である。高温ガスでガスタービンを駆動させ，その排ガスの余熱で発生させた蒸気で蒸気タービンを駆動させる。2種類のタービンを組み合わせることで，熱エネルギーを効率よく利用できる。蒸気タービンの単独システムにと比べて，熱効率が高い。

したがって，3が不適当である。　　正解　3

2-1	発電設備	風力発電　運動エネルギー	★★★

3　風力発電の風車が秒間に受ける風の運動エネルギー W〔J〕を表す式として，正しいものはどれか。

ただし，受風面積を A〔m^2〕，風速を v〔m/s〕，空気密度を ρ〔kg/m^3〕とする。

1.　$W = \dfrac{\rho A v^2}{2}$〔J〕

2.　$W = \dfrac{\rho A^2 v^2}{2}$〔J〕

3.　$W = \dfrac{\rho A v^3}{2}$〔J〕

4.　$W = \dfrac{\rho A^2 v^3}{2}$〔J〕

解 答

風力発電は，自然風を利用して風車を回転させ，増速歯車を通して発電機を駆動して電気エネルギーを取り出すのが一般的な構成である。

風のもつ運動エネルギー W（J）は，空気の質量を m（kg/m^3），風速を v（m/s）とすると，①式で表される。

$$W = \frac{1}{2} m v^2 \text{（J）} \quad \cdots\cdots ①$$

ここで受風面積を A（m^2），空気密度を ρ（kg/m^3）とすると，風速 v（m/s）で移動する空気の質量 m（kg）は②式となる。

$$m = \rho A v \text{（kg）} \cdots\cdots\cdots ②$$

②式を①式に代入すると，

$$W = \frac{\rho A v^3}{2} \text{（J）}$$

となる。

したがって，3が正しい。　　　　　　　　　　　　　　　　　　　　正解　3

2-2 変電設備

●過去の出題傾向

変電設備は，毎年 1 問出題されている。

・ここでの出題は，変電所を構成する各種機器に関する問題である。
・変電所を構成する，**変圧器**，**コンデンサ**，**リアクトル**とその関連機器の基本的な用語とその機能について出題される。

項目	出題内容（キーワード）
変電設備	変圧器： 変圧器インピーダンス，短絡比，短絡容量，％インピーダンス，電圧変動率，銅損，巻線抵抗，負荷電流，全損失，系統の安定度 変電所の機器： 静止形無効電力補償装置，電力用コンデンサ，リアクトル，サイリスタスイッチ，無効電力，進相，遅相，分路リアクトル，負荷時タップ切換変圧器，同期調相機，同期発電機，計器用変成器，接地開閉器，断路器

2-2　変電設備　変圧器　インピーダンス　★★

4　変電所の変圧器のインピーダンスを小さくした場合の記述として，**不適当なもの**はどれか。

1. 変圧器の電圧変動率が小さくなる。
2. 変圧器の全損失が減少する。
3. 系統の短絡容量が減少する。
4. 系統の安定度が向上する。

解答

機器の短絡比は％インピーダンスに反比例する。変圧器のインピーダンスが小さくなると系統の短絡比が大きくなり，**短絡容量**が増加する。

したがって，**3** が不適当である。　　**正解　3**

解説

変圧器のインピーダンスを小さくした場合の影響は，次のようになる。

1. 変圧器のインピーダンスを小さくすると電圧降下が小さくなり，電圧変動率が小さくなる。
2. 変圧器の銅損は，巻線抵抗と負荷電流に比例する。変圧器のインピーダンスを小さくすると銅損が小さくなり，全損失が減少する。
3. 変圧器のパーセントインピーダンス（$\%Z$）は，定格電流を流したときの電圧降下でありインピーダンスに比例する。短絡比（Ks）は，$\%Z$ に反比例し，下式で表される。

$$Ks = \frac{1}{\%Z}$$

　したがって，変圧器のインピーダンスを小さくすると系統の短絡比が大きくなり，短絡容量が増加する。

4. 変圧器のインピーダンスを小さくすると電圧変動率が小さくなり，系統の安定度が向上する。

2-2　変電設備　変電所の機器　★★★

5

変電所に用いられる機器に関する記述として，**最も不適当**なものはどれか。

1.　リアクトル電流の位相制御を行う静止形無効電力補償装置は，段階的に無効電力を調整する。
2.　分路リアクトルは，系統に直接又は変圧器の三次側に接続し，段階的に無効電力を調整する。
3.　負荷時タップ切換変圧器は，負荷電流が流れている状態で段階的に電圧を調整する。
4.　同期調相機は，遅相から進相まで連続的に無効電力を調整する。

解答

静止形無効電力補償装置は，電力用コンデンサとリアクトルをサイリスタ制御スイッチで制御し，連続的に無効電力を調整する。

したがって，**1 が最も不適当**である。　**正解　1**

解説

1. 静止形無効電力補償装置

静止形無効電力補償装置は，電力用コンデンサとリアクトルをサイリスタスイッチで高速で制御することにより，無効電力を進相にも遅相にも高速で連続的に送り出すことができる。

負荷の変動によって生ずる電力フリッカの抑制，受電端電圧の安定化，電力系統安定化等 高度な制御性を必要とする場合に用いられる。

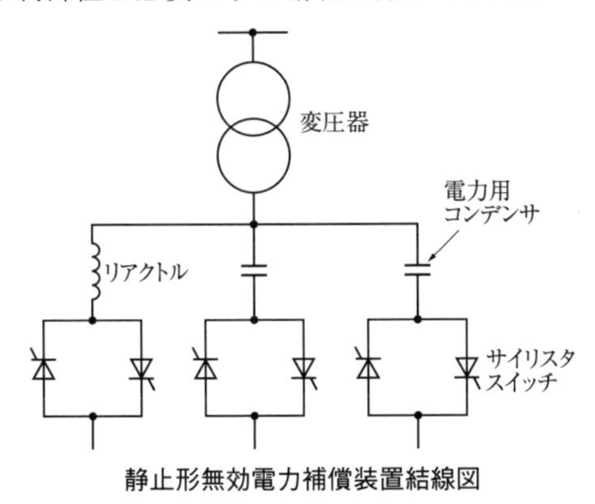

静止形無効電力補償装置結線図

2. 分路リアクトル

分路リアクトルは，交流回路の分路に接続され，長距離送電線やケーブルの無効電力を段階的に調整するために設置されている。系統に直接設置したり，または変圧器の3次側に設置される。

3. 負荷時タップ切換変圧器

負荷時タップ切換変圧器は，負荷に電流が流れている状態で変圧器のタップを切り換えることにより，2次側の電圧を段階的に変化させることができる変圧器である。

4. 同期調相機

同期発電機の電機子電流は，界磁電流を減少させることにより遅れ力率，増加させることにより進み力率に変化する。**同期調相機**は，同期発電機を用いて系統に無効電力を進相から遅相に連続的に変化させて供給する。系統の電圧調整，安定度の向上に効果がある。

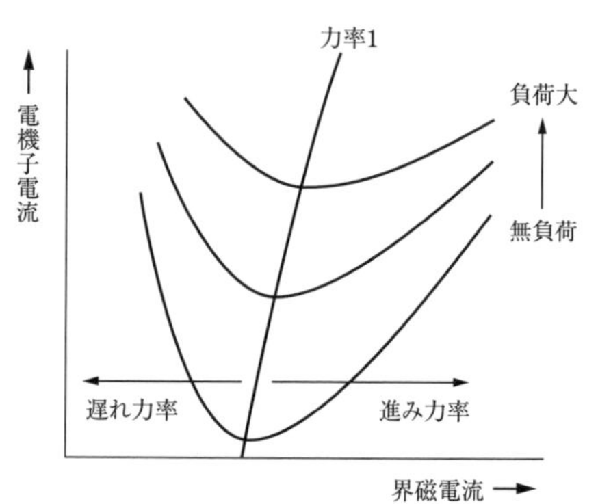

同期発電機電流曲線

> 類題　変電所で用いられる機器に関する記述として，**不適当なもの**はどれか。
>
> 1. 負荷時タップ切替器は，負荷電流が流れている状態で段階的に無効電力を調整する。
> 2. 計器用変成器は，直接測定することができない高電圧や大電流を測定しやすい電圧や電流に変成する。
> 3. 接地開閉器は，遮断器や断路器を開路した後に，閉路して残留電荷を放電させる。
> 4. 断路器は，無負荷時に回路を切り離し，作業の安全を確保するために使用する。

解答

負荷時タップ切換器は，負荷電流が流れている状態で変圧器巻線のタップを切り換え，段階的に電圧を調整する。

したがって，**1**が不適当である。　　　　正解　1

2-3 送配電設備

●過去の出題傾向

送配電設備は，毎年電力系統，架空送電線路，地中送電線路，保護システム，異常現象より合計**9問出題**されている。

[電力系統]

・電力系統は，毎年2～3問出題される傾向にある。

・電力系統は，**交流連系**，**系統の運用・制御**，**再閉路方式**に関する出題が多い。複数の電気事業者間で電力系統を連系したときの長所，短所に関する問題がしばしば出題されている。発電機の**調速機運転**，および送電線故障時に**再閉路**を行う場合に遮断する相に関して出題されている。

・発電方式の出力分担は，本節でも出題されることがあるが，「第1章　電気工学　発電所」と重複しているので，第1章を参照していただきたい。

[架空送電線路]

・架空送電線路は，毎年3～4問出題される傾向にある。

送配電設備の中では，出題回数の多い分野である。

・**線路定数**は，送電線の電気特性を決める4つの定数である。この定数を定める3つの要素について出題されることが多い。

・**スリートジャンプ**，**雷害**，**コロナ放電**等の架空送電線の特有の障害とその対策は，繰り返し出題されている。それら障害を引き起こす原因と防止策について理解しておく。

・**架空地線**についてしばしば出題されている。**架空地線**の**遮へい角**と**遮へい効果**の関係を理解しておく。

[地中送電線路]

・地中送電線路は，数年ごとに出題されている。

・ケーブルの**充電電流**を問う問題が多い。**充電電流**はどういう要素で決まるのか，算出式と合わせて理解しておく。

[保護システム]

・保護システムは，毎年2～3問出題される傾向にある。

・架空送電線路の各種**中性点接地方式**について理解しておく。

・電力系統，変電所の各種**保護リレーシステム**の特徴，保護区間の考え方を理解しておく。

[異常現象]

・異常現象は，毎年１～２問出題される傾向にある。
・**高調波対策**，**フリッカ対策**，**フェランチ現象**は，よく出題されるため要注意である。

項目	出題内容（キーワード）
電力系統	**交流連系：** 複数の電気事業者の電力系統交流連系，供給予備力， 電力緊急融通，電源脱落，周波数制御，無効電力制御，電圧制御 **系統の運用と制御：** 供給予備力保有量，設備投資，電力需要，周波数制御， 調速機運転，電力潮流 **再閉路方式：** アークによる故障，アーク消滅，三相一括再閉路，多相再閉路， 単相再閉路
架空送電線路	**線路定数：** 電線の種類・太さ・配置によって決定される定数，抵抗， インダクタンス，静電容量，漏れコンダクタンス **スリートジャンプ：** 電線の跳ね上がり現象，電線同士の接触，電柱・鉄塔の倒壊， 電線張力，電線相互間隔，長径間，電線単位重量，着雪防止， 難着雪リング，融雪スパイラル **雷害：** 架空送電線路のフラッシオーバ，空気絶縁，絶縁耐力，異常電圧， がいし，耐塩がいし，長幹がいし，逆フラッシオーバ， 径間中央の絶縁間隔，自動再閉路方式，アークホーン， 鉄塔接地抵抗，懸垂クランプ支持，アーマロッド **架空地線：** 直撃雷，遮へい角（保護角），２条施設，遮へい効果，雷雲， 誘導雷，電力線の雷電圧低減，地絡故障， 通信線への電磁誘導障害軽減 **コロナ放電：** コロナ，空気の絶縁耐力，コロナ臨界電圧，電線の外径， 鉄塔の接地抵抗，がいし装置，遮へい環（シールドリング）， 導電性物質

地中送電線路	**充電電流：** ケーブルの充電電流，線路こう長，線間電圧，静電容量
保護システム	**中性点接地方式：** 架空電線路の中性点接地方式，直接接地方式，地絡電流，選択遮断，絶縁階級，消弧リアクトル接地方式，通信線の誘導障害抑制，抵抗接地方式，中性点の電位上昇，絶縁レベル，非接地方式，健全相の異常電圧 **保護リレーシステム：** 主保護リレー，後備保護リレー，バックアップ，保護範囲重複，再閉路リレー，遮断器を自動的に再投入，地絡保護，地絡継電器，異相地絡保護，過電流継電器，地絡継電器，過電圧継電器，異常電圧保護，短絡保護，柱上変圧器，高圧カットアウト，比率作動継電器，変圧器内部事故検出
異常現象	**高調波対策：** 高調波，基本周波数，n 次高調波，高調波発生源，電力変換装置，電気炉，事務用・家庭用機器，高調波流出低減，力率改善コンデンサの低圧側設置，短絡容量の増加 **フリッカ対策：** 電圧フリッカ，短い周期の電圧変動，変動負荷，アーク炉，溶接機，製鉄用圧延機，電圧フリッカ抑制対策，短絡容量の大きい電源系統，専用の配電用変圧器，静止型無効電力補償装置，サイリスタ開閉制御コンデンサ，インピーダンスの低減 **フェランチ現象：** 電線路こう長，深夜軽負荷時，地中電線路，静電容量，進み力率負荷，分路リアクトル

2-3 送配電設備　電力系統　交流連系　★★★

6　複数の電気事業者間で電力系統を連系したときの記述として，**最も不適当なもの**はどれか。

1. 災害等の発生時の電力緊急融通が可能となる。
2. 大電源の脱落時には，連鎖的な電源の脱落に発展する。
3. 周波数制御，電圧・無効電力制御など系統の運用が複雑になる。
4. 系統の短絡電流，地絡電流が増加する。

解答

大電源の脱落時においても，ほかの電気事業者より電力を融通してもらうことができるため，連鎖的な電源の脱落を防止することができる。

したがって，**2が最も不適当である。**　正解　2

解説

複数の電気事業者が電力系統を**交流連系**させたときの長所，短所は，次のようになる。

長所

1. 電気事業者は，災害，需要の変動，事故への対応等を考慮して供給予備力をもたなければならない。系統連系を行うことにより，事業者間相互で予備電力を融通し合うことができ，電力緊急融通が可能となる。
2. 事故等による大電源脱落時には，他事業者の系統から電力が供給できるため，連鎖的な電源の脱落を防止することができる。

短所

1. 系統連系の規模が大きくなると，周波数制御，無効電力制御，電圧制御等電力事業者間の施設を総合的に運用しなければならず，系統運用が複雑になる。
2. 系統の短絡電流，地絡電流が増加するため，高インピーダンス機器の採用，遮断器の大容量化，事故の高速遮断，直列リアクトルの設置等事故時の対策が必要となる。

類題　電力系統の運用と制御に関する記述として，**最も不適当なもの**はどれか。

1. 供給予備力の保有量が大きいと，供給支障は少なくなるが設備投資が大きくなる。
2. 電力需要は，天候，気温などの自然現象，社会環境，経済状態などの影響を大きく受ける。
3. 周波数制御では，周波数が上がると発電機の発電電力を増加させるように，調速機運転を行う。
4. 電力潮流は，電源構成，送変電設備などにより制約を受け，需要及び供給力により時々刻々変化する。

解答

発電機の**調速機運転**を行うと，調速機の働きで周波数が上がると発電機の発電電力が減り，周波数が下がると発電機の発電電力が増える。

このように，系統の周波数変動を抑えることを目的に調速機運転を行う。

したがって，**3 が最も不適当である。**　　正解　3

類題　送電線の故障時の再閉路方式に関する記述として，**最も不適当なもの**はどれか。

1. 遮断器はいったん開放されたのち，設定時間が経過してから自動的に再投入される。
2. 故障の除去時には，必ず故障相以外の相も含めた三相すべてをいったん開放する。
3. 開放後の再閉路までの無電圧時間により，高速度，低速度などに区分される。
4. 遮断器の性能や保護方式の故障検出性能との協調が重要である。

解答

再閉路方式は，アークによる故障が発生したとき，一旦故障区間を切り離しアークが消滅した後，自動的に再投入を行う方式である。再閉路を行う相により，三相一括再閉路，多相再閉路，単相再閉路があり，必ずしも故障相以外の相を遮断する必要はない。

したがって，**2 が最も不適当である。**　　正解　2

2-3 送配電設備　架空送電線路　線路定数 ★★★

7

架空送電線路の線路定数を定める要素として，**最も関係のないものはどれか。**

1.　電線の種類
2.　電線の太さ
3.　電線の配置
4.　電線の電流

解答

線路定数は，電線の種類，太さ，配置によって決定される定数である。電線の電流には影響されない。

したがって，**4が最も関係がない。**　　　**正解　4**

解説

送電線路の電気特性は，**抵抗**，**インダクタンス**，**静電容量**，**漏れコンダクタンス**によって決定される。この4つのパラメータを**線路定数**と呼ぶ。

1. 抵抗

抵抗 R は，$R=\rho\frac{l}{S}$ で表される。

ρ：抵抗率　l：線路長　S：導体の断面積

上式より，送電線の抵抗は，電線の種類によって異なる抵抗率，線路長，電線の太さによって決まることがわかる。

2. インダクタンス

送電線路のインダクタンスは，各相の導体のサイズ，三相導体の配置によって決まる。

3. 静電容量

送電線路の静電容量は，電線の種類，各相の導体のサイズ，三相導体の配置によって決まる。

4. 漏れコンダクタンス

送電線路の漏れコンダクタンスは，送電線路に用いられている絶縁体の漏れ電流によるもので，一般的には非常に小さい。漏れコンダクタンスは，送電線路の電気特性に与える影響は少ないといってよい。

2-3 送配電設備　架空送電線路　スリートジャンプ　★★★

8　架空送電線におけるスリートジャンプによる事故の防止対策として，**不適当**なものはどれか。

1. 電線の張力を大きくする。
2. 長径間になることを避ける。
3. 単位重量の小さい電線を使用する。
4. 電線相互の水平間隔を大きくする。

解 答

スリートジャンプとは，電線に付着した氷雪が落下した際の反動により電線が跳ね上がる現象で，電線同士の接触や電柱，鉄塔の倒壊等につながる。

単位重量の大きい電線の使用は，スリートジャンプの防止対策となる。

したがって，**3** が**不適当**である。　　正解　3

解 説

スリートジャンプの防止策としては，風や氷雪の被害の少ないルートを選定するほか，次のような対策を行う。

1. 電線の張力を大きくし，氷雪の落下による電線の跳ね上がりを小さくする。
2. 支持径間が長いと電線のたるみが大きくなり，跳ね上がりも大きくなることから，径間長を適正にする。
3. 電線相互のオフセットを大きくし，電線が跳ね上がったときに接触しないようにする。
4. 単位重量の大きい電線を使用する。
5. 着雪防止用の**難着雪リング**，**融雪スパイラル**等を装着する。

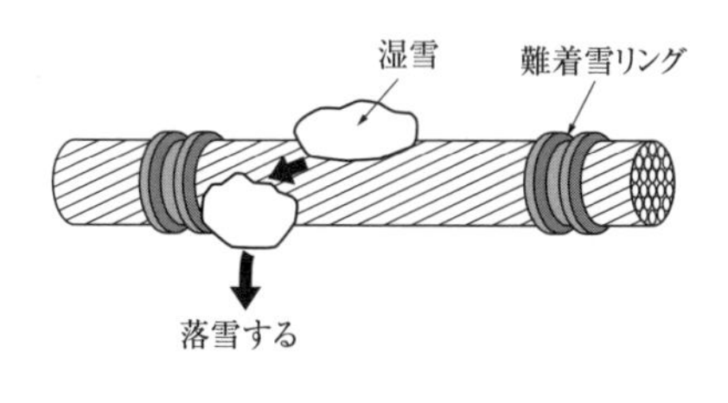

難着雪リング

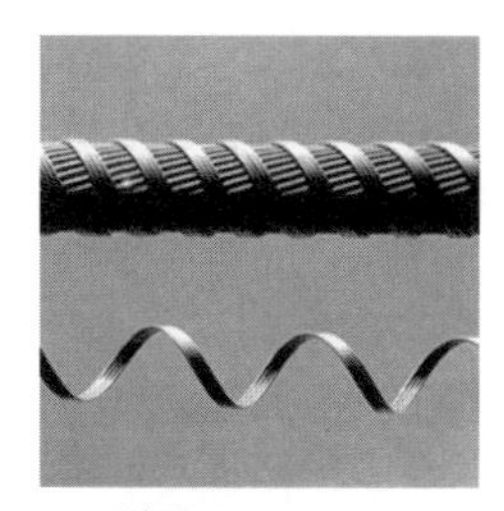
融雪スパイラル

2-3 送配電設備 架空送電線路　雷害 ★★★

9

架空送電線路のフラッシオーバに関する記述として，**不適当なものはどれか。**

1. フラッシオーバは，がいし連の絶縁耐力を上回る異常電圧が侵入したときに発生する。
2. がいし表面が塩分などで汚損されると，交流に対するフラッシオーバ電圧が上昇する。
3. 径間逆フラッシオーバを防止するため，架空地線のたるみを電線のたるみより小さくする。
4. アークホーン間隔は，遮断器の開閉サージでフラッシオーバしないように設定する。

第2章 電気設備

解答

がいし表面が塩分などで汚損されると，がいし表面の絶縁が破壊されやすくなり，交流に対するフラッシオーバ電圧が低下する。

したがって，**2が不適当である。**　　**正解　2**

試験によく出る重要事項

1. フラッシオーバ

がいしの上下間金具の絶縁耐力を上回る異常電圧が侵入したとき，がいし表面の空気絶縁が破壊される。

フラッシオーバとは，この絶縁破壊により上下間の金具に連続アークが生じ，がいしの上下間が短絡される現象をいう。

2. フラッシオーバ対策

がいし表面が塩分などで汚損されると，フラッシオーバ電圧が著しく低下する。

送電線ルートはできるだけ塩害地域外に選定するが，塩分等が付着しやすい場所に設置する場合は，次のような対策をとる必要がある。

・2連以上のがいしの採用や，がいしの連結個数を増やす。
・はっ水性物質を塗布する。
・耐塩がいしを使用する。
・雨洗効果の高い長幹がいしを使用する。

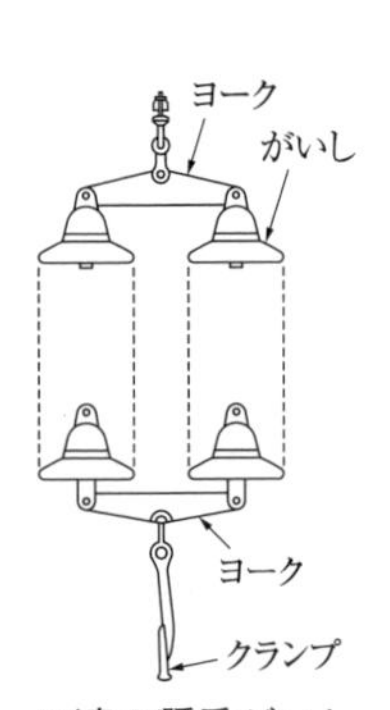

2連の懸垂がいし

3. 径間逆フラッシオーバ

径間逆フラッシオーバとは，雷保護のために設置された架空地線より電線に逆にフラッシオーバを起こす現象をいう。

架空地線の径間のたるみが電線のたるみより大きくならないよう，径間中央での絶縁間隔を保つ必要がある。

4. アークホーン

アークホーンとは，がいしをフラッシオーバの衝撃から保護するためがいしの上下に設ける金具で，がいしより先にここでフラッシオーバを起こさせる。アークホーン上下の距離は，開閉サージではフラッシオーバが生じないよう，適切な間隔に設定しなければならない。

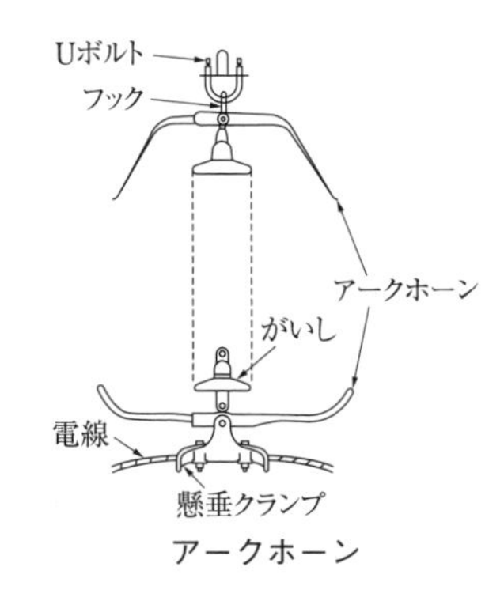

アークホーン

類題 架空送電線の雷害対策に関する記述として，**不適当なもの**はどれか。

1. 逆フラッシオーバを防止するため，鉄塔の接地抵抗を高くする。
2. 雷害時の供給の安定を期するため，自動再閉路方式を採用する。
3. がいし沿面でのフラッシオーバを防止するため，アークホーンを取り付ける。
4. 懸垂クランプ支持箇所の電線の溶断を防止するため，アーマロッドを取り付ける。

解 答

鉄塔から送電線への逆フラッシオーバを防ぐため，大地へ雷電流が流れやすくなるよう，<u>鉄塔の接地抵抗を低くする必要がある</u>。

したがって，**1** が不適当である。 <u>正解 1</u>

2−3 送配電設備　架空送電線路　架空地線　★★★

10

架空電線路の架空地線に関する記述として，**不適当なもの**はどれか。

1. 直撃雷に対しては，遮へい角が大きいほど遮へい効果が高い。
2. 直撃雷に対しては，1条より2条施設した方が遮へい効果が高い。
3. 誘導雷により電力線に発生した雷電圧を低減する効果がある。
4. 送電線の地絡故障による通信線への電磁誘導障害を軽減する効果がある。

解答

直撃雷に対しては，**架空地線**の遮へい角が小さいほど，遮へい効果が高い。

したがって，**1** が不適当である。　**正解　1**

解説

架空地線は，架空送電線を雷被害から保護することを目的とし，電線の上部に設置される。

架空地線の架空電線路に対する効果は，次のようになる。

1. 架空電線路に対する直撃雷からの被害を防止する効果がある。架空地線の遮へい角（保護角）が小さいほど，直撃雷からの遮へい効果が高い。
2. 架空地線は1条より2条施設したほうが保護範囲が広がり，遮へい効果が高くなる。多雷地帯に布設する場合で，高い信頼性を必要とする電線路に用いられる。
3. 架空地線の遮へい効果で，雷雲などによる誘導雷により架空電線路に発生する異常電圧を低減する効果がある。
4. 架空電線路に地絡が発生し地絡電流が流れると，地絡電流の電磁誘導作用により，付近に布設された通信線に電磁誘導障害が発生するおそれがある。架空地線は，遮へい線の役割を果たし電磁誘導障害を抑える働きがある。

2-3 送配電設備　架空送電線路　コロナ放電 ★★★

11　架空送電線路におけるコロナ放電の抑制対策に関する記述として，**関係のないものはどれか。**

1. 電線の外径を大きくする。
2. 鉄塔の接地抵抗を小さくする。
3. がいし装置に遮へい環を設ける。
4. がいし装置の金具は突起物をなくし丸みをもたせる。

解 答

鉄塔の接地抵抗を小さくすることは，雷害対策として行われる。**コロナ放電**とは関係がない。

したがって，**2** は関係がない。　　**正解 2**

試験によく出る重要事項

コロナ放電とは，電圧に対して表面積が小さい電線を用いると，その表面からの電位の傾きが空気の絶縁耐力を超えたとき，空気中に放電を開始する現象である。

コロナが発生する最少電圧をコロナ臨界電圧と呼び，雨天時やサイズが小さい（表面積の小さい）電線ほどコロナ放電が発生しやすい。

コロナ放電の抑制策として，次の対策がある。

1. 電線の外径を大きくし表面積を大きくする。
2. がいし装置に遮へい環（シールドリング）を用いる。
3. がいし装置の金具には突起物をなくし丸みを持たせる。
4. がいしに導電性物質を塗布する。

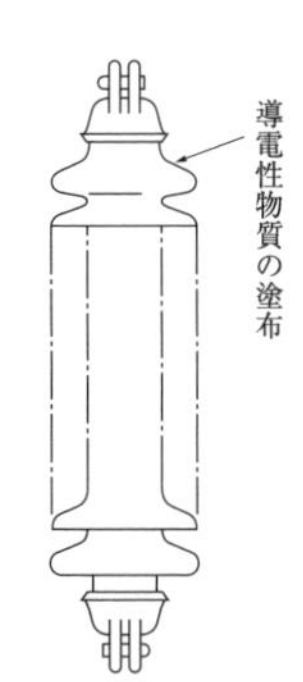

導電性物質の塗布

2-3 送配電設備　地中送電線路　充電電流　★★★

12　交流の地中送電線路に用いられるケーブルの充電電流の算出に，**最も影響のないものはどれか。**

1. 線路こう長
2. 線間電圧
3. 静電容量
4. インダクタンス

解説

地中電線路のケーブルの充電電流は，線間電圧，線路亘長によって決まる静電容量，周波数によって算出される。地中電線路の場合，静電容量に比べインダクタンスは小さいため，充電電流の算出に最も影響がない。

したがって，**4 が最も影響がない。**　　正解　4

試験によく出る重要事項

充電電流の算出

地中送電線路においては，ケーブルを主に使用する。ケーブルの絶縁体，シース部分が静電容量として作用するため，架空線に比べ静電容量が著しく大きくなる。

ケーブルの充電電流 I（A）は，次の式で表される。インダクタンスは，静電容量に比べ小さいため考慮しなくてよい。

$$I = \omega C \frac{V}{\sqrt{3}}$$

$\omega = 2\pi f$（f：周波数），C：静電容量（F），V：線間電圧（V）

上式より，次のことがいえる。

1. 静電容量は，地中ケーブル線路のこう長に比例して大きくなるため，充電電流もこう長に比例する
2. 充電電流は使用周波数に比例する。
3. 線間電圧が高くなるほど充電電流が大きくなり，有効送電容量の確保が難しくなる。

2-3　送配電設備　保護システム　中性点接地方式　★★★

13　架空送電線路の中性点接地方式に関する記述として，**最も不適当なものは**どれか。

1.　直接接地方式は，1線地絡時の地絡電流が大きく，故障の選択遮断が確実となる。
2.　消弧リアクトル接地方式は，1線地絡時に通信線への誘導障害の影響が大きい。
3.　抵抗接地方式は，中性点の抵抗で1線地絡時の地絡電流を抑制する。
4.　非接地方式は，距離が長くなると，1線地絡時に異常電圧を発生することがある。

解答

消弧リアクトル方式は，一線地絡故障時対地静電容量を通して流れ込む電流と，消弧リアクトルに流れ込む電流の位相差により互いに打ち消し合うことで，地絡電流を減少させる方式であり，通信線への誘導障害を抑える。

したがって，**2**が最も不適当である。　**正解　2**

試験によく出る重要事項

1. 直接接地方式

直接接地方式は，中性点を接地線のみで接地する方式である。一線地絡時の故障電流は大きくなり，保護継電器の動作が正確になるため故障時の選択遮断が確実になる。地絡時中性点の電位が上がらないため，電線路の絶縁階級を抑えることができるが，通信線の誘導障害に対する対策が必要となる。

2. 抵抗接地方式

抵抗接地方式は，中性点を抵抗を通して接地する方式ある。一線地絡時の地絡電流を抑えることができ，誘導障害を防止する。地絡時は中性点の電位が上がるため，線路や機器の絶縁レベルを低減させることはできない。

3. 非接地方式

非接地方式は，中性点の接地を行わない方式である。誘導障害が起きない反面，距離が長くなると一線地絡時，健全相の電圧が上がり，異常電圧を生ずる恐れがある。

2-3　送配電設備　保護システム　保護リレー　★★★

14

電力系統の保護に関する記述として，**最も不適当なもの**はどれか。

1. 保護リレーシステムは，主保護リレーと後備保護リレーによって構成される。
2. 保護リレーシステムは，検出の盲点をなくすために，保護範囲を重複しないように構成する。
3. 後備保護リレーは，主保護リレーのバックアップとして設置される。
4. 再閉路用リレーは，停電時間の短縮などを目的に設置する。

解答

電力系統の保護においては，保護上の盲点をなくすため，隣り合った区間は，保護範囲を重複させる必要がある。

したがって，**2 が最も不適当である。**　　正解　2

試験によく出る重要事項

1. 保護リレーシステム

保護リレーシステムは，電力系統内に故障が起きた場合，その故障によって切り離す区間を最少となるよう，動作させる保護リレー（保護継電器）の順番をあらかじめ定めておくシステムである。

主保護リレーは最初に動作する保護リレーであり，後備保護リレーは主保護リレーによる事故点の切り離しが失敗したときのバックアップ用に設けられている。

保護リレーシステムでは，保護上の盲点をなくすため，隣り合った保護区間の保護範囲を重複させるように構成する。

2. 再閉路用リレー

電力系統の事故時，遮断器の開路操作に引き続き事故原因を取り除いた後，速やかに閉路操作を行い正常な系統に戻すことができれば，電力系統の安定的な運用が図れる。この遮断器を自動的に再投入するリレーを**再閉路リレー**と呼ぶ。

架空送電線の事故の多くを占める雷などによるフラッシオーバの発生時は，故障電流を遮断した後，アークによって発生したイオンが消去する時間を待って遮断器を再閉路リレーによって再投入することにより，停電時間の短縮を図っている。

類題　配電系統の保護に関する記述として，**不適当なもの**はどれか。

1.　高圧配電線の地絡保護のため，地絡継電器を施設する。
2.　高圧配電線の異相地絡保護のため，過電流継電器と地絡継電器を施設する。
3.　高圧配電線の短絡保護のため，過電圧継電器を施設する。
4.　低圧配電線の短絡保護のため，柱上変圧器一次側に高圧カットアウト（ヒューズ付）を施設する。

解 答

過電圧継電器は，一定値以上の電圧が加わったときに動作する異常電圧保護のための継電器であり，短絡保護用ではない。

したがって，**3 が不適当である。**　正解　3

類題　電力系統の保護に関する記述として，**最も不適当なもの**はどれか。

1.　保護継電器には，その役割を果たすため事故区間判別の選択性と高速性が要求される。
2.　比率差動継電器は，電流と電圧の位相差がある比率以上になったとき動作するものである。
3.　主保護継電器は，最も速やかに故障区間を最小範囲に限定し除去するものである。
4.　後備保護継電器は，主保護継電器がロックされているなどの理由で動作できない場合に動作して，故障部分を除去するものである。

解 答

比率作動継電器は，変圧器の内部事故を検出するための装置である。電力系統の保護には使用されない。

したがって，**2 が最も不適当である。**　正解　2

2-3　送配電設備　異常現象　高調波対策　★★★

15

配電系統における高調波に関する記述として，**最も不適当なもの**はどれか。

1. 高調波は，変圧器など鉄心を有する機器の鉄損を増大させる。
2. 高調波成分は，第3，第5，第7などの低次かつ奇数次のものが多い。
3. 需要家に設置される力率改善用コンデンサは，高圧側よりも低圧側に設置するほうが高調波電流の流出を低減できる。
4. 配電系統側における高調波の低減対策として，系統の短絡容量を減少させることが有効である。

解答

配電系統側における高調波の低減対策として，系統の短絡容量を増加させることは，電源インピーダンスが小さくなるため有効である。

したがって，**4が最も不適当である。**　　正解　4

解説

高調波とは，50Hz，60Hzの電流基本波形の中の，基本周波数の整数倍の次数の歪波のことをいう。基本周波数のn倍の次数の高調波をn次高調波という。

高調波の発生源としては，次のものがあげられる。

① 電力変換装置
② 電気炉
③ 事務用，家庭用機器

高調波の特徴と対策は，次のようになる。

1. 変圧器などの鉄心を有する機器の電流に高調波が含まれると，その歪波形により鉄損が増加する。
2. 配電系統に発生する高調波は，電圧，電流ともに第3，5，7等の奇数次が多く，レベル的には，第5，3，7の順となっている。
3. 需要家に設置される力率改善用コンデンサは，高圧側より低圧側に設置した方が，配電系統に流出する高調波を低減できる。
4. 配電系統側の高調波電圧は，電源側インピーダンスを小さくすることで電圧歪を低減できる。高調波の低減対策として，系統の短絡容量を増加させることは，電源インピーダンスが小さくなるため有効である。

2-3 送配電設備　異常現象　フリッカ対策　★★★

16　配電系統に発生する電圧フリッカの抑制対策に関する記述として，**不適当な**ものはどれか。

1. 変動負荷を短絡容量の小さい電源系統に接続する。
2. 変動負荷を専用の配電用変圧器に接続する。
3. 変動負荷の近傍に静止形無効電力補償装置(SVC)を接続する。
4. 変動負荷が接続される配電線のインピーダンスを低減する。

解答

短絡容量の小さい電源系統は，インピーダンスが大きい。変動負荷を短絡容量の小さい電源系統に接続すると，電圧変動が大きくなり，**電圧フリッカ**を起こしやすい。

したがって，**1** が不適当である。　**正解　1**

解説

アーク炉，溶接機，製鉄用圧延機等の電圧変動の大きな負荷が，短絡容量に小さい系統につながれた場合，照明設備やテレビ画像にちらつきや電動機の回転むらを生じることがある。このような短い周期の電圧変動を**電圧フリッカ**という。

次に，その対策を示す。

1. 電圧変動を起こすおそれのある負荷は，短絡容量の大きな電源系統に接続する。
2. 電圧変動を起こすおそれのある負荷は，専用の配電用変圧器にする等，一般の負荷系統より切り離す。
3. アーク炉等の負荷変動は主として負荷の無効電力変動であるため，その近傍に静止形無効電力補償装置（SVC），サイリスタ開閉制御コンデンサ（TSC）等を設置し補償することが有効である。
4. 電圧変動を起こすおそれのある負荷の系統の配線のケーブル化や電線サイズを大きくすることにより，インピーダンスを低減する。

第2章　電気設備

2-3 送配電設備　異常現象　フェランチ現象　★★★

17　送配電系統におけるフェランチ現象に関する記述として，**不適当なものはどれか。**

1. 電線路のこう長が長いほど著しい。
2. 深夜などの軽負荷時に発生しやすい。
3. 電線路に分路リアクトルを接続すると抑制できる。
4. 遅れ力率の負荷が多く使用されているときに発生しやすい。

解 答

フェランチ現象は，深夜などの軽負荷時，系統が進み力率のときに発生しやすい。
したがって，**4 が不適当である。**　　**正解　4**

解 説

フェランチ現象は，次の条件のとき発生しやすくなる。

1. 電線路の静電容量は距離に比例するため，電線路が長いほど著しい。
   地中電線路は，静電容量が大きいため発生しやすい。
2. 深夜の軽負荷時，充電電流の影響が大きくなるため，電線路の電流は進み電流となり，発生しやすくなる。
3. 系統に，コンデンサ等の進み力率の負荷が切り離されず多く接続されていると，深夜進み力率となり発生しやすい。

対策として，電線路に**分路リアクトル**を接続すると，進み力率を抑えることができ有効である。

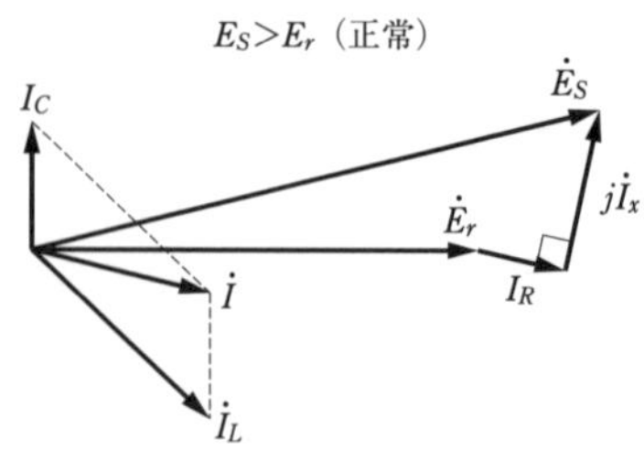

$\dot{I}$：線路電流　$\dot{E}_S$：送電端電圧　$\dot{E}_r$：受電端電圧
$\dot{I}_C$：充電電流　$\dot{I}_L$：負荷電流　$\dot{I}_R$：線路抵抗降下　$j\dot{I}_x$：線路リアクタンス降下

フェランチ現象ベクトル図

2-4-1 構内電気設備　負荷設備

●過去の出題傾向

構内電気設備 負荷設備は，毎年照明，電路，動力・幹線より合計**4問出題**されている。

[照明]

・照明について，毎年1問出題されている。
　光束法による照度計算に関する問題の出題頻度が高く，照度から逆算をして照明器具の台数を求める形式の問題が多い。

・1章で出題される照度計算は逐点法であるが，2章では，**光束法**を使った計算問題が出されており，平均照度算出式を理解しその計算方法を習得しておく。

[電路]

・コンセント，電熱装置等の負荷設備について，毎年1～2問出題される傾向にある。
　コンセント，ロードヒーティング，フロアヒーティングの**電気設備の技術基準とその解釈**（以下**電技解釈**と記述する）の規定を問う問題が，毎年出題されている。

・**地絡遮断器**の出題頻度が高い。
　施設場所によらず**地絡遮断器**が必要となる負荷設備があり，それを答えさせる問題が多い。

[動力・幹線]

・動力・幹線について，毎年1～2問出題される傾向にある。

・誘導電動機の**速度制御**はしばしば出題されている。**インバータ制御**（周波数制御），**2次抵抗制御**，**極数切換制御**，**2次励磁制御**の仕組みを理解しておく。

・電動機を含む幹線，分岐回路の許容電流や過電流遮断器の定格電流を求める問題が多く出題されている。これ等を規定する法規及び算出方法を理解しておく。
　電動機が接続されている幹線は，電動機の定格電流を割増しさせる必要があり要注意である。

・単相3線式回路の**設備不平衡率**を求めさせる問題が出題されている。内線規程上の算出式を理解し，算出方法を習得しておく。

・低圧幹線の**短絡電流**は，その仕組みや特徴を理解しておく。**短絡電流**の大きさとインピーダンスの大きさの関連を問う問題がしばしば出題されている。**短絡電流**が，定格電流と％インピーダンスによって導き出される式をもとに理解しておくとよい。

項目	出題内容（キーワード）
照明	**照度計算：** 光束法，平均照度，ランプ光束，ランプ本数，照明率，保守率，直接照明，間接照明
電路	**コンセント：** 電気設備の技術基準とその解釈，分岐回路，VVF ケーブル，定格電流，過電流遮断器，配線太さ，内線規程 **地絡遮断器：** 地絡，水気のある場所，乾燥した場所，対地電圧，ライティングダクト，電気用品安全法，二重絶縁構造，D 種接地工事，絶縁変圧器，フロアヒーティング，発熱線，電熱ボード
動力・幹線	**誘導電動機の制御：** インバータ制御，始動電流，始動器，最高速度，電源周波数，トルク，すべり，固定子巻線極数，2 次抵抗制御，2 次巻線抵抗値，比例推移，周波数制御，インバータ，極数切換制御，2 次励磁制御 **幹線：** 分岐幹線，幹線保護用過電流遮断器，許容電流，設備不平衡率，単相 3 線回路，中性線，負荷間設備容量の差，総設備容量，短絡電流，定格電流，パーセントインピーダンス

2-4-1 負荷設備 照明 照度計算 ★★★

18 間口 12 m，奥行 18 m の事務室の天井に 2 灯用の蛍光灯器具を配置し，光束法により計算した水平面の平均照度を 700 lx とするための器具台数として，**正しいものはどれか。**

ただし，ランプ 1 本の光束を 5 000 lm，照明率を 0.6，保守率を 0.7 とする。

1. 15 台
2. 27 台
3. 36 台
4. 72 台

解答

光束法の平均照度算出式より，必要ランプ本数を逆算して求める。

$$\text{ランプ本数} = \frac{\text{平均照度(lx)} \times \text{面積(m}^2\text{)}}{\text{ランプ光束(lm)} \times \text{照明率} \times \text{保守率}} = \frac{700 \times (12 \times 18)}{5\,000 \times 0.6 \times 0.7} = 72\ (\text{本})$$

照明器具は 2 灯用のため，器具台数は 36 台となる。

したがって，**3 が正しい。** <u>正解 3</u>

解説

室内の照度算出には，**光束法**による照度計算が一般的に使用されている。使用するランプの光束，照明率，保守率と部屋の面積より照度を算出する。

1. 照明率

光源から照度計算を行う面に入ってくる有効な光束の割合を**照明率**と呼ぶ。直接照明で 0.5 ～ 0.8，間接照明で 0.1 ～ 0.4 程度である。

2. 保守率

照明設備は，経年的なランプ光束の減衰と器具の汚れにより照度が低下する。この初期の状態から経年変化による減衰を**保守率**と呼ぶ。蛍光灯で 0.5 ～ 0.8 程度である。

3. 照度計算

室内照明の照度，及びランプ本数は，次の式で求められる。

$$E = \frac{N \cdot F \cdot U \cdot M}{A} \qquad \text{よって，} N = \frac{E \cdot A}{F \cdot U \cdot M}$$

E：平均照度（lx），N：ランプ本数，

F：ランプ光束（lm），U：照明率，M：保守率，A：室面積（m^2）

2-4-1 負荷設備　電路　コンセント ★★

19 一般事務室に設けるコンセント専用の分岐回路に関する記述として，「電気設備の技術基準とその解釈」上，**誤っているもの**はどれか。

ただし，配線はVVFケーブルとし，長さは10 m，コンセントの施設数は1個とする。

1. 定格電流20 Aの配線用遮断器に，定格電流15 Aのコンセントを接続し，配線の太さを直径1.6 mmとする。
2. 定格電流20 Aの配線用遮断器に，定格電流20 Aのコンセントを接続し，配線の太さを直径1.6 mmとする。
3. 定格電流30 Aの過電流遮断器に，定格電流20 Aのコンセントを接続し，配線の太さを直径2.0 mmとする。
4. 定格電流30 Aの過電流遮断器に，定格電流30 Aのコンセントを接続し，配線の太さを直径2.6 mmとする。

解答

定格電流30Aの過電流遮断器分岐回路の配線は，直径2.6 mm以上の太さとする。したがって，**3**が誤っている。

正解　3

解説

定格電流が20Aを超え30A以下の過電流遮断器分岐回路の電線の太さは，電技解釈第149条「低圧分岐回路等の施設」149-1表に準じ，直径2.6 mm以上としなければならない。

149-1表

分岐回路を保護する過電流遮断器の種類	軟銅線の太さ
定格電流が15A以下のもの	直径1.6mm
定格電流が15Aを超え20A以下の配線用遮断器	
定格電流が15Aを超え20A以下のもの(配線用遮断器を除く)	直径2mm
定格電流が20Aを超え30A以下のもの	**直径2.6mm**
定格電流が30Aを超え40A以下のもの	断面積8mm^2
定格電流が40Aを超え50A以下のもの	断面積14mm^2

類題　事務室に設けるコンセント専用の分岐回路に関する記述として，「内線規程」上，**不適当なもの**はどれか。

1.　20 A 配線用遮断器分岐回路に，定格電流 15 A のコンセントを 10 個施設した。
2.　30 A 分岐回路に，定格電流 15 A・20 A 兼用コンセントを 2 個施設した。
3.　30 A 分岐回路に，定格電流 30 A のコンセントを 2 個施設した。
4.　40 A 分岐回路に，定格電流 40 A のコンセントを 1 個施設した。

解答

15A・20A 兼用コンセントは，20A 分岐回路（ヒューズに限る）及び 30A 分岐回路には使用できない（内線規程 3605-6）。

したがって，**2 が不適当**である。　正解　2

2-4-1　負荷設備　電路　地絡遮断器の設置　★★

20　機械器具に接続する電路において，地絡遮断装置を省略できないものとして，「電気設備の技術基準とその解釈」上，**適当なもの**はどれか。

ただし，機械器具には，接触防護措置又は簡易接触防護措置は施されていないものとする。

1.　水気のある場所以外に施設する単相 100 V のコンセントに電気を供給する電路
2.　乾燥した場所に施設する単相 200 V のライティングダクトに電気を供給する電路
3.　電気用品安全法の適用を受ける単相 100 V の二重絶縁構造の電動工具に電気を供給する電路
4.　接地抵抗値が 3 Ω以下の D 種接地工事が施された三相 200 V の電動機に電気を供給する電路

解答

ライティングダクトは，施設場所によらず，電路に地絡を生じたときに自動的に電路を遮断する装置（地絡遮断装置）を施設しなければならない（電技解釈第 165 条）。

したがって，**2 が適当**である。　正解　2

第2章　電気設備

試験によく出る重要事項

地絡遮断装置を設置する場所について，金属製外箱を有する使用電圧が60Vを超える低圧の機械器具に接続する電路には，電路に地絡を生じたときに自動的に電路を遮断する装置を施設することと規定されている（電技解釈第36条「地絡遮断装置の施設」第1項)。ただし，次のいずれかに該当する場合は，これを省略することができる。(以下抜粋)

1. 機械器具を発電所，開閉所若しくはこれらに準ずる場所に施設する場合
2. 機械器具を乾燥した場所に設置した場合
3. 機械器具の対地電圧が150V以下の場合においては，水気のある場所以外の場所に施設する場合
4. 機械器具に施されたC種接地工事またはD種接地工事の抵抗値が3Ω以下の場合
5. 機械器具で電気用品安全法の適用を受ける二重絶縁構造のものを施設する場合
6. 電線路の電源側に絶縁変圧器（機械器具の線間電圧が300V以下のものに限る。）を施設し，かつ，負荷側の電路を非接地とする場合

類題　フロアヒーティングに関する記述として，「電気設備の技術基準とその解釈」上，**不適当なもの**はどれか。

1. 屋内のホールに施設する発熱線の温度が80℃を超えないようにした。
2. 使用電圧が200Vの発熱線に直接接続する電線の被覆に使用する金属体には，D種接地工事を施した。
3. 造営材に固定する電熱ボードは，電気用品安全法の適用を受けたものを使用した。
4. 発熱線を乾燥した場所に施設するので，電路に施設する漏電遮断器(ELCB）に替えて配線用遮断器（MCCB）を設置した。

解答

フロアヒーティングの発熱線は，施設場所によらず電路に地絡を生じたときに自動的に電路を遮断する装置（漏電遮断器）を設置しなければならない（電技解釈 第195条)。

したがって，4が不適当である。　　**正解　4**

2-4-1 負荷設備 | 動力　誘導電動機の制御 ★★★

21 かご形誘導電動機にインバータ制御を用いた場合の特徴として，**最も不適当**なものはどれか。

1. 始動電流が大きくなる。
2. 低速でトルクが出にくい。
3. 速度を連続して制御できる。
4. 最高速度が商用電源の周波数に左右されない。

解 答

かご形誘導電動機に**インバータ制御**を用いることにより，始動時の電流を小さくすることができる。

したがって，**1 が最も不適当**である。　　正解　1

解 説

かご型誘導電動機の電源回路に**インバータ**を用い，周波数を変化させる制御を行った場合，次の特徴があげられる。

1. 汎用電動機に適用が可能である。
2. 速度を連続的に変化させることができる。
3. 始動電流を抑えることができ，始動時に始動器を必要としない。
4. 最高速度が電源周波数に影響されない。
5. 電動機を小型にできる。
6. 低速でトルクが出にくい。
7. 特有の騒音が発生する。

試験によく出る重要事項

誘導電動機の速度制御の原理

誘導電動機の回転速度 N (min^{-1}) は，

$$N = (1 - S)\frac{120f}{P}$$

S：すべり，　f：周波数，　P：固定子巻線極数

で表される。回転数 N を変えるには，すべり S，電源の周波数 f，固定子巻線の極数 P を変化させる必要がある。

1.　２次抵抗制御

誘導電動機の２次巻線の抵抗値を変化させるとトルクは比例推移する。右図のように，２次抵抗 r_1 を r_2 に変化させると，すべりが S_1 から S_2 を変化する。

すべりの変化を利用して速度制御を行う方式である。

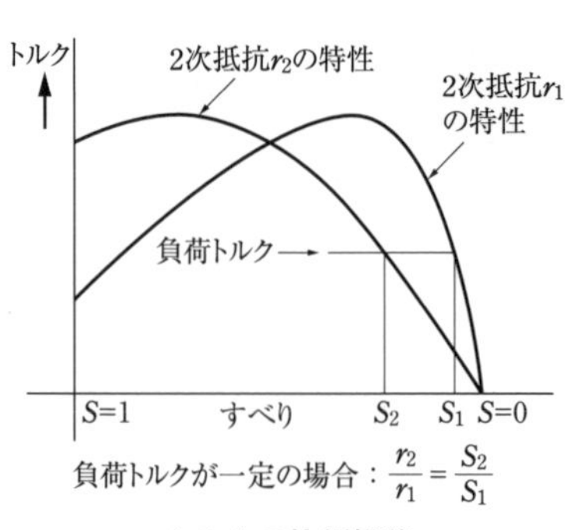

トルクの比例推移

2.　周波数制御

問題文にあるように，電源回路にインバータのような可変周波数電源を用いて速度制御を行う方式である。

インバータ
交　流
一定電圧
一定周波数
コンバータ回　路
インバータ回　路
交　流
可変電圧
可変周波数

周波数制御

3.　極数切換制御

固定子巻線の巻線を次の図のように変化させることにより，速度の切替えを行う方式である。図では，極数が４極から２極に切り換わり，回転数は２倍となる。

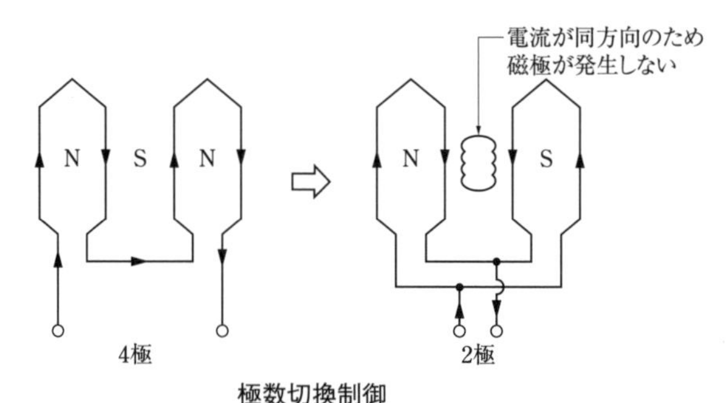

極数切換制御

4.　２次励磁方式

巻線型誘導電動機の２次回路に外部から励磁電圧を与え，すべり S を変化させる方式である。

静止クレーマ方式と静止セルビウス方式がある。

2-4-1 負荷設備 幹線 過電流遮断器の設置 ★★

22 図に示す電動機を接続しない分岐幹線において，分岐幹線保護用過電流遮断器を省略できる分岐幹線の長さと分岐幹線の許容電流の組合せとして，「電気設備の技術基準とその解釈」上，**適当なもの**はどれか。

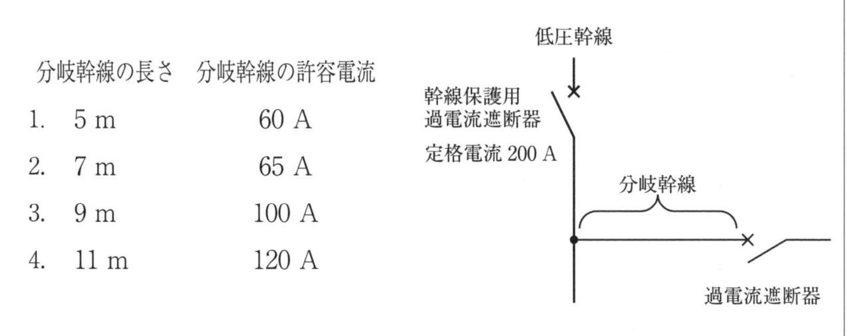

	分岐幹線の長さ	分岐幹線の許容電流
1.	5 m	60 A
2.	7 m	65 A
3.	9 m	100 A
4.	11 m	120 A

解 答

分岐幹線が 3 m を超え 8 m 以下の場合には，その許容電流は幹線保護用過電流遮断器の 35％以上，8 m を超える場合には 55％以上の許容電流が必要である。設問の幹線保護用過電流遮断器は 200A である。解答の 4 は，分岐幹線の長さが 8 m を超えているため，許容電流は 200A × 0.55 = 110A 以上必要となるが，これを満たしており適当である。

したがって，**4 が適当である。** 正解 4

解 説

分岐幹線保護用過電流遮断器を省略できる分岐幹線の長さと分岐幹線の許容電流の組合せについて，電技解釈には次のように規定されている
(電技解釈第 148 条第 4 号)。

4 低圧屋内幹線の電源側電路には，当該低圧屋内幹線を保護する過電流遮断器を施設すること。ただし，次のいずれかに該当する場合は，この限りでない。

イ 低圧幹線の許容電流が，当該低圧屋内幹線の電源側に接続する他の低圧屋内幹線を保護する過電流遮断器の定格電流の 55％以上である場合

ロ 過電流遮断器に直接接続する低圧屋内幹線又はイに掲げる低圧屋内幹線に接続する長さ 8 m 以下の低圧屋内幹線であって，当該低圧屋内幹線の許容電流

が当該低圧屋内幹線の電源側に接続する他の低圧屋内幹線を保護する過電流遮断器の定格電流の 35％以上である場合

ハ　過電流遮断器に直接接続する低圧屋内幹線又はイ若しくはロに掲げる低圧屋内幹線に接続する長さ 3 m 以下の低圧屋内幹線であって，当該低圧屋内幹線の負荷側に他の低圧屋内幹線を接続しない場合

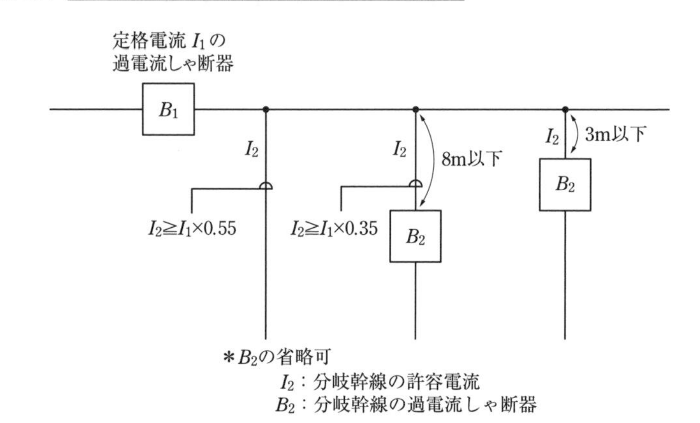

低圧幹線過電流遮断器施設基準図

類題　次の負荷イ，ロを接続した低圧屋内幹線に必要な許容電流の最小値として，「電気設備の技術基準とその解釈」上，**正しいものはどれか。**

イ　電動機の定格電流の合計：40 A

ロ　ヒータの定格電流の合計：30 A

1.　70 A　　　3.　77 A

2.　74 A　　　4.　80 A

解 答

電線の許容電流は，電動機等の定格電流の合計が 50A 以下の場合は，その定格電流の合計の 1.25 倍を加えた値以上でなければならない。よって，許容電流の最小値は，30 + 40 × 1.25 = 80（A）となる（電技解釈第 148 条）。

したがって，**4 が正しい。**　　　**正解　4**

類題 許容電流が100 Aの低圧幹線に次の負荷ア，イを接続する場合，幹線に設ける過電流遮断器の最も大きな定格電流として，次に掲げる電流のうち，「電気設備の技術基準とその解釈」上，**適当なものはどれか。**

イ 電動機（定格電流の合計が60 A）

ロ ヒータ（定格電流の合計が30 A）

1. 100 A
2. 150 A
3. 200 A
4. 250 A

解答

低圧幹線を保護する過電流遮断器の定格電流は，電動機等の定格電流の合計値の3倍に他の電気使用機械器具の定格電流の合計を加えた値以下（幹線の許容電流の2.5倍以内の場合）としなければならない。よって，60 × 3 + 30 = 210（A）以下となり，これを満たす過電流遮断器の最も大きな定格電流は200(A)となる（電技解釈第148条）。

したがって，**3が適当である。** 正解 3

類題 図に示す単相3線式の回路における設備不平衡率として，**正しいものはどれか。**

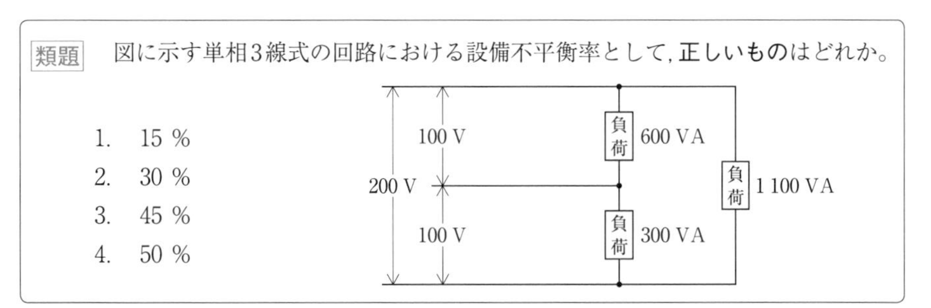

解答

単相3線回路の設備不平衡率は，次のように定められている（内線規程）。

$$設備不平衡率 = \frac{中性線と各相間に接続される負荷間の設備容量の差}{総設備容量 \times \frac{1}{2}} \times 100$$

$$= \frac{600 - 300}{(600 + 300 + 1{,}100) \times \frac{1}{2}} \times 100 = 30\ (\%)$$

したがって，**2が正しい。** 正解 2

2-4-1	負荷設備	幹線　短絡電流	★★

23 低圧幹線の短絡電流に関する記述として，**不適当なもの**はどれか。

1.　電源側の変圧器のインピーダンスが小さいほど，短絡電流は小さくなる。
2.　電源側の変圧器から短絡点までのケーブルが長いほど，短絡電流は小さくなる。
3.　電源側の変圧器から短絡点までのケーブルの断面積が大きいほど，短絡電流は大きくなる。
4.　同一の幹線に誘導電動機が接続されていると，誘導電動機が発電機として作用し，短絡電流は瞬間的に大きくなる。

解答

変圧器のインピーダンスが小さいほど短絡電流は大きくなる。

したがって，**1 が不適当である。**　**正解　1**

解説

短絡とは，ある点でインピーダンスが０の状態で電線同士が接触することである。短絡点で抵抗として作用するのは，変圧器や電線のインピーダンスのみの非常に小さな値であり，その点で電流が非常に大きくなることがわかる。

短絡電流 I_s は，インピーダンスを Z，基準となる相電圧を E，定格電流を I_n，パーセントインピーダンスを $\%Z$ とすると，次の式で表される。

$$I_s = I_n \frac{100}{\%Z} \quad \left(ただし，\frac{\%Z}{100} = \frac{I_n \cdot Z}{E} \right)$$

ここで低圧幹線の短絡電流については，次の特徴がある。

1. 電源側変圧器のインピーダンスが小さいほど，短絡電流は大きくなる。
2. 電源側の変圧器から短絡点までのケーブルが長いほど，ケーブルのインピーダンスは大きくなるため，短絡電流は小さくなる。
3. 電源側変圧器から短絡点までのケーブルの断面積が大きいほど，抵抗値（＝パーセントインピーダンス）が小さくなるため，短絡電流は大きくなる。
4. 同一の幹線に誘導電動機が接続されていると，事故からの数サイクル間電動機は発電機として作用し，短絡点に発電機電流を供給するため，短絡電流は瞬間的に大きくなる。

2-4-2 構内電気設備　電力設備

●過去の出題傾向

構内電気設備 電力設備は，毎年受変電設備，発電設備・コージェネレーション設備，無停電電源装置・蓄電池設備，接地・雷保護・電線路から合計**7問出題**されている。

[受変電設備]

・受変電設備は，毎年3問出題されている。

・**需要家の受電方式**について，出題頻度が高い。問題の図にある需要家の受電方式の名称を答えさせる問題が多い。供給変電所から需要家までのルート図と受電方式の名称を合わせて覚えておくとよい。

・**キュービクル式受電設備，高圧受電設備の機器**は，毎年出題されている。
日本産業規格（JIS）で規定されている**CB形，PF・S形**が採用可能な受電設備容量の違いは出題頻度が高い。

・変圧器の開閉装置として，**高圧カットアウト**が使用できる変圧器容量の上限についてしばしば出題されている。

[発電設備・コージェネレーション設備]

・**発電設備・コージェネレーション**は，毎年1～2問出題される傾向にある。

・**発電設備**は，**ガスタービンとディーゼルエンジン**の特徴を理解しておく。
ガスタービンとディーゼルエンジンの冷却方式の違いを問う問題がしばしば出題されており要注意である。

・**コージェネレーションシステム**は，その基本的な仕組み，用語についての出題である。

[無停電電源装置・蓄電池設備]

・**無停電電源設備，蓄電池設備**は，毎年1～2問出題される傾向にある。

・**無停電電源設備**は，日本産業規格（JIS）上の規格を問う問題が出されるケースが多い。

・**蓄電池設備**は，**回復充電，均等充電，トリクル充電，浮動充電**について充電方式の違いを理解しておく。

[接地・雷保護・電線路]

・接地は，毎年1題出題されている。
A，B，C種接地工事が法規上必要となる箇所を理解しておく。

・雷保護は，**建物の避雷設備**について日本産業規格（JIS）上の受雷部，引下げ導線，接地極の基本事項を理解しておく。

・電線路は，**地中電線路**についての出題が多い。地中電線間の離隔距離，ガス管との離隔距離，埋設深さの法規上の規定があり要注意である。

項目	出題内容（キーワード）
受変電設備	**受電方式：** 供給変電所，需要家，開ループ受電方式，閉ループ受電方式，同系統常用・予備受電方式，異系統常用・予備受電方式 **スポットネットワーク受電方式：** 受電用遮断器，プロテクタヒューズ，ネットワーク変圧器，ネットワーク母線 **キュービクル式高圧受電設備：** CB形，主遮断装置，遮断器，過電流継電器，地絡継電器，過負荷・短絡・地絡保護，PF・S形，受電設備容量300kV・A以下，限流ヒューズ付高圧交流負荷開閉器，絶縁バリア，ストライカ，欠相運転 **変圧器：** 過負荷保護，警報接点付ダイヤル温度計，過電流継電器，過電圧継電器，熱動過負荷継電器（サーマルリレー），比率作動継電器，内部事故，巻線間短絡事故，混触事故，高圧カットアウト，変圧器容量300kV・A以下，自動力率調整，高圧進相コンデンサ200kvar以下，油入変圧器，モールド変圧器，鉄心 **コンデンサ，リアクトル：** 高圧進相コンデンサ，直列リアクトル，高調波含有量，合成リアクタンス，容量性，誘導性，放電コイル，放電抵抗，残留電荷
発電設備 コージェネレーション設備	**発電設備：** 自家発電設備，ガスタービン，回転機関，液体燃料，気体燃料，冷却水，ディーゼルエンジン，往復機関，補給水，ラジエータ冷却式，直結ラジエータ冷却方式，クーリングタワー冷却方式，熱交換冷却方式，水槽循環冷却方式 **コージェネレーション設備：** 発電装置，排熱回収装置，総合エネルギー効率，系統連系運転，電力会社配電系統，ピークカット運転，ピーク負荷，熱電比，熱需要，電力需要，省エネルギー率，エネルギー削減率

無停電 電源装置 蓄電池設備	**無停電電源装置（UPS）：** インバータ，直流電力・交流電力変換，半導体電力変換装置，常時商用給電方式，常時インバータ給電方式，保守バイパス，負荷電力の連続性，電力経路，並列冗長 UPS，UPS ユニット，並列運転，単一 UPS，同期切換，同期状態，切換時間，整流器，蓄電池，エネルギー蓄積装置，出力過電流 **蓄電池設備：** 充電方式，回復充電，過充電，均等充電，トリクル充電，自己放電，浮動充電
接地 雷保護 電線路	**接地：** A 種接地工事，接触防護措置，電線接続箱，特別高圧計器用変成器 2 次側電路，B 種接地工事，特別高圧電路と低圧電路を結合する変圧器の低圧側中性点，C 種接地工事，300V を超える機械器具，D 種接地工事 **雷保護：** 引下げ導線，銅線，受雷部，アルミニウム帯，接地極，板状接地極，銅板，被保護物，水平投影面積，保護レベル（Ⅰ，Ⅱ，Ⅲ，Ⅳ），硬銅より線 **電線路：** 地中電線路，暗きょ式，特別高圧地中電線，CV ケーブル，延焼防止テープ，延焼防止シート，延焼防止塗料，低圧地中電線・高圧地中電線離隔距離，電力保安通信線，特別高圧地中電線・ガス管離隔距離，堅ろうな耐火性のある隔壁，堅ろうな不燃性の管，直接埋設式，トラフ

第2章　電気設備

2-4-2 電力設備　受変電設備　受電方式 ★★★

24

図に示す需要家の受電方式の名称として，**適当なものはどれか。**

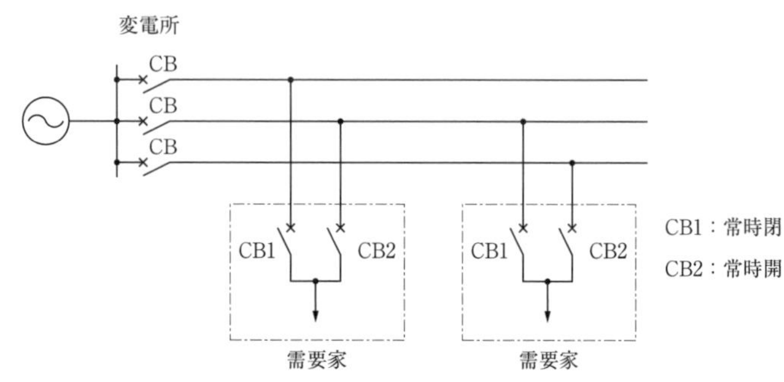

1.　開ループ受電方式
2.　閉ループ受電方式
3.　同系統 常用・予備受電方式
4.　異系統 常用・予備受電方式

解答

設問の受電方式は同一変電所（同系統）からの常用，予備の2回線で受電しており，**同系統 常用・予備受電方式**である。

したがって，**3が適当である。**　　**正解　3**

試験によく出る重要事項

1. ループ受電方式

供給変電所から複数の需要家までの電源系統をループ状に構成した受電方式である。

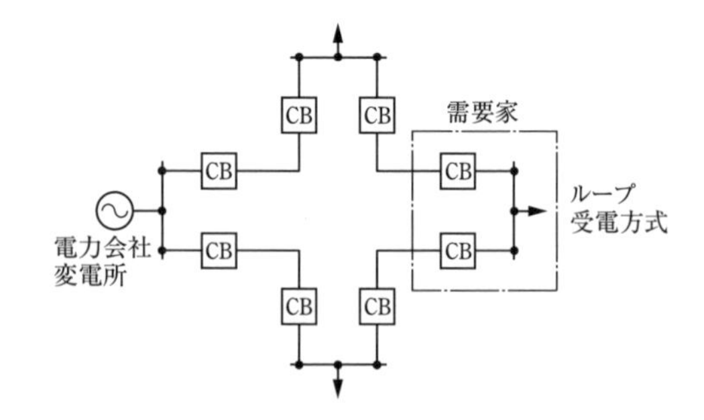

ループ受電には**開ループ受電方式**と**閉ループ受電方式**がある。開ループ受電方式では，常時は片側回線からの供給であり，送電側事故時には供給は一

旦停止するが，もう一方のルートに切替えて送電することができる。閉ループ方式は，常時２回線とも送電状態になっており，片側事故では送電は停止しない。

2. 同系統常用予備受電方式

同一供給変電所（同系統）から常用，予備の２回線で受電する方式である。供給変電所が事故の場合は停電となる。

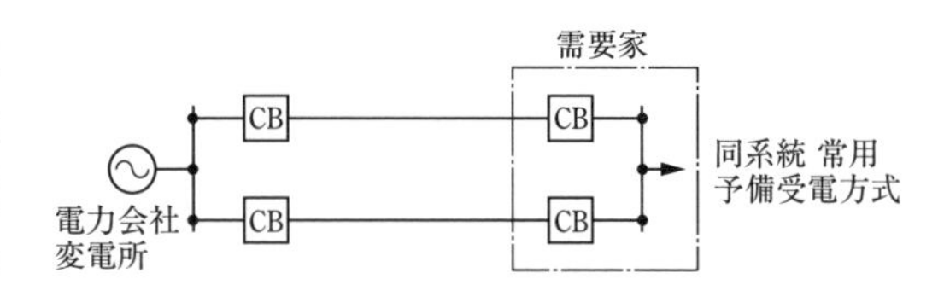

3. 異系統常用予備受電方式

異なる供給変電所(異系統)からの常用，予備の２回線で受電する方式である。

常用側変電所の事故でも予備側変電所から供給でき，信頼性が高い受電方式である。

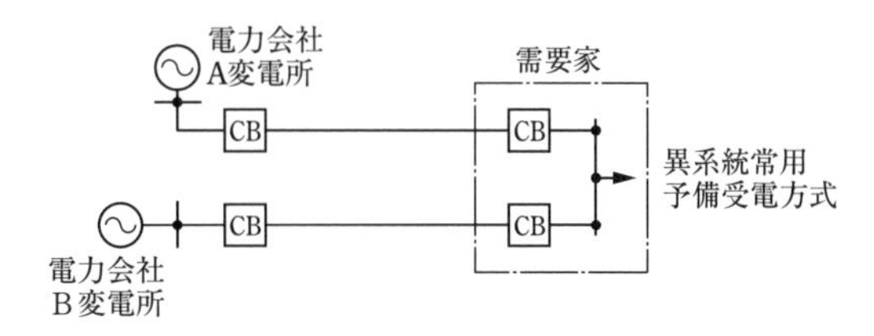

類題　スポットネットワーク受電方式に関する記述として，**不適当なもの**はどれか。

1.　１回線受電方式に比べて多回線で供給されるので供給信頼度は高い。
2.　引込線は，ネットワーク変圧器一次側の受電用遮断器に接続されている。
3.　ネットワーク母線の短絡保護は，プロテクタヒューズで行われる。
4.　一次側の１回線が停止しても，残りの変圧器で最大需要電力を供給できるように，変圧器容量を選定する。

解答

引込線は，ネットワーク変圧器一次側の**受電用断路器**に接続されている。

したがって，**2** が不適当である。　**正解　2**

2-4-2 電力設備　受変電設備　キュービクル式高圧受電設備 ★★★

25　キュービクル式高圧受電設備において，主遮断装置の形式（CB 形，PF･S 形）に適用される受電設備容量として，「日本産業規格（JIS）」上，**定められているもの**はどれか。

	CB 形	PF･S 形
1.	2 000 kV･A 以下	300 kV･A 以下
2.	2 000 kV･A 以下	500 kV･A 以下
3.	4 000 kV･A 以下	300 kV･A 以下
4.	4 000 kV･A 以下	500 kV･A 以下

解 答

主遮断装置の形式に適用される受電設備の容量は，CB 形で 4,000kV･A 以下，PF･S 形で 300kV･A 以下と定められている。

したがって，**3 が定められている**。　正解　3

解 説

キュービクル式高圧受電設備は，日本産業規格で次のように規定されている。（JIS C 4620）

1. 受電設備容量は，**CB 形**は 4,000kV・A 以下，**PF・S 形**は 300kV・A 以下としており，CB 形の方が大型の受変電設備に用いられる。
2. CB 形においては，保守点検時の安全を確保するため，主遮断器の電源側に断路器を設ける。
3. CB 形に避雷器を取り付ける場合は，主遮断器の電源側に設けた断路器の直後から分岐し，避雷器専用の断路器を設ける。
4. 受変電容量は受電電圧で使用する変圧器，電動機，高圧引出し部分などの合計容量で表す。

試験によく出る重要事項

CB 形は主遮断装置として遮断器を用い，過電流継電器，地絡継電器と組み合わせて過負荷，短絡，地絡保護を行う。

PF・S 形は，限流ヒューズと負荷開閉器を組み合わせて保護を行う。過負荷，地絡保護を行う場合は，引外し装置つき負荷開閉器と保護継電器を組み合わせて保護を行う。

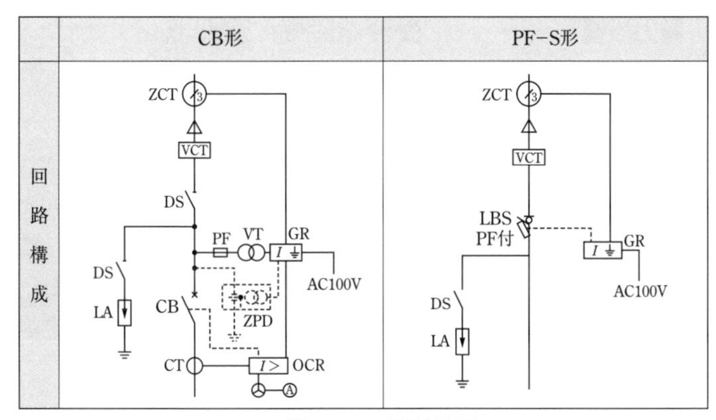

CB 形 PF・S 形結線図

類題 PF・S 形受電設備の主遮断装置として用いる限流ヒューズ付高圧交流負荷開閉器に関する記述として，**最も不適当なもの**はどれか。

1. 相間及び側面に絶縁バリアを取り付けたものとする。
2. 限流ヒューズは，一般に過負荷保護専用として使用する。
3. 高圧交流負荷開閉器は，3 極を同時に開閉する構造である。
4. 限流ヒューズの 1 相が遮断した場合は，ストライカが動作して欠相運転を防止する。

解 答

PF・S 形受電設備の主遮断装置に用いられる**限流ヒューズ**は，一般に短絡電流保護用として使用される。

したがって，**2 が最も不適当**である。 正解 2

2-4-2　電力設備　受変電設備　変圧器　★★

26

高圧変圧器の過負荷保護のために用いる機器として，**不適当なもの**はどれか。

1. 警報接点付ダイヤル温度計
2. 過電流継電器
3. 過電圧継電器
4. 熱動過負荷継電器（サーマルリレー）

解 答

高圧変圧器の過電圧継電器は，入力電圧が設定値以上になったときに動作する機器であり，過負荷保護のための機器ではない。

したがって，**3**が不適当である。　**正解　3**

解 説

変圧器の過負荷保護は，過大な負荷電流による変圧器巻線の加熱，焼損を防ぐことである。その保護方法を次に述べる。

1. 変圧器本体に**警報接点付ダイヤル温度計**を設置し，巻線の温度上昇を監視する。過負荷により，巻線がある一定の温度に達したら警報を出す。
2. 変圧器単位で**過電流継電器**やヒューズを設け，過負荷になったら変圧器の電源回路を遮断する。
3. 変圧器二次側に**熱動過負荷継電器（サーマルリレー）**を設置し，過負荷により発生する熱を感知することで警報を出す。

試験によく出る重要事項

変圧器を過負荷のような外部要因ではなく，内部事故から保護する機器として**比率作動継電器**がある。比率作動継電器は，巻線間短絡事故，巻線と鉄心間の絶縁破壊による地絡事故，高圧側巻線と低圧側巻線の混触事故等の内部事故を防ぐ保護継電器である。

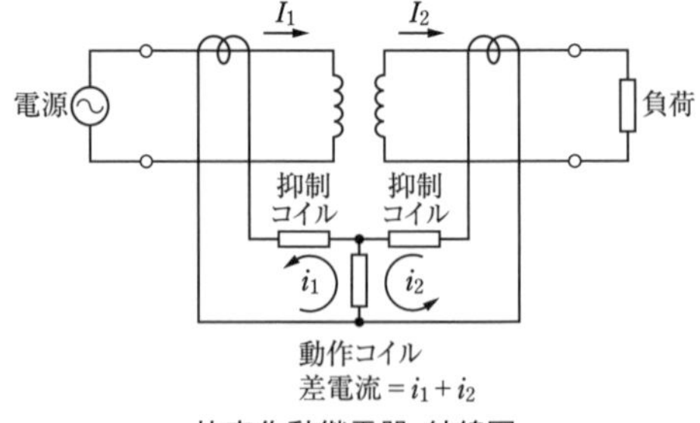

比率作動継電器 結線図

類題　キュービクル式高圧受電設備に関する記述として,「日本産業規格（JIS）」上,**不適当なもの**はどれか。

1. 変圧器容量が 500 kV·A 以下の場合は，開閉装置として高圧カットアウトを使用することができる。
2. 自動力率調整を行う一つの開閉装置に接続する高圧進相コンデンサの設備容量は，200 kvar 以下とする。
3. 300 V を超える低圧の引出し回路には，地絡遮断装置を設けるものとする。ただし，防災用，保安用電源などは，警報装置に代えることができる。
4. 換気は，通気孔などによって，自然換気ができる構造とする。ただし，収納する変圧器容量の合計が 500 kV·A を超える場合は，機械換気装置による換気としてもよい。

解答

変圧器の開閉装置として**高圧カットアウト**を使用できるのは，変圧器容量が300kV・A 以下の場合である（JIS　C　4620）。

したがって，**1 が不適当である。**　　正解　1

類題　高圧受電設備に用いる変圧器において，油入変圧器と比較したモールド変圧器の特徴に関する記述として，**最も不適当なもの**はどれか。

1. 騒音が小さい。
2. 小型で軽量である。
3. 保守点検が容易である。
4. 難燃性で自己消火性に優れている。

解答

変圧器の騒音源は鉄心である。**モールド変圧器**の鉄心は露出しているため，鉄心が絶縁油や鉄製の函体に囲まれている油入変圧器より騒音が大きい。

したがって，**1 が最も不適当である。**　　正解　1

2-4-2 電力設備　受変電設備　コンデンサ　リアクトル　★★★

27 受変電設備に設ける高圧進相コンデンサとその附属機器に関する記述として，**不適当なもの**はどれか。

1. 進相コンデンサの端子電圧は，直列リアクトルを用いた場合，回路電圧より上昇する。
2. 放電コイルは，コンデンサと並列に接続する。
3. 放電抵抗は，コンデンサ開放時の残留電荷を放電させるために用いられる。
4. 直列リアクトルは，高調波に対しコンデンサ回路の合成リアクタンスが容量性となるように選定する。

解答

直列リアクトルは，高調波に対しコンデンサ回路の合成リアクタンスが誘導性となるように選定する。

したがって，**4** が不適当である。　**正解　4**

解説

受変電設備の高圧進相コンデンサは，需要家内系統の遅れ力率を改善するために高圧側にコンデンサを設置している。付属機器には，次の機器がある。

1. **直列リアクトル**の容量は，系統の高調波電流の含有量によってコンデンサ容量の6%または13%で容量を選択する。コンデンサの端子電圧は，容量選択が6%の場合は106%，13%の場合は115%に上昇する。
2. **放電コイル**は，コンデンサを自動で入切する場合，コンデンサ内の残留電荷の放出時間を短くするためコンデンサに並列に接続され，コンデンサとともに入り切りされる。
3. **放電抵抗**はコンデンサ内部に設けられ，コンデンサ開放時の残留電荷を放電させる。

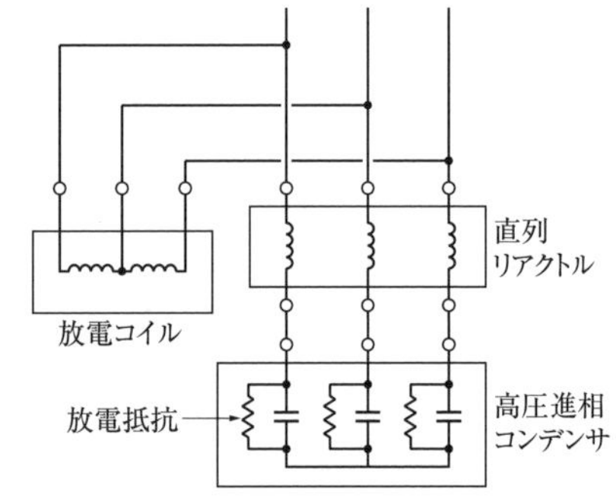

コンデンサ廻り結線図

2-4-2 電力設備　発電設備　原動機　★★★

28 自家用発電設備におけるガスタービンに関する記述として，**不適当なものは**どれか。

1. 液体又は気体の燃料が使用できる。
2. ガスタービン本体を冷却するための水が必要である。
3. ディーゼルエンジンに比べて振動が少ない。
4. ガスタービン本体の騒音は高周波音である。

解答

ガスタービンは，吸入空気による強制冷却を行っているため，本体を冷却するための水は不要である。

したがって，**2 が不適当である。**　　正解 2

解説

自家用発電設備の原動機として，一般的にはガスタービンとディーゼルエンジンが使用されるが，次のような特長がある。

ガスタービン

1. 燃料として液体，気体の両方が使用できる。液体燃料は，灯油，軽油，A 重油，気体燃料は，天然ガス，都市ガスである。
2. 吸入空気による強制冷却を行うため冷却用の水は不要である。
3. タービンによる回転機関で発電するため，往復動機関であるディーゼル機関に比べ振動が少ない。
4. ガスタービンは高速回転を行うため，騒音は高周波音である。

ディーゼルエンジン

1. 燃料は，液体燃料の軽油，A 重油が使用される。
2. エンジンの冷却は水冷が主流であるが，ラジエータ冷却式もある。
3. ディーゼルは往復機関であるため振動が大きい。
4. 軽負荷時，燃料の一部が未燃焼状態で燃焼ガスと共に排出される。

試験によく出る重要事項

ガスタービンとディーゼルエンジンの特徴を500kV・Aクラスで比較すると，次の表のようになる。

ガスタービンエンジン・ディーゼルエンジン比較表

	ガスタービン	ディーゼルエンジン
使用燃料	A重油，灯油・軽油，天然ガス	A重油，軽油
回転数・振動	53000min^{-1} 高速回転のため振動小	1500min^{-1} ピストン運動のため振動大
燃料消費量	2.5	1
騒　音	105～110dB(A) 高周波域	95～105dB(A)
冷却方式	空冷式	水冷式が主流

類題　自家用発電設備の原動機の冷却方式に関する記述として，**最も不適当なもの**はどれか。

1.　直結ラジエータ冷却方式は，地震等により補給水が断たれた場合には運転が不可能となる。
2.　クーリングタワー冷却方式は，冷却水を循環する方式なので水の補給が必要である。
3.　熱交換冷却方式は，熱交換器の一次側には清水を使用するが，二次側には河川水などを使用することができる。
4.　水槽循環冷却方式は，補給水が断たれた場合でも，水温が許容限度に上昇するまでは運転を継続できる。

解答

自家発電設備の**直結ラジエータ冷却方式**は，原動機に直結したラジエータで冷却する方式で，補給水は必要ない。

したがって，**1が最も不適当である**。　　**正解　1**

2-4-2 電力設備 コージェネレーション設備 ★★

29 コージェネレーションシステムに関する記述として，**最も不適当なもの**はどれか。

1. 系統連系運転とは，コージェネレーションシステムを商用電力系統と接続して運転することである。
2. ピークカット運転とは，電力負荷の多い時間帯に電力を供給する発電機の運転方式である。
3. 施設の熱電比とは，消費される熱需要を電力需要で除した値である。
4. 省エネルギー率とは，発電出力と回収した熱の合計を投入エネルギーで除した値である。

解答

発電出力と回収した熱の合計を投入エネルギーで除した値は，**総合エネルギー効率**である。

したがって，**4 が最も不適当**である。　　**正解 4**

解説

コージェネレーションシステムとは，発電装置，排熱回収装置で構成され，発電と同時に発生した排熱を冷暖房や給湯等に利用して，電力需要だけでなく熱需要も賄うことによって，**総合エネルギー効率**を高めたエネルギー供給システムである。

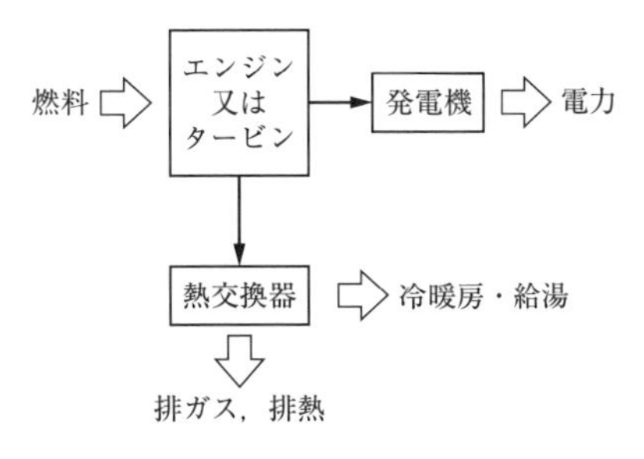

コージェネレーションシステム概念図

コージェネレーションシステムの用語は，次のように定義されている（JIS B 8121）。

1. **系統連系運転**とは，電力会社配電系統に接続して発電機を運転する状態である。
2. **ピークカット運転**とは，電力需要のピーク負荷部分に発電電力を供給する方式である。
3. **熱電比**とは，建物または施設の熱需要と電力需要の比（熱需要を電力需要で除した値）である。
4. **省エネルギー率**とは，従来システムで運転する場合のエネルギーとコージェネレーションシステム採用の場合のエネルギーの削減率である。

2-4-2	電力設備	無停電電源装置（UPS）	★★★

30　無停電電源装置（UPS）に関する記述として，「日本産業規格（JIS）」上，**不適当なものはどれか。**

1.　インバータは，直流電力を交流電力に変換する半導体電力変換装置である。
2.　常時商用給電方式は，通常運転状態ではインバータは蓄電池運転状態となり，負荷電力はインバータを経由して供給される給電方式である。
3.　保守バイパスとは，保守期間中，負荷電力の連続性を維持するために設ける電力経路である。
4.　並列冗長UPSは，複数のUPSユニットが負荷を分担しつつ並列運転を行い，1台以上のUPSユニットが故障したとき，残りのUPSユニットで全負荷を負うことができるように構成したシステムである。

解答

常時商用給電方式は，通常運転状態では，商用電源から負荷へ電力が供給される。商用電源の電圧又は周波数が許容範囲から外れた場合に，インバータは蓄電池運転状態となり負荷電力はインバータを経由して供給される。

したがって，**2**が不適当である。　**正解　2**

解説

無停電電源装置（UPS）の構成要素は，次のように規定されている。
（JIS C 4411-3）

1.　インバータ

直流電力を交流電力に変換する半導体電力変換装置である。インバータの逆の機能を持つ装置は，コンバータである。

2.　常時商用給電方式

通常運転状態では商用電源から電力が供給され，商用電源に異常があった場合，インバータに切替わる。通常運転状態でインバータから給電されるのは，**常時インバータ給電方式**である。

3.　保守バイパス

保守期間中，安全のためにUPSの一部もしくは複数の部分を分離し，負荷電力の連続性を維持するために設けられる電力経路である。

4. 並列冗長 UPS

複数のUPSユニットが負荷を分担しつつ並列運転を行い，1台以上のUPSユニットが故障したとき，残りのUPSユニットで全負荷を負うことができるように構成したシステムである。1つのUPSユニットだけで成るシステムは，単一UPSである。

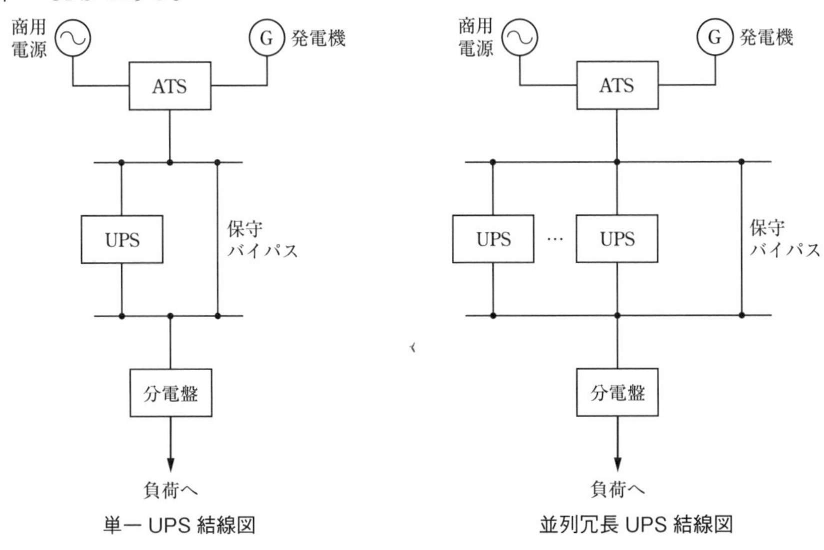

単一 UPS 結線図　　並列冗長 UPS 結線図

類題　無停電電源装置（UPS）に関する記述として，「日本産業規格（JIS）」上，**不適当なものはどれか。**

1. 同期切換は，周波数と位相とが同期状態にあり，電圧が許容範囲で一致している二つの電源の間での負荷電力の切換えである。
2. 遮断時間は，切換スイッチが切換動作を開始してから，出力量の切換えが完了するまでの時間である。
3. UPSユニットは，インバータ，整流器及び蓄電池又はその他のエネルギー蓄積装置をそれぞれ少なくとも一つずつ含んで成るUPSの構成要素である。
4. 出力過電流は，UPSからあらかじめ規定された時間内で流すことができるUPSの最大出力電流である。

解答

切換スイッチが切換動作を開始してから，出力量の切換えが完了するまでの時間は，**切換時間**である（JIS C 4411-3)。

したがって，**2** が不適当である。　　**正解　2**

2-4-2 電力設備 蓄電池設備 ★★

31 蓄電池の充電方式に関する次の文章に該当する用語として，**適当なものはどれか。**

「整流器に蓄電池と負荷とを並列に接続し，常に蓄電池に定電圧を加えて充電状態を保ち，同時に負荷へ電力を供給する充電方式」

1. 回復充電
2. 均等充電
3. トリクル充電
4. 浮動充電

解答

整流器に蓄電池と負荷とを並列に接続し，常に蓄電池に定電圧を加えて充電状態を保ち，同時に負荷へ電力を供給する充電方式は，**浮動充電**である。

したがって，**4 が適当**である。　　　　正解　4

解説

1. 回復充電

回復充電とは，放電した蓄電池を容量が回復した状態まで充電を行い，そのあと浮動充電に切り替える方式である。

2. 均等充電

均等充電とは，自己放電で生ずる充電状態のばらつきをなくすために，充電装置の出力を上げて過充電を行う方式である。

3. トリクル充電

蓄電池は，無負荷状態でも自己放電があり，蓄電池に充電された電気容量が減少する。**トリクル充電**とは，蓄電池の自己放電を補うため，負荷を切り離した状態で，微小電流で絶えず充電を行う方式である。

4. 浮動充電

浮動充電とは，充電装置の整流器に蓄電池と負荷を並列に接続し，常時は整流器から蓄電池に定電圧を加えて充電状態を保ちながら，同時に負荷に電力を供給する方式である。

2-4-2　電力設備　接地　★★★

32　A 種接地工事を施す箇所として,「電気設備の技術基準とその解釈」上, **不適当なもの**はどれか。

1. 人が触れるおそれがある高圧電路に施設する機械器具の金属製の外箱
2. 屋内の接触防護措置を施していない高圧ケーブルを収める金属製の電線接続箱
3. 特別高圧計器用変成器の二次側電路
4. 特別高圧電路と低圧電路とを結合する変圧器の低圧側の中性点

解答

特別高圧電路と低圧電路を結合する変圧器の低圧側の中性点には, **B 種接地工事**を施さなければならない（電技解釈第 24 条）。

したがって, **4 が不適当である。**　正解　4

解説

A 種接地工事を施す場所は, 電技解釈では次のように規定している。

1. 高圧又は特別高圧の電路に施設する金属製の台, 外箱などで, 人が容易に触れる恐れがある場合（電技解釈第 29 条）
2. 接触防護処置を施していない高圧ケーブルを収める金属製の電線接続箱（電技解釈第 168 条）
3. 特別高圧計器用変成器 2 次側電路（電技解釈第 28 条）

設問にある「特別高圧電路と低圧電路を結合する変圧器の低圧側の中性点」は, 電技解釈では **B 種接地工事**を施さなければならない（電技解釈第 24 条）。

試験によく出る重要事項

各種接地工事の抵抗値，必要箇所をまとめると，次のようになる。

各種接地工事の規定

設地工事の種類	接地抵抗値	主な接地箇所
A種設地工事	10 Ω	特別高圧，高圧の機器の鉄台，金属製外箱
B種接地工事	変圧器の高圧側又は特別高圧側の電路の1線地絡電流のアンペア数で下記を除した値に等しいオーム数以下 ・通常：150 低圧電路の対地電圧が150Vを超えた場合 ・2秒以内自動遮断：300 ・1秒以内自動遮断：600	高圧又は特別高圧の電路と低圧電路とを結合する変圧器の低圧側の中性点 （中性点がない場合は低圧側の1端子）
C種接地工事	10 Ω（0.5秒以下の遮断500 Ω）	低圧300Vを超える機器の鉄台，金属製外箱
D種設地工事	100 Ω（0.5秒以下の遮断500 Ω）	低圧300V以下の機器の鉄台，金属製外箱

第2章 電気設備

類題　D種接地工事を施した次の箇所のうち，「電気設備の技術基準とその解釈」上，誤っているものはどれか。

1. 乾燥した機械室に設置した使用電圧400 Vの電動機の鉄台
2. 特別高圧架空電線を支持するがいし装置を取り付ける腕金類
3. 管灯回路の使用電圧が300 V以下の放電灯用電灯器具の金属製部分
4. 乾燥した場所に施設した，使用電圧100 Vの電路に使用する金属製ライティングダクト

解答

300Vを超える機械器具は，**C種接地工事**を施さなければならない（電技解釈第29条）。

したがって，**1**が誤っている。　**正解　1**

2-4-2 電力設備　雷保護　★★

33 事務所ビルの雷保護に関する記述として，「日本産業規格（JIS）」上，**不適当なもの**はどれか。

1. 引下げ導線として，38 mm^2 の銅線を使用した。
2. 受雷部として，厚さ 4 mm 幅 25 mm のアルミニウム帯を使用した。
3. 接地極として，表面積が片面 0.25 m^2 の銅板を使用した。
4. 被保護物の水平投影面積が 25 m^2 なので，引下げ導線を 1 条とした。

解答

雷保護用の**板状接地極**の表面積は，片面 0.35 m^{2}以上としなければならない。
したがって，**3 が不適当である。**　正解　3

解説

建物等の雷保護システムに用いる部材の寸法は，次のように規定されている（JIS A 4201「建築物等の雷保護」）。

1. 引き下げ導線については，最少寸法が，銅 16 mm^2，アルミニウム 25 mm^2，鉄 50 mm^2 と規定されており，問題文にある銅 38 mm^2 は引き下げ導線に使用することができる。
2. 受雷部については，最少寸法が，銅 35 mm^2，アルミニウム 70 mm^2，鉄 50 mm^2 と規定されており，設問にあるアルミニウム帯は，4 mm × 25 mm = 100 mm^2 となり，受雷部に使用することができる。

雷保護システム材料表（断面積）

保護レベル	材　料	受雷部 (mm^2)	引下げ導線 (mm^2)	接地極 (mm^2)
I ～ IV	銅	35	16	50
	アルミニウム	70	25	—
	鉄	50	50	80

（JIS A 4201-2003）

3. 板状接地極は，片面 0.35 m^{2}以上と規定されており，問題文にある片面 0.25 m^{2}銅板は使用することができない。
4. 引き下げ導線は，2 条以上とする。ただし，水平投影面積が 25m^2 以下のときは 1 条でよい。

試験によく出る重要事項

引き下げ導線の配置

引き下げ導線の間隔は，保護レベルのランク別に，次の表に示す平均間隔以内になるように配置する。

引き下げ導線平均間隔

保護レベル	平均間隔(m)
Ⅰ	10
Ⅱ	15
Ⅲ	20
Ⅳ	25

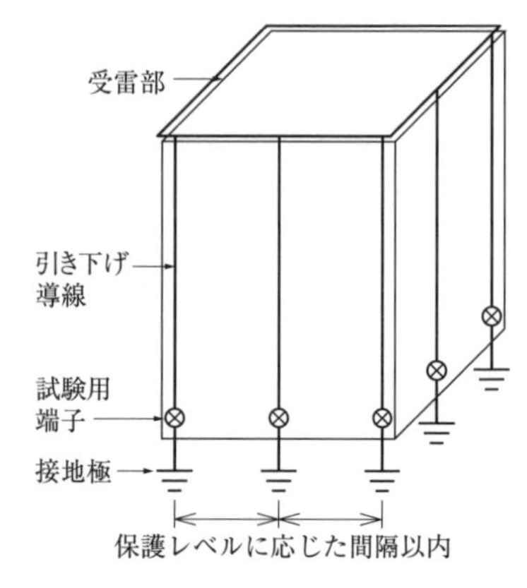

引き下げ導線条数の緩和

類題　一般の建築物に設ける避雷設備に関する記述として，「日本産業規格（JIS）」上，**不適当なもの**はどれか。

1. 水平投影面積が 25m^2 である建築物の引下げ導線の本数を１条とした。
2. 受雷部として断面積 22 mm^2 の硬銅より線を使用した。
3. 板状接地極は 600 mm × 600 mm × 1.5 mm の銅板を使用した。
4. 接地極を地下 0.5 m の深さに埋設した。

解答

受雷部に使用する材料の最小断面積は，銅 35 mm^2，アルミニウム 70 mm^2，鉄 50 mm^2 である（JIS A 4201）。

したがって，**2** が不適当である。　**正解　2**

2-4-2 電力設備 | 電線路 地中電線路 ★★

34 暗きょ式で施設する地中電線路に関する記述として，「電気設備の技術基準とその解釈」上，**不適当なもの**はどれか。

1. 特別高圧地中電線にCVケーブルを使用したので，耐燃措置として延焼防止シートで被覆した。
2. 低圧地中電線と高圧地中電線との離隔距離を30 cmとしたので，堅ろうな耐火性の隔壁を省略した。
3. 高圧地中電線と電力保安通信線を，直接接触しないように施設した。
4. 特別高圧地中電線とガス管との離隔距離を60 cmとしたので，電線を管に収めず，堅ろうな耐火性の隔壁も省略した。

解答

特別高圧地中電線とガス管等の離隔距離は，電線を堅ろうな不燃性の管又は自消性のある難燃性の管に納めず，堅ろうな耐火性のある隔壁を設けない場合は，1 m以上としなければならない。

したがって，**4が不適当である。** 正解 4

解説

暗きょ式で施設する**地中電線路**については，次のように規定されている。

1. 地中電線路を暗きょ式で施設する場合について，地中電線は，耐熱措置を施した延焼防止テープ，延焼防止シート，延焼防止塗料その他これらに類するもので被覆しなければならない（電技解釈第120条「地中電線路の施設」第3項）。
2. 低圧地中電線と高圧地中電線とが接近又は交差する場合は，離隔距離を0.15 m以上とる，または地中電線相互の間に堅ろうな耐火性の隔壁を設けなければならない（電技解釈第125条「地中電線と他の地中電線等との接近又は交差」）。

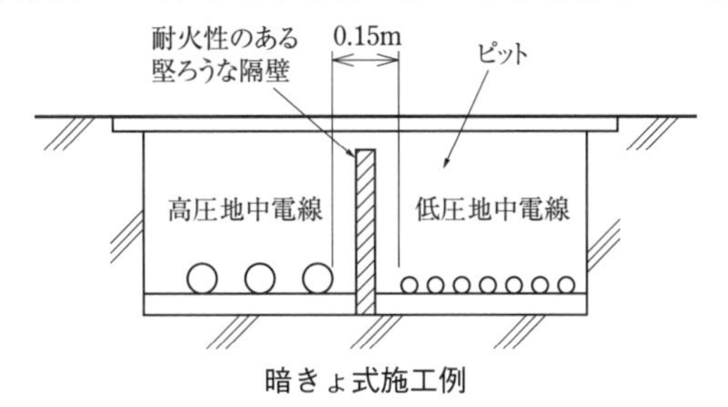

暗きょ式施工例

3. 地中電線の使用電圧が高圧または特別高圧である場合は，電力保安通信線に直接接触してはならない（電技解釈第125条第2項第五号ロ）。

4. 特別高圧地中電線が，ガス管等（ガス管，石油パイプその他可燃性もしくは有毒性の流体を内包する管）と近接または交差して施設する場合は，次のいずれかによること（電技解釈第125条第3項）。

1) 地中電線とガス管等の離隔距離が，1 m 以上であること。

2) 地中電線とガス管等の間に堅ろうな耐火性の隔壁を設けること。

3) 地中電線を堅ろうな不燃性の管または自消性のある難燃性の管に収め，当該管がガス管等と直接接触しないよう施設すること。

類題　需要場所に施設する高圧地中電線路の施工方法に関する記述として，「日本産業規格（JIS）」上，**不適当なもの**はどれか。

1. 直接埋設式により，車両その他の重量物の圧力を受けるおそれがある場所に施設するため，トラフに電力用ケーブルを収め埋設深さを 0.6 m とした。
2. 電力用ケーブルと地中弱電流電線との離隔距離が 30 cm 以下だったので，ケーブルを堅ろうな不燃性の管に収め，その管が地中弱電流電線と直接接触しないように施設した。
3. 多心の電力用ケーブルを収容する地中箱の大きさは，ケーブルの屈曲部の内側半径が仕上がり外径の8倍となるものとした。
4. 管内に布設する多心の電力用ケーブルが1条の場合の管の内径は，ケーブル仕上がり外径の 1.5 倍以上とした。

解答

電力ケーブルの地中埋設の施工方法は，トラフ，板などの防護材，及び鋼体がい装などのがい装をもつケーブルの埋設深さは，車両その他重量物の圧力を受ける場所においては 1.2 m 以上である（JIS C 3653）。

したがって，**1 が不適当である。**

正解　1

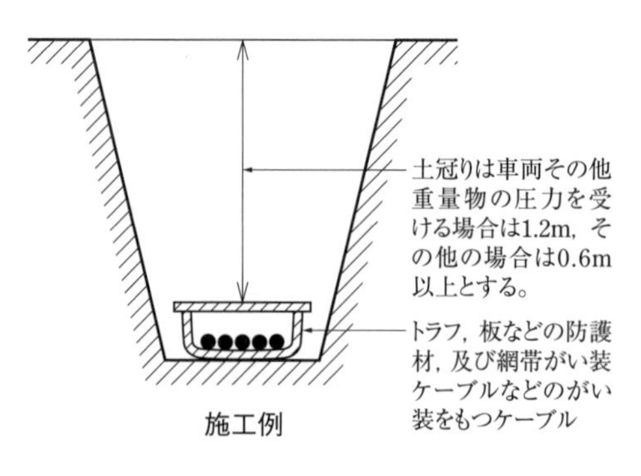

施工例

2-4-3 構内電気設備　防災設備　情報通信・弱電設備

●過去の出題傾向

構内電気設備　防災設備　情報通信・弱電設備は，毎年**5問出題**されている。

[防災設備]

・防災設備は，毎年2問出題されている。

・防災設備の中では，**自動火災報知設備**，**非常用の照明装置**の出題頻度が高い。

・**自動火災報知設備**は，感知器の消防法上の設置基準について出題されることが多い。
煙感知器の消防法で定められた設置基準を理解しておく。

・**非常用の照明装置**は，建築基準法上設置が必要となる施設，必要照度を問う問題が多い。

・建築基準法で定められている**非常用の照明装置**が必要となる建物用途，建物規模を理解しておく。

・非常用の照明に求められる照度は，器具の種類，建物用途によって異なってくるため，その違いを理解しておく。

[情報通信・弱電設備]

・情報通信　弱電設備は，毎年3問出題されている。

・情報通信は，**構内交換設備**と**LAN用語**を問う問題が多い。

・**構内交換設備**は，各種局線応答方式について出題される確率が高い。
局線中継台方式，ダイレクトインダイヤル方式，ダイヤルイン方式，ダイレクトインライン方式，分散中継台方式の概要を理解しておく。

・**LAN用語**は，ネットワークを構成する機器の役割，光ファイバケーブルの特性について出題されることが多い。

・弱電設備は，テレビ共同受信設備の損失計算の出題頻度が高い。
同軸ケーブル，分配器，直列ユニットを使った損失計算方法を習得しておく。

・弱電設備のJISの図記号を問う問題が出題されている。
押釦，ベル，ブザー，盤類等の図記号と名称を理解しておく。

項目	出題内容（キーワード）
防災設備	**自動火災報知設備：** 光電式分離型感知器，煙感知器の感知区域，2種煙感知器， 取付け面高さ，壁または梁からの離隔距離， 消防用設備の非常電源の容量 **誘導灯：** 避難口誘導灯，通路誘導灯，客席誘導灯， 避難口誘導灯A級，B級，C級縦寸法と明るさの規定 **非常用の照明装置：** 非常用の照明装置を設けなければならない居室，建築基準法， 特殊建築物の居室，白熱灯水平面照度，非常用進入口，赤色灯
情報通信 弱電設備	**構内交換機：** ダイレクトインダイヤル方式，局線，代表番号，内線， ダイヤルイン方式，ダイヤルイン番号，内線電話機， ダイレクトインライン方式，局線中継台方式，分散中継台方式， 局線表示盤，特番操作 **構内情報通信網（LAN）：** ネットワークトポロジ，スター形，バス形，リング形， レイヤ2スイッチ，データリンク層，ルーティング機能， VLAN機能，リピータ，ブリッジ，ルータ，IPアドレス， MACアドレス，光ファイバケーブル，クラッド，コア，屈折率， 光信号，マルチモード，シングルモード **弱電設備：** テレビ共同受信設備，増幅器，同軸ケーブル，分配器， 直列ユニット，挿入損失，結合損失，押しボタン，ベル，ブザー， 表示器，コンデンサ形マイクロフォン， ダイナミック形マイクロフォン，ローインピーダンス出力方式， ハイインピーダンス出力方式，アッティネータ， コーン形スピーカ，ホーン形スピーカ

2-4-3 防災設備 情報通信・弱電設備　防災設備　自動火災報知設備　★★

35 自動火災報知設備の煙感知器に関する記述として，「消防法」上，**誤っているもの**はどれか。ただし，光電式分離型感知器を除くものとする。

1. 煙感知器は，壁又は梁から 0.6 m 以上離れた位置に設ける。
2. 煙感知器の下端は，取付け面の下方 0.6 m 以内の位置に設ける。
3. 2 種の煙感知器は，廊下及び通路にあっては歩行距離 30 m につき 1 個以上の個数を設ける。
4. 2 種の煙感知器は，廊下，通路，階段及び傾斜路を除く感知区域ごとに，取付け面の高さが 4 m 未満の場合，床面積 200m^2 につき 1 個以上の個数を設ける。

解 答

2 種の煙感知器は，廊下，通路，階段及び傾斜路を除く感知区域ごとに，取付け面の高さが 4 m 未満の場合，床面積 150m^{2}につき 1 個以上の個数を設けなければならない。

したがって，**4 が誤っている。**　　　　正解　4

解 説

煙感知器（光電式分離型感知器を除く）は，次のように定められている（消防法施行規則第 23 条 ）。

イ　天井が低い居室又は狭い居室にあっては入口付近に設けること。
ロ　天井付近に吸気口のある居室にあっては当該吸気口付近に設けること。
ハ　感知器の下端は，取付け面の下方 0.6 m 以内の位置に設けること。
ニ　感知器は，壁又は梁から 0.6 m 以上離れた位置に設けること。
ホ　感知器は，廊下，通路，階段及び傾斜路を除く感知区域ごとに，感知器の種別及び取付け面の高さに応じて次の表で定める床面積につき 1 個以上の個数を，火災を有効に感知するように設けること。

取付け面の高さ	1 種及び 2 種	3 種
4 m 未満	**150m^2**	50m^2
4 m 以上 20 m 未満	75m^2	−

ヘ　感知器は，廊下及び通路にあっては歩行距離 30 m（3 種は 20 m）につき 1 個以上の個数を設ける。　　（以下省略）

類題　消防用設備等とこれを有効に作動できる非常電源の容量の組合せとして,「消防法」上, **誤っているもの**はどれか。

	消防用設備	非常電源の容量
1.	自動火災報知設備	10分間以上
2.	スプリンクラー設備	20分間以上
3.	屋内消火栓設備	30分間以上
4.	不活性ガス消火設備	1時間以上

解答

スプリンクラー設備の非常電源の容量は, 屋内消火栓設備と同様に有効に30分間以上作動できるものとしなければならない(消防法施行規則, 消防庁告示)。

したがって, **2が誤っている**。　　**正解　2**

類題　誘導灯に関する記述として,「消防法」上, **誤っているもの**はどれか。

1.　直通階段の出入口に設けるものは, 避難口誘導灯とする。
2.　廊下又は通路の曲り角に設けるものは, 通路誘導灯とする。
3.　客席誘導灯は, 客席内の通路の床面における水平面の照度が0.2 lx以上になるように設ける。
4.　避難口誘導灯は, 表示面の縦寸法及び表示面の明るさでA級とB級の2種類に区分されている。

解答

避難口誘導灯は, A級, B級, C級の3種類あり, 次のように, 縦寸法, 表示面の明るさが決められている（消防法施行規則第28条の3)。

A級：縦寸法0.4(m)以上,　明るさ50（cd）以上
B級：縦寸法0.2(m)以上　0.4(m)未満,　明るさ10（cd）以上
C級：縦寸法0.1(m)以上　0.2(m)未満,　明るさ1.5（cd）以上

したがって, **4が誤っている**。　　**正解　4**

2-4-3 防災設備 情報通信・弱電設備　防災設備　非常用照明　★★

36　非常用の照明装置を設けなければならない居室として,「建築基準法」上,**適当なもの**はどれか。

ただし,避難階は1階,居室は3階にあるものとし,政令で定める窓その他の開口部を有するものとする。

1.　旅館の宿泊室
2.　病院の病室
3.　寄宿舎の寝室
4.　共同住宅の居間

解 答

旅館は特殊建築物となっており,その客室には非常用の照明装置を設置しなければならない。

したがって,**1 が適当である。**　　正解　1

解 説

非常用の照明装置は,次の建築物に設置しなければならない。

(建築基準法施行令第126条の4)

1. **特殊建築物の居室**(下記の用途が特殊建築物)
   (1) 劇場,映画館,演芸場,観覧場,公会堂,集会場
   (2) 病院,診療所(患者の収容施設があるものに限る),ホテル,**旅館**,下宿,共同住宅,寄宿舎,児童福祉施設等
   (3) 学校等,博物館,美術館,図書館
   (4) 百貨店,マーケット,展示場,公衆浴場,飲食店,物販店舗等
2. 階数が3以上で延べ面積が500m^{2}を超える建築物の居室
3. 第116条の2第1項第1号に該当する窓その他開口部を有しない居室
4. 延べ面積が1,000m^{2}を超える建築物の居室

ただし,次の各号に該当する建築物又は建築物の部分は,除かれる。

1. 一戸建ての住宅又は長屋もしくは共同住宅の住居
2. 病院の病室,下宿の宿泊室又は寄宿舎の寝室,その他これに類する居室
3. 学校等

類題　非常用の照明装置に関する記述として，「建築基準法」上，**最も不適当なもの**はどれか。

1.　白熱灯を用いる場合は，常温下で床面において水平面照度で 1 lx 以上を確保する。
2.　地下街の各構えの接する地下道の床面において 5 lx 以上の照度を確保する。
3.　予備電源と照明器具との電気配線に用いる電線は，600 V 二種ビニル絶縁電線その他これと同等以上の耐熱性を有するものとしなければならない。
4.　照明器具（照明カバーその他照明器具に付属するものを含む。）のうち主要な部分は，難燃材料で造り，又は覆うこと。

解答

非常用の照明装置は白熱灯を用いる場合，常温下で床面水平面照度は 1 lx（蛍光灯の場合は 2 lx）以上確保しなければならない。ただし，地下街の各構えの接する地下道においては，床面水平面照度 10 lx（蛍光灯の場合は 20 lx）以上確保しなければならない（建築基準法施行令第 128 条）。

したがって，**2 が最も不適当である。**　**正解　2**

類題　非常用の進入口に設ける赤色灯に関する記述として，「建築基準法」上，**誤っているもの**はどれか。

1.　昼間は消灯し，夜間は常時点灯している構造とする。
2.　電源の開閉器は，一般の者が容易に遮断することができないようにする。
3.　蓄電池は，充電を行うことなく30分間継続して点灯できる容量とする。
4.　赤色灯の大きさは，直径10 cm以上の半球が内接する大きさとする。

解答

非常用の進入口に設ける**赤色灯**は，昼夜にかかわらず常時点灯している構造でなければならない（建築基準法施行令第 126 条）。

したがって，**1 が誤っている。**　**正解　1**

2-4-3	防災設備 情報通信･弱電設備	情報通信　構内交換機	★★

37 構内交換設備における局線応答方式に関する記述として，**最も不適当なもの**はどれか。

1. ダイレクトインダイヤル方式は，代表番号をダイヤルしたのち1次応答を受け，引き続き内線番号をダイヤルして直接電話機を呼出す。
2. ダイヤルイン方式は，局線からの着信により直接電話機を呼出す。
3. 局線中継台方式は，局線からの着信を検出すると，あらかじめ指定された電話機に直接着信する。
4. 分散中継台方式は，局線からの着信が局線表示盤等に表示され，局線受付に指定された電話機により応答する。

解 答

局線中継台方式は，局線からの着信を中継台の交換手が一旦受け，その後，内線電話機に転送する方式である。

したがって，**3 が最も不適当である。**　　　正解　3

解 説

1. ダイレクトインダイヤル方式

局線から代表番号で一端交換装置に着信したあと内線番号をダイヤルし，直接相手側の内線を呼び出す方式である。

2. ダイヤルイン方式

内線ごとにダイヤルイン番号が付与されており，局線から直接内線電話機を呼び出す方式である。

3. ダイレクトインライン方式

局線からの着信があると，あらかじめ指定された内線電話機に直接着信する方式である。

4. 分散中継台方式

局線からの着信があった場合，局線表示盤等に表示され，任意の内線電話機から特番操作により応答し，他の内線電話に転送する方式である。

類題　構内情報通信網（LAN）に関する記述として，**最も不適当なもの**はどれか。

1. ネットワークトポロジには，スター形，バス形，リング形などがある。
2. レイヤ２スイッチは，ネットワーク層でのルーティング機能を搭載したスイッチである。
3. V LAN 機能は，スイッチと端末の物理的な接続形態によらず，論理的に複数の端末をグループ化するものである。
4. リピータは，伝送信号を再生及び中継し，伝送距離を延長するものである。

解答

レイヤ２スイッチは，データリンク層に属するスイッチである。

したがって，**２**が**最も不適当**である。　　正解　2

類題　LAN を構成する機器に関する記述として，**不適当なもの**はどれか。

1. ブリッジは,不正なアクセスを遮断し,内部のネットワークの安全を維持する。
2. ルータは，ＩＰアドレスを読み取り，経路を選択しネットワーク間を接続する。
3. レイヤ２スイッチは，MAC アドレスを読み取り，その端末が接続されているポートだけを相互接続する。
4. リピータは，伝送信号を再生及び中継し，伝送距離を延長する。

解答

ブリッジは，複数の LAN を接続し，通信データに添えられたアドレス番号を認識し，LAN 間のデータ通信管理を行う。

したがって，**１**が**不適当**である。　　正解　1

類題　光ファイバケーブルに関する記述として，**不適当なもの**はどれか。

1. クラッドは，コアより屈折率が低い。
2. 光信号は，コアの中を反射しながら伝搬する。
3. マルチモードは，シングルモードと比べてコア径が大きい。
4. マルチモードは，シングルモードと比べて長距離伝送に適している。

解答

マルチモードは，**シングルモード**と比べて伝送損失が大きいため，長距離伝送には適さない。

したがって，**４**が**不適当**である。　　正解　4

2-4-3 防災設備 情報通信・弱電設備 | 弱電設備　TV 共同受信設備 ★★★

38 図に示すテレビ共同受信設備において，増幅器出口から末端Aの直列ユニットのテレビ受信機接続端子までの総合損失として，**正しいもの**はどれか。

ただし，増幅器出口から末端Aまでの同軸ケーブルの長さ：20 m

同軸ケーブルの損失：0.2 dB/m

分配器の分配損失：4.0 dB

直列ユニット単体の挿入損失：2.0 dB

直列ユニット単体の結合損失：12.0 dB

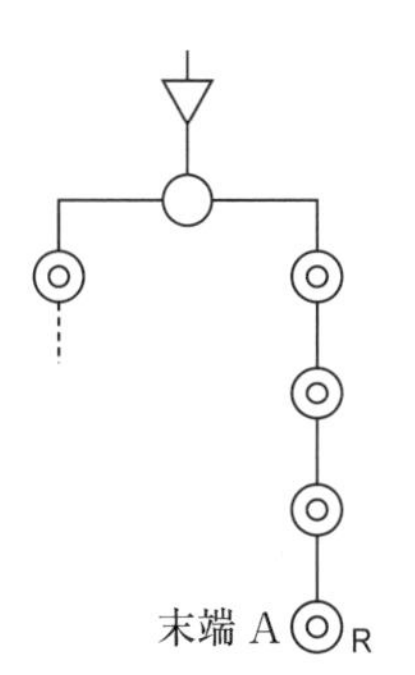

1. 22.0 dB
2. 24.0 dB
3. 26.0 dB
4. 28.0 dB

解 答

増幅器出口から末端 A までの損失は，各機器，ケーブルそれぞれの損失の合計で算出される。

① 同軸ケーブルの損失：0.2dB/m × 20 m ＝ 4.0dB

② 分配器の分配損失：4.0dB/ 個× 1 個＝ 4.0dB

③ 直列ユニットの挿入損失（通過損失）＝ 2.0dB/ 個× 3 個＝ 6.0dB

④ 直列ユニットの結合損失（末端損失）＝ 12.0dB/ 個× 1 個＝ 12.0dB

総合損失＝①＋②＋③＋④＝ 4.0 ＋ 4.0 ＋ 6.0 ＋ 12.0 ＝ 26.0dB

したがって，**3 が正しい**。　　**正解　3**

JIS C 0303「構内電気設備の配線用図記号」に，図中の記号の名称が記載されている。

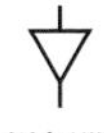

増幅器　　2分電器　　直列ユニット　　直列ユニット（終端抵抗器付）

テレビ共聴図記号

類題　警報・呼出・表示・ナースコール設備に関する図記号と名称の組合せとして，「日本産業規格（JIS）」上，**誤っているもの**はどれか。

	図記号	名称
1.		押しボタン
2.		ベル
3.		ブザー
4.		表示器

解 答

は，JISでは警報盤である。

したがって，**4が誤っている**。　　正解　4

類題　拡声設備に関する記述として，**最も不適当なもの**はどれか。

1.　コンデンサ形のマイクロホンは，ダイナミック形に比べてホール音響用等の高性能が要求される場合に適している。
2.　ローインピーダンス出力方式の増幅器は，事務所ビル等の全館放送に使用される。
3.　アッテネータは，スピーカの音量を調節するために使用される。
4.　コーン形のスピーカは，ホーン形に比べて音質が重視される場合に適している。

解 答

ローインピーダンス方式は，スピーカは出力と一対一の接続である。

事務所ビル等の全館放送は，一つの出力に多数のスピーカを接続するため，ハイインピーダンス出力方式の増幅器を使用する。

したがって，**2が最も不適当である**。　　正解　2

2-5 電車線

●過去の出題傾向

電車線関係の問題は，ちょう架線，き電，信号に関する問題が**毎年各１問，計３問出題**されている。

[ちょう架線]

・ちょう架線に関連する用語ならびにその種類と特徴を正しく理解する。

[き電方式]

・き電方式の種類ならびにその特徴を正しく理解する。

[信号保安]

・信号の種類ならびにその用途，特徴を正しく理解する。

項目	出題内容（キーワード）
ちょう架線	シンプルカテナリ式： 支持点間距離，曲線半径，架高，偏位，トロリ線，ハンガ トロリ線の温度上昇： 外気温による温度上昇，間欠負荷電流
き電	き電方式： 直流き電方式，交流き電方式，ＡＴき電方式，ＢＴき電方式，同軸ケーブルき電方式 き電回路の保護： 距離継電器，直流高速度遮断器，高調波，誘導障害 き電用変電設備： サイリスタインバータ，回生電力
信号保安	信号保安設備： 自動列車制御装置，速度信号方式，転てつ装置 鉄道信号保安用語： 現示，表示，連鎖，鎖錠 軌道回路： AF 軌道回路，開電路式軌道回路，閉電路式軌道回路 常置信号機： 出発信号機，中継信号機，閉そく信号機，場内信号機

2-5　電車線　ちょう架線　★★★

39

図に示すシンプルカテナリ式の架空式電車線における曲線区間のトロリ線の偏位 d〔m〕を表す式として，**正しいもの**はどれか。

ただし，S〔m〕は径間長，R〔m〕は曲線半径とする。

1. $d = \dfrac{S^2}{16R}$〔m〕

2. $d = \dfrac{S}{16R}$〔m〕

3. $d = \dfrac{R^2}{16S}$〔m〕

4. $d = \dfrac{R}{16S}$〔m〕

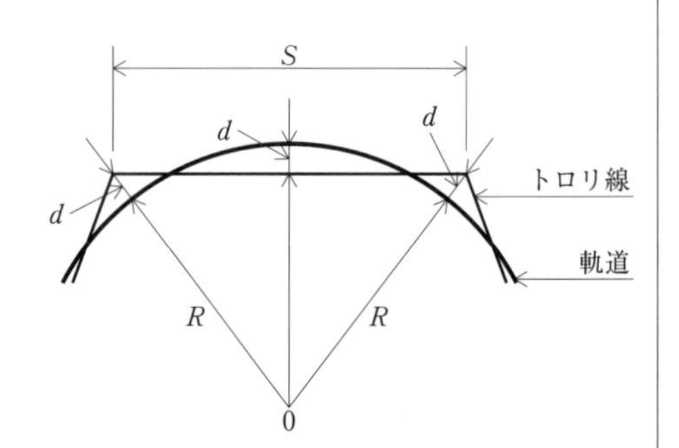

解 答

架空式電車線における曲線区間のトロリ線の偏位は，三平方の定理（ピタゴラスの定理）を設問の図にあてはめると，次の式になる。

$$(R+d)^2 = \left(\frac{S}{2}\right)^2 + (R-d)^2$$

これを展開して計算すると，次のようになる。

$$R^2 + 2Rd + d^2 = \frac{S^2}{4} + R^2 - 2Rd + d^2$$

$$4Rd = \frac{S^2}{4}$$

$$d = \frac{S^2}{16R}$$

したがって，**1 が正しい。**　　**正解　1**

解 説

架空式電車線における曲線区間のトロリ線の偏位は，設問の図において直角三角形を見つけ出し，三平方の定理（ピタゴラスの定理）をあてはめることで算出することができる。

類題 シンプルカテナリ式電車線において，トロリ線の支持に用いるハンガの長さを算出するうえで，**最も関係のないもの**はどれか。

1. ちょう架線の張力
2. 支持点間の距離
3. トロリ線の重量
4. 線路の曲線半径

解答

トロリ線の支持に用いるハンガの長さの算出にあたっては，ちょう架線の張力，支持点間の距離及びトロリ線の重量は必要となるが，線路の曲線半径は算出には関係がない。

したがって，**4が最も関係がないものである。** 正解 4

類題 カテナリ式電車線のちょう架線に関する記述として，**不適当なもの**はどれか。

1. シンプル架線では，ハンガを介してトロリ線をちょう架する。
2. 支持点におけるちょう架線とトロリ線との垂直中心間隔を，偏位という。
3. ちょう架線とトロリ線との電位差発生防止のためにコネクタを増設する。
4. き電線とちょう架線を兼用した電線を，き電ちょう架線という。

解答

支持点におけるちょう架線とトロリ線との垂直中心間隔は，**架高**である。なお，偏位とは，トロリ線の軌道中心面からの偏りの寸法のことである。

したがって，**2が不適当である。** 正解 2

2-5 電車線　き電 ★★★

40 電気鉄道におけるき電用変電設備に関する記述として，**最も不適当なものは**どれか。

1. サイリスタインバータは，電気車の回生電力を有効利用するための設備である。
2. き電用変圧器は，一般に電力会社の三相電力を受電して，単相電力に変換するための設備である。
3. 12 パルスシリコン整流器は，電気車に対する電圧降下を低減するための設備である。
4. 直流高速度遮断器は，直流き電回路の事故電流を遮断するための自己遮断機能を有する設備である。

解答

12パルスシリコン整流器は，高調波を抑制する目的で使用される。

したがって，**3が最も不適当である。**　正解　3

解説

直流電源で走行する電気鉄道の変電所では，**交流から直流に変換する整流装置**のほか，電車の減速時に発生する制動エネルギーを交流電力に変換するための**回生インバータ装置**（サイリスタインバータ等）を設置する。

類題 直流き電方式に関する記述として，**最も不適当なもの**はどれか。

1. 隣接する変電所と並列にき電する方式が標準的に用いられている。
2. 交流を直流に変換するための機器として，半導体整流器などが用いられている。
3. 変電所に整流器を用いているため，電気車の回生電力を利用する方法がない。
4. 交流き電方式に比べて運転電流が大きく，事故電流との区別が難しい。

解答

直流電気鉄道においては，変電所にサイリスタインバータを設置する等により電気車の回生電力は有効利用されている。

したがって，**3が最も不適当である。**　正解　3

2-5 電車線 信号保安 ★★★

41 電気鉄道における常置信号機のうち主信号機に分類されるものとして，**不適当なもの**はどれか。

1. 出発信号機
2. 中継信号機
3. 閉そく信号機
4. 場内信号機

解答

中継信号機は，主信号機ではなく**従属信号機**である。

したがって，**2 が不適当である。** 正解 2

解説

常置信号機とは，一定の場所に常置されている信号機のことであり，主信号機と従属信号機がある。

主信号機とは，一定の防護区域をもっている信号機であり，出発信号機，場内信号機，誘導信号機，入替信号機等がある。

従属信号機とは，信号機の現示する信号の視認距離を補うために，防護区域の外方に設置する信号機である。

類題 鉄道の信号保安に関する記述として，**最も不適当なもの**はどれか。

1. 線路の一定区間を 1 列車だけの運転に専用させることを閉そくという。
2. 列車の速度制御や停止などの運転操作を自動的に制御する装置を，自動列車停止装置という。
3. 機器の故障や取り扱いの誤りでも重大事故とならずに，常に安全側に動作することをフェールセーフという。
4. 軌道回路は，レール抵抗，レールインダクタンス，漏れコンダクタンス，静電容量を一次定数とする分布定数回路とみなすことができる。

解答

列車の速度制御や停止などの運転操作を自動的に制御する装置は，**自動列車運転装置（ATO）**である。なお**自動列車停止装置（ATS）**は，所定の位置で運転士がブレーキ操作を行わなかった場合に，当該列車を自動停止させる装置である。

したがって，**2 が最も不適当である。** 正解 2

2-6 その他設備

●過去の出題傾向

その他設備からは，**毎年２問出題**されている。

[その他設備]

・道路トンネル照明に関する問題がほぼ毎年出題されており，照明方式の種類とその特徴を理解する。

・光ファイバケーブルの種類とその特徴に関する問題，OSI 基本参照モデルに関する問題等いろいろな範囲から出題され，幅広い知識が求められる。

項目	出題内容（キーワード）
道路トンネル照明	道路照明： ハイマスト照明方式，構造物取付照明方式，ポール照明方式，高欄照明方式，平均路面輝度，不快グレア，誘導性，外部条件，片側配列 トンネル照明： 入口部照明，千鳥配列，出口部照明
光ファイバー	光ファイバケーブル： ノンメタリック型，シングルモード，マルチモード，接続損失，光コネクタ接続，フレネル反射
情報通信	情報通信ネットワーク： OSI 基本参照モデル，物理層，データリンク層，ネットワーク層，プレゼンテーション層，アプリケーション層
防爆設備	電気機器の防爆構造： 内圧防爆構造，安全増防爆構造，耐圧防爆構造，油入防爆構造
マイクロ波通信	マイクロ波無線通信： 空中線利得，S/N 比，周波数の効率的利用，直進的伝搬特性
交通信号	道路交通信号の系統制御におけるオフセット： 同時オフセット，交互オフセット，優先オフセット，平等オフセット

2-6　その他設備　道路トンネル照明　★★★

42

道路トンネル照明に関する記述として，**最も不適当なもの**はどれか。

1.　入口部照明は，昼間，運転者の眼の順応現象に対して視認性を確保するための照明である。
2.　千鳥配列は，路面の輝度均斉度や誘導性が良好であり，平均路面輝度が高いトンネルで用いることが多い。
3.　ちらつきによる不快感は，明暗輝度比，明暗周波数，明暗時間率などが複合して生じる。
4.　出口部照明は，昼間，出口付近の野外輝度が著しく高い場合に，出口の手前付近にある障害物や先行車の見え方を改善するための照明である。

解答

千鳥配列は，平均路面輝度が低いトンネルで用いられることが多い。

したがって，**2が最も不適当である。**　正解　2

解説

トンネル照明の配列方式には下図に示す方法があり，照明器具の配光，路面の輝度分布，視線誘導効果，保守および経済性などを考慮して選定する。

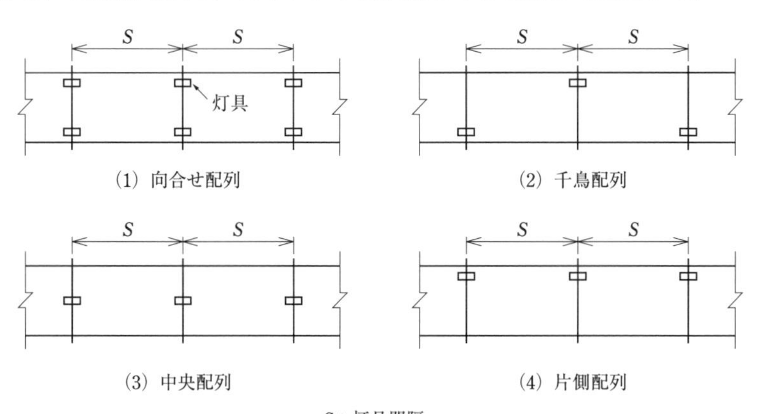

トンネル照明の配列方式

路面の輝度均斉度や誘導性を良好に保ち，平均路面輝度を高く保つ道路トンネル照明には，向合せ配列が採用される。

類題　道路トンネル照明に関する記述として，**最も不適当なもの**はどれか。

1.　入口部の路面輝度は，緩和部が最も高く，移行部，境界部の順に低くできる。
2.　入口部の路面輝度は，野外輝度が低い場合には，それに応じて低減することができる。
3.　基本照明の平均路面輝度は，設計速度が速いほど高い値とする。
4.　基本照明の平均路面輝度は，交通量が少ない場合には，低減することができる。

解答

トンネル照明は，運転者の眼の順応性に合わせ，入口から奥に向かって境界部，移行部，緩和部の順に路面輝度を低減させることができる。

したがって，**1が最も不適当である。**　　正解　1

類題　道路の照明方式に関する記述として，**最も不適当なもの**はどれか。

1.　ポール照明方式は，道路の線形の変化に応じた灯具の配置が可能なので，誘導性が得やすい。
2.　カテナリ照明方式は，道路上にカテナリ線を張り照明器具を吊り下げるので，風の影響を受けやすい。
3.　高欄照明方式は，灯具の取付け高さが低いので，グレアに十分な注意が必要である。
4.　ハイマスト照明方式は，光源が高所にあるので，路面上の輝度均斉度が得にくい。

解答

ハイマスト照明方式は，光源が高所にあるので，路面上の輝度均斉度は良い。

したがって，**4が最も不適当である。**　　正解　4

2-6 その他設備　光ファイバケーブル　★★★

43 光ファイバケーブルに関する記述として，**最も不適当なもの**はどれか。

1. シングルモードファイバは，マルチモードファイバに比べて伝送帯域が狭い。
2. 素線に二次被覆を施して，側圧特性を改善し取り扱いやすくしている。
3. 機器との接続を行う箇所は，簡易で短時間に着脱が可能なよう，光コネクタによる接続が行われる。
4. 一定以上の側圧が加わると微小な曲がりが発生し，伝送損失が増加する。

解答

シングルモードファイバの伝送帯域は，マルチモードファイバの伝送帯域より広い。

したがって，**1 が最も不適当である。**　　　正解　1

類題　光ファイバケーブルに関する記述として，**最も不適当なもの**はどれか。

1. 光ファイバケーブルの損失には，光ファイバ固有の損失，曲がりによる放射損失，接続損失等がある。
2. 光ファイバケーブルには許容される布設張力があり，これを超えると伝送特性及び長期信頼性が低下する。
3. 光ファイバケーブルの損失測定方法には，光ファイバ内の屈折率のゆらぎによるフレネル反射を利用する方法がある。
4. 光ファイバケーブルの接続損失の要因には，光ファイバ心線の軸ずれ，光ファイバ端面の分離等がある。

解答

フレネル反射は，光ファイバケーブルの損失測定に利用されるものではなく，接続を行う場合のその接続部の良否の判断に利用されるものである。

したがって，**3 が最も不適当である。**　　　正解　3

2-6 その他設備　情報通信ネットワーク　★★

44　情報通信ネットワークのOSI基本参照モデルにおいて，次の文章に該当する階層名称として，**適当なものはどれか。**

「ネットワーク上で直結されている機器間での通信方式を規定しており，データの送受信の制御などがこの層で行われ，スイッチングハブはこの層の制御機能を持っている。」

1.　物理層
2.　データリンク層
3.　プレゼンテーション層
4.　アプリケーション層

解 答

ネットワーク上で直結されている機器間での通信方式を規定し，データの送受信の制御などが行われるのは，第2層のデータリンク層である。

したがって，**2が適当なものである。**　**正解　2**

解 説

OSI（Open System Interconnection）基本参照モデルは，異機種間のデータ通信を実現するために，コンピュータなどの通信機器の持つべき機能を7つの階層構造に分割したモデルであり，以下に各層の名称と規定されている機能を示す。

1. **第1層（物理層）**：データ伝送に必要なコネクタやケーブル種別，データの電気信号や符号化方式など
2. **第2層（データリンク層）**：上記の解答を参照
3. **第3層（ネットワーク層）**：第2層以下のプロトコルを用いて接続されているネットワーク同士の通信を行うための方式
4. **第4層（トランスポート層）**：データの送受信を行う端末同士でデータが正しく手順を踏んで送り届けられたか，という管理と信頼性の確保のための方式
5. **第5層（セッション層）**：データが流れる論理的な回路の確立や切断，回線状態などの管理方式
6. **第6層（プレゼンテーション層）**：文字コードや圧縮形式など，外部入力装置から読み込んだ機器固有のデータ形式をネットワーク共通の形式に変換するための方式
7. **第7層（アプリケーション層）**：ネットワークを通じて通信するアプリケーションが相互にデータをやり取りする場合に必要とする共通のデータ構造など

2-6　その他設備　防爆設備　★★

45　電気機器の防爆構造に関する次の文章に該当する用語として，「日本産業規格（JIS）」上，**適当なものはどれか。**

「正常な使用状態又は正常とは異なる指定する条件下において，過度の温度が生じないように，更に，アーク及び火花が発生しないように安全度を高めるための追加的処置をした電気機器に適用する防爆構造」

1.　内圧防爆構造
2.　安全増防爆構造
3.　耐圧防爆構造
4.　油入防爆構造

解 答

正常な使用状態又は正常とは異なる指定する条件下において，過度の温度が生じないように，更に，アーク及び火花が発生しないように安全度を高めるための追加的処置をした電気機器に適用する防爆構造とは，**安全増防爆構造**である（JIS C 60079-7）。

したがって，**2**が適当なものである。　**正解　2**

解 説

各防爆構造については，JIS C 60079 の規格群に，次のように定義されている。

1.　内圧防爆構造

容器内部の保護ガスの圧力を容器外部周辺圧力より高く保持することによって，外部雰囲気が容器の内部に侵入するのを防止する技術方式。（JIS C 60079-2「爆発性雰囲気で使用する電気機械器具 - 第1部：安全増防爆構造 ”p”」）

2.　耐圧防爆構造

爆発性雰囲気への着火能力のある部品が内在する容器において，爆発性混合ガスによる内部での爆発による圧力の上昇に耐え，容器の外部の爆発性雰囲気への爆発（火災）の伝ぱ（播）を防止する防爆構造である。（JIS C 60079-1「爆発性雰囲気で使用する電気機械器具 - 第1部：安全増防爆構造 ”d”」）

3.　油入防爆構造

保護液に浸すことによって，これらが液面上又は容器外の爆発雰囲気の点火源とならないようにした電気機器，電気機器部品の防爆構造である。（JIS C 60079-6「爆発性雰囲気で使用する電気機械器具 - 第1部：安全増防爆構造 ”o”」）

2-6　その他設備　マイクロ波通信　★★

46　マイクロ波を用いた無線通信の特徴に関する記述として，**最も不適当なもの**はどれか。

1.　短波を用いた通信に比べて空中線利得が大きくできないため，送信機出力が大きくなる。
2.　自然雑音及び人工雑音のいずれも極めて少ないため，S/N（信号対雑音比）の良い通信が可能である。
3.　指向性が鋭いアンテナを使用することで混信がおきにくく，周波数の効率的使用ができる。
4.　直進的伝搬特性のため，原則的には見通し距離内の通信に制限される。

解 答

マイクロ波は，短波に比べて空中線利得を大きくすることができるため，送信出力は小さくて済む。

したがって，**1 が最も不適当である。**　**正解　1**

解 説

マイクロ波は電磁波の一種で，周波数による分類では，300MHz から 300GHz（波長：1 mm ～ 1 m）の最も短い波長域にあるものをいう。

電波雑音が少なく安定な伝送特性をもち，数 GHz（$1\text{GHz} = 10^9\text{Hz}$）から十数 GHz の極超短波を搬送波とした多重通信情報が送れるのが特徴である。

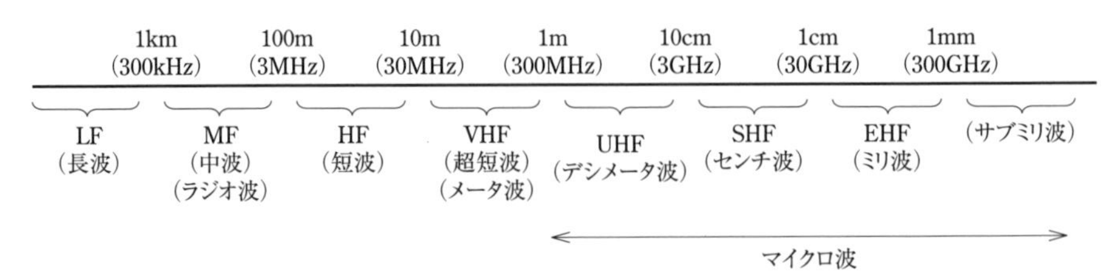

電波の周波数による分類

2-6 その他設備　交通信号　★★★

47 道路交通信号の系統制御におけるオフセットに関する記述として，**不適当なもの**はどれか。

1. 同時オフセットは，一般に信号機の設置間隔の長い所で用いられる。
2. 交互オフセットは，系統路線に沿って一つおきに青を表示するようにした方式である。
3. 優先オフセットは，一方向の交通を円滑にするために用いられる。
4. 平等オフセットは，上下交通量に著しい差のない場合に用いられる。

解答

同時オフセット方式とは，同系統の路線の信号機を同時に青信号にする等の系統制御を行うことであり，信号機の設置間隔が短い場所で用いられる。

したがって，**1** が不適当である。　正解　1

解説

幹線道路を走る車が信号により停止することなく，各交差点をスムーズに通過できるよう，隣接する交差点間の青信号が始まる時間にずれを持たせるが，このずれをオフセットと呼ぶ。両方の青信号が同時に始まる場合のオフセットは0となり，これが同時オフセットである。

類題 道路交通信号の系統制御に関する次の文章に該当する語句として，**最も適当なもの**はどれか。

「系統区間内の隣接信号機群が同時にかつ交互に青と赤になる制御で，相対オフセットが50 %となるもの」

1. 同時オフセット
2. 交互オフセット
3. 平等オフセット
4. 優先オフセット

解答

相対オフセットとは，隣接交差点の表示タイミングのずれを時間もしくは百分率で表したものであり，50%となるものは交互オフセットである。

したがって，**2** が最も適当である。　正解　2

第３章　関連分野

◎学習の指針

８問出題され任意に５問を選択します。
関連分野は，得意分野から学習を始めましょう。

●出題分野と出題傾向

・問題 No.49 ～ 56 が対象です。
・関連分野は，電気設備を取り巻く機械設備，土木，建築の幅広い分野から出題されます。さらに，それぞれの分野の専門知識が求められます。
・自分の得意とする分野を中心に学習を進めていくのがよいでしょう。

分野	出題数	出題頻度が高い項目
3-1 機械設備関係	2	・空調換気設備 ・給排水・ガス設備
3-2 土木関係	4	・土工事，掘削工事 ・測量 ・建設機械，舗装 ・鉄道
3-3 建築関係	2	・鉄筋コンクリート構造 ・鉄骨構造
計	8	

3-1 機械設備関係

●過去の出題傾向

機械設備関係は，**毎年２問出題**されている。

[空調換気設備]

・空調方式，省エネルギー対策に関する問題が，**毎年１問出題**されている。
・空調システムの違い，特徴を理解する。
・省エネルギー対策の手法，特徴を理解する。

[給排水・ガス設備]

・給水設備もしくは排水設備に関する問題が，**毎年１問出題**されている。
・給水システムの違い，特徴を理解する。
・排水トラップの機能と封水の破れる原因を理解する。
・都市ガスと液化石油ガス（LPG），液化天然ガス（LNG）の違い，特徴を理解するとともに，ガス漏れ警報設備の設置位置を理解する。

項目	出題内容（キーワード）
空調換気設備	空調方式： 定風量単一ダクト方式，変風量単一ダクト方式， 空気熱源ヒートポンプパッケージ方式 空調設備の熱源機器： ガスエンジンヒートポンプ，空気熱源ヒートポンプ，遠心冷凍機， 吸収冷凍機，往復動冷凍機 省エネルギー対策： 外気冷房，全熱交換器，搬送動力削減
給排水・ガス設備	給水方式： 高置水槽方式，ポンプ直送方式，水道直結増圧方式， 遠心ポンプの効率曲線 排水設備： 通気管，圧力変動，封水，トラップ，排水口空間 ガス設備： 液化石油ガス（LPG），液化天然ガス（LNG），都市ガス， ガス漏れ警報設備

3-1　機械設備関係　空気調和・換気　★★★

1　空気調和方式に関する記述として，**最も不適当なもの**はどれか。

1. 蓄熱方式を用いた場合は，深夜電力の利用やピーク負荷カットができる。
2. 変風量単一ダクト方式は，熱負荷の異なる室が混在しても，各室ごとに送風量を適切に制御できる。
3. 空気熱源ヒートポンプパッケージ方式は，冷媒配管が長く高低差が大きいほど能力は低下する。
4. 定風量単一ダクト方式は，熱負荷の異なる室が混在しても，各室間の温度や湿度のアンバランスが生じにくい。

解答

定風量単一ダクト方式は，空調した一定風量の空気を，空調機から1本の主ダクトと分岐ダクトで送るため，各室の熱負荷に応じたきめ細かな温湿度制御は困難である。

したがって，4が最も不適当である。　　**正解　4**

試験によく出る重要事項

1. 定風量単一ダクト方式

これは，風量一定で空調機からの送風温度をゾーンごとに変化させて温度制御を行う方式である。したがって，同一ゾーン内に複数の部屋がある場合，各部屋での個別温度制御は難しい。

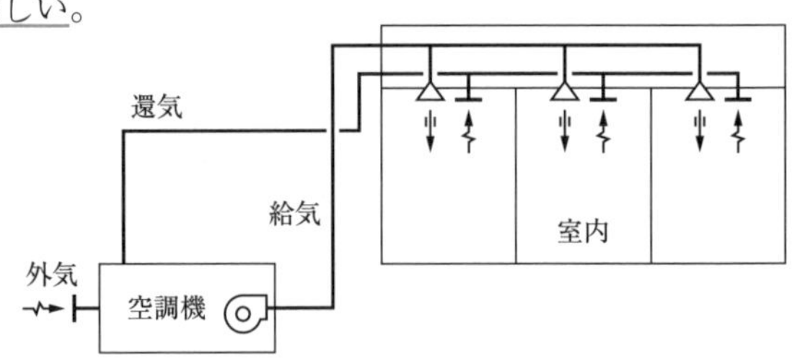

定風量単一ダクト方式

2. 変風量単一ダクト方式（VAV方式）

これは，同一系統の各室ごとに室内の熱負荷に応じて送風量を変化させる方式である。定風量単一ダクト方式に比べ，室の間仕切り変更や負荷変動への対応が容易であるとともに，搬送動力を低減できる。

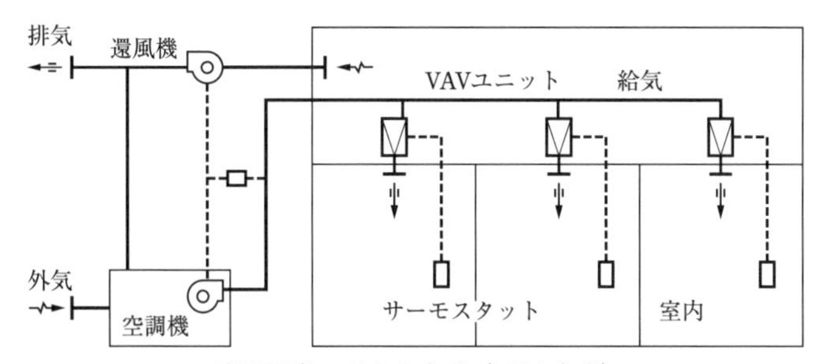

変風量単一ダクト方式（VAV 方式）

類題　空気調和設備の熱源機器に関する記述として，**最も不適当なもの**はどれか。

1. 吸収冷凍機は，回転部分が少なく運転時の振動や騒音が小さい。
2. 遠心冷凍機は，往復動冷凍機に比べて大規模の建物に適している。
3. ガスエンジンヒートポンプは，エンジン排熱を給湯などに利用できる。
4. 吸収冷凍機の冷媒には，フロンガスが用いられている。

第3章 関連分野

解答

吸収冷凍機は，水を冷媒とし臭化リチウムを溶媒とするものが一般的であり，フロンガスは用いられていない。

したがって，**4 が最も不適当である。**　正解　4

類題　空気調和設備に関する記述として，**最も不適当なもの**はどれか。

1. 定風量単一ダクト方式は，換気量を定常的に確保できる。
2. 変風量単一ダクト方式は，定風量単一ダクト方式に比べて，間仕切り変更に対応しやすい。
3. ファンコイルユニット・ダクト併用方式では，負荷変動の多いペリメータの負荷をファンコイルユニットで処理する。
4. 空気熱源ヒートポンプパッケージ方式での暖房運転では，外気温度が低下するとヒートポンプの能力が上昇する。

解答

空気熱源ヒートポンプパッケージ方式の場合，冬期の暖房運転時に外気温度が低下すると，室外機の熱交換器に着霜が起こり，暖房効率が低下する。

したがって，**4 が最も不適当である。**　正解　4

類題　空気調和設備の制御方式に関する記述として，**最も不適当なもの**はどれか。

1. 定風量単一ダクト方式における給気温度制御は，給気温度が一定になるようにダンパの開度を制御する方式をいう。
2. 熱源機台数制御は，二次側の空調負荷に応じ熱源機の運転台数を制御する方式をいう。
3. 送風機回転数制御は，VAV ユニットごとの要求風量から送風機の所要回転数を制御する方式をいう。
4. CO_2 濃度制御は，還気ダクトや室内に設置した CO_2 濃度センサにより外気導入ダンパの開度を制御し，外気量を制御する方式をいう。

解答

定風量単一ダクト方式における給気温度制御は，ダンパの開度で行うものではなく，空調機本体で行うものである。

したがって，**1 が最も不適当**である。　　正解　1

類題　空気調和設備の省エネルギー対策に関する記述として，**最も不適当**なものはどれか。

1. 外気冷房を採用する。
2. 変風量（VAV）方式を採用する。
3. 冷温水・冷却水の往き・還りの温度差を大きくとる。
4. 空気調和機の予冷・予熱運転時に，外気の導入量を増やす。

解答

空気調和機の予冷・予熱運転時に，外気の導入量を増やすことは，外気負荷を増やすことになり，省エネルギー対策にはならない。

したがって，**4 が最も不適当**である。　　正解　4

3-1　機械設備関係　給水・排水・ガス　★★★

2　建物内の給水方式に関する記述として，**最も不適当なもの**はどれか。

1.　ポンプ直送方式は，断水時には受水槽に残っている水を利用できない。
2.　水道直結増圧方式は，停電時には給水ができない。
3.　高置水槽方式は，重力によって高置水槽から建物内の必要箇所に給水する。
4.　水道直結直圧方式の給水圧力は，水道本管の圧力に応じて変化する。

解答

ポンプ直送方式とは，受水槽に貯めた水をポンプで送水する方式である。したがって，断水になっても受水槽に水が残っている間は，その水を利用することが可能である。

したがって，**1が最も不適当である。**　**正解 1**

試験によく出る重要事項

給水方式は，**水道直結給水方式**と**受水タンク方式**に大別される。

1.　水道直結方式は，受水タンク方式に比べ受水タンク・高置タンクなどの開放タンクがないため，異物の混入がなく水質汚染の可能性が低い。

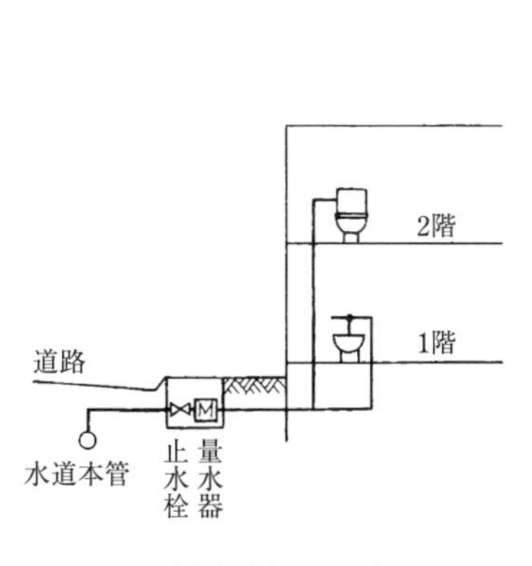

(a)水道直結直圧方式

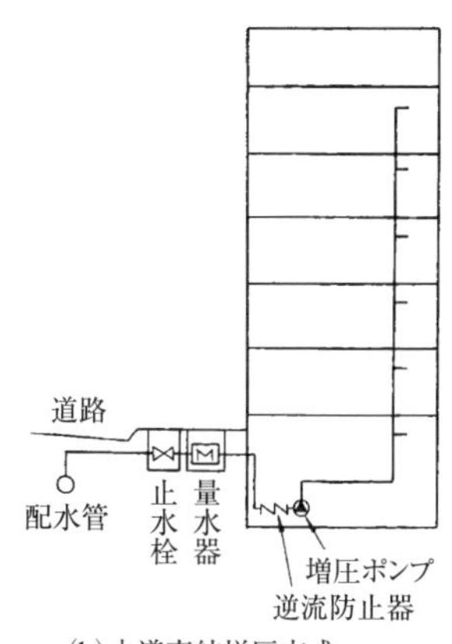

(b)水道直結増圧方式

水道直結給水方式

2.　受水タンク方式には，高置タンク方式，圧力タンク方式及びポンプ直送方式があり，高置タンク方式はポンプ直送方式に比べてポンプの容量を小さくできる。

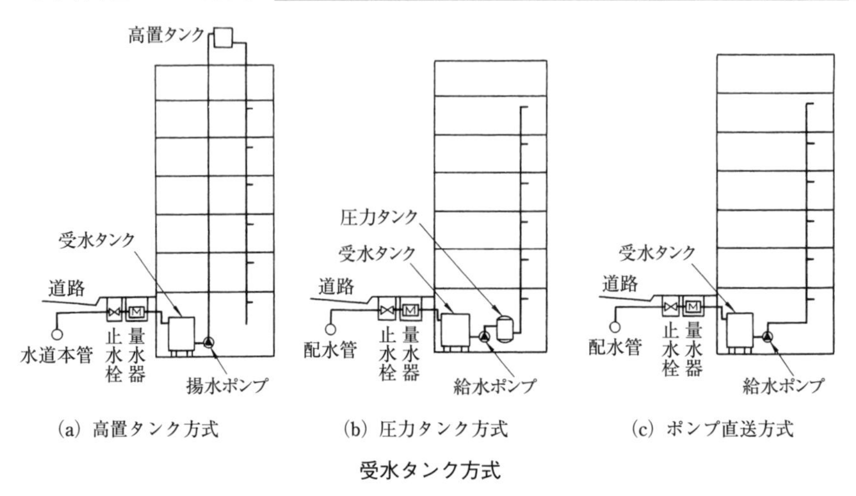

受水タンク方式

類題　図に示す遠心ポンプの特性曲線のうち，揚程曲線を示す記号として，適当なものはどれか。

1.　A
2.　B
3.　C
4.　D

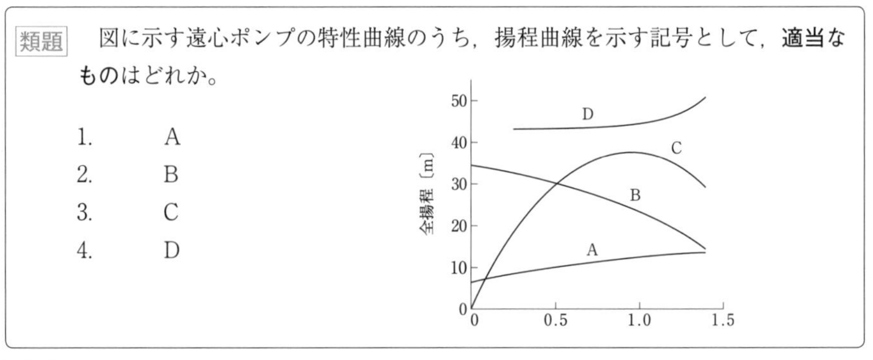

解答

遠心ポンプの揚程曲線はBである。なお，Aは軸動力曲線，Cは効率曲線，DはNPSH（有効吸込みヘッド）曲線を表している。

したがって，2が適当である。　　　　正解　2

類題　排水設備に関する記述として，**不適当なもの**はどれか。

1. 水飲み器と排水管の間には，排水口空間を設ける。
2. 排水管の封水を確実にするためには，排水トラップを二重に設ける。
3. 排水槽の通気管は，単独で直接外気に開口する。
4. 雨水ますには，泥だめを設ける。

解答

トラップを二重に設けると，トラップとトラップに挟まれた部分に空気が閉じ込められ，排水のスムーズな流れを阻害することになる。したがって，排水管の封水を確実にするためには，二重トラップとしてはならない。

したがって，**2 が不適当である**。　　正解　2

類題　同一特性のポンプを 2 台直列運転したときの特性曲線として，**適当なもの**はどれか。

ただし，破線は 1 台の特性曲線，実線は 2 台の特性曲線を示す。

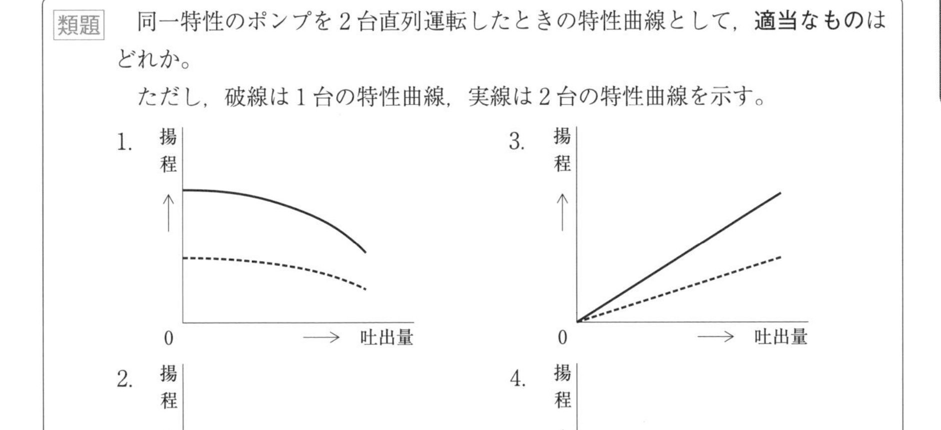

解答

単独運転時のポンプの特性は，吐出量が多くなるにしたがって揚程は低くなる。また，同一特性のポンプを 2 台直列運転したときの全揚程は，単独運転時の揚程のほぼ 2 倍となる。

したがって，**1 が適当である**。　　正解　1

類題　都市ガス（LNG）又は液化石油ガス（LPG）を使用する建築物等のガス設備に関する記述として，**不適当なもの**はどれか。

1. LPGは，LNGより発熱量が大きい。
2. ガス管には，LNG及びLPGとも配管用炭素鋼鋼管が用いられる。
3. ガス燃焼器からガス漏れ検知器までの最大水平距離は，LNGのほうが小さい。
4. LPGは，LNGより比重が大きい。

解答

ガス燃焼器からガス漏れ検知器までの最大水平距離は，LNG（液化天然ガス）は8m以内，LPG（液化石油ガス）は4m以内であり，LNGのほうが大きい。

したがって，**3が不適当なものである。**　**正解　3**

解説

都市ガスには，メタンを主成分とする天然ガスを冷却して液化した液化天然ガス（LNG）が多く使用されている。

空気より軽い都市ガスのガス漏れ警報器の検知部は，燃焼器から水平距離が8m以内に設置すべく定められているものである。なお，梁が天井面から60cm以上突出している場合は，梁より燃焼器側に設置しなければならない。

液化石油ガス（LPG）はプロパン，プロピレンの含有率が高く，比重は約1.5以上と空気より重い。

LPGのガス漏れ警報器の検知部は，燃焼器からの水平距離が4m以内で，かつ，その上端は床面から30cm以内の位置に設置しなければならない。

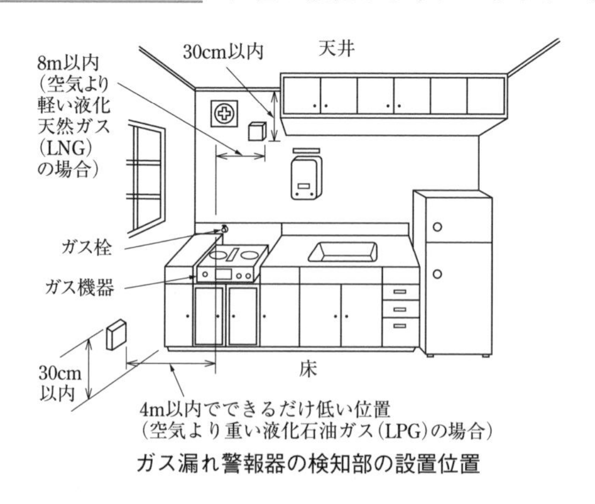

ガス漏れ警報器の検知部の設置位置

3-2 土木関係

●過去の出題傾向

土木関係は，**毎年4問出題**されている。

[土工事]

・掘削工事に関する問題が，毎年出題されており，用語を正しく理解する。

[測量]

・**水準測量**に関する用語ならびに水準測量の方法を正しく理解する。

[建設機械]

・建設機械の種類とその特徴を理解する。

[鉄道]

・鉄道に関する問題が，毎年出題されており，**用語の定義**を正しく理解する。

項目	出題内容（キーワード）
土工事	**掘削工事／軟弱地盤の改良：** 土留め壁，矢板，ヒービング，ボイリング，サンドドレーン工法，鋼管矢板土留め壁，親杭横矢板土留め壁，ソイルセメント壁 **土質試験：** 標準貫入試験，粒度試験，せん断試験，圧密試験，透水試験 **鉄塔の基礎：** 逆T字型基礎，くい基礎，深礎基礎，ロックアンカー基礎
測量	**水準測量：** 水準点，レベル，標尺，後視，前視，視準距離 **測量誤差：** 器械誤差，個人誤差，定誤差，不定誤差，視準線誤差
建設機械	**締固め機械：** ロードローラ，タイヤローラ，振動コンパクタ，振動ローラ **アスファルト舗装：** アスファルトフィニッシャ，タンデムローラ
鉄道	**鉄道線路の軌道構造：** 道床，施工基面，スラブ軌道，車止め，安全側線 **鉄道線路に関する用語：** 路盤，狭軌，スラック，軌きょう，建築限界，反向曲線，車両限界，軌間

3-2　土木関係　土工事　★★★

3　軟弱地盤の改良工法として，**不適当なもの**はどれか。

1. グルービング工法
2. サンドドレーン工法
3. バイブロフローテーション工法
4. サンドコンパクションパイル工法

解答

グルービング工法とは，スリップ事故を防止する目的で道路の路面に溝を刻む舗装道路施工の工法であり，軟弱地盤の改良工法ではない。

したがって，**1** が不適当である。　**正解　1**

試験によく出る重要事項

軟弱地盤の改良工法の概要は，次のとおりである。

① **サンドドレーン工法**とは，連続した砂柱を土中に造成して軟弱地盤の間隙比を減少させ，圧密促進を図り，地盤の強度を増加させる工法である。

② **バイブロフローテーション工法**とは，ゆるい砂地盤中に棒状の振動機を水の噴射と振動によって貫入し，水締めと振動により砂地盤を締固めるとともに，そこに生じた空隙に砂利などを充填して地盤を改良する工法である。

③ **サンドコンパクションパイル工法**とは，衝撃荷重あるいは振動荷重により砂を地盤中に圧入，締固めを行い，砂の杭を形成して基礎地盤の支持力の向上を図る工法である。

類題　土の分類のために用いられる土質試験として，**適当なもの**はどれか。

1. 圧密試験
2. 粒度試験
3. 透水試験
4. せん断試験

解答

粒度試験とは，土の力学的性質を概略的に推定するために粒度から土を分類する土質試験であり，ふるい分析と沈降分析の2種類の方法がある。

したがって，**2** が適当である。　**正解　2**

3-2　土木関係　測量　★★★

4

水準測量に関する記述として，**不適当なものはどれか。**

1.　水準測量の基準となる点を水準点という。
2.　標高が既知である点に立てた標尺の読みを後視といい，未知の点の読みを前視という。
3.　標尺が前後に傾いていると，標尺の読みは正しい値より小さくなる。
4.　レベルの視準線誤差は，後視と前視の視準距離を等しくすれば消去できる。

解答

標尺は鉛直に立てて使用するものであって，前後に傾いていると標尺の読みは正しい値より大きくなる。

したがって，**3**が不適当である。　　正解　3

試験によく出る重要事項

① **水準測量**とは，2点間の高さの差を求める測量であり，**直接水準測量**と**間接水準測量**がある。

1）**直接水準測量**とは，既に決まっている高さの基準点（水準点）と，新しく求めたい点に標尺を垂直に立て，その中間に水準儀（レベル）を置き，水平視線が標尺と交わる点の読みの差をとって，高さの差を直接観測するものである。

2）**間接水準測量**とは，2地点間の高低差を，トランシット等を用いて角度と距離を観測し，計算によって間接的に求めるものである。

② **標尺**とは，水準測量の際，垂直に立てて視準軸の高さを測るのに用いる目盛り精度の高い尺である。

③ **視準線誤差**とは，視準線(軸)と気泡管軸が平行でないことにより生じる誤差のことをいう。両標尺を結ぶ直線上に，両標尺までの距離が等しくなるように水準儀(レベル)を設置することで，視準線誤差は消去できる。

類題　測量に関する次の文章に該当する用語として，**適当なもの**はどれか。

「レベルと標尺によって直接高低差を測定する方法。」

1. 平板測量
2. 直接水準測量
3. スタジア測量
4. トラバース測量

解答

レベルと標尺によって直接高低差を測定する方法は，**直接水準測量**である。

したがって，**2**が**適当**である。　正解　2

類題　水準測量の誤差に関する記述として，**不適当なもの**はどれか。

1. 往復の測定を行い，その往復差が許容範囲を超えた場合は再度測定する。
2. 標尺が鉛直に立てられない場合は，標尺の読みは正しい値より大きくなる。
3. レベルの視準線誤差は，後視と前視の視準距離を等しくすれば消去できる。
4. 標尺の零点目盛誤差は，レベルの据付け回数を奇数回にすれば消去できる。

解答

水準測量における標尺の零点目盛誤差は，レベルの据付け回数を偶数回にすれば消去できる。

したがって，**4**が**不適当**である。　正解　4

3-2 土木関係 建設機械，舗装 ★★★

5 建設工事に使用する締固め機械に関する記述として，**不適当なもの**はどれか。

1. ロードローラは，平滑車輪により締固めを行うもので，路床の仕上げ転圧に適している。
2. タイヤローラは，空気入りタイヤの特性を利用して締固めを行うもので，土やアスファルト混合物などの締固めに適している。
3. 振動ローラは，ローラの表面に突起をつけたもので，土塊や岩塊などの締固めに適している。
4. 振動コンパクタは，起振機を平板の上に直接装備したもので，ローラが走行できないのり面やみぞ内の締固めに適している。

解答

振動ローラは，自重と振動を利用した締固め機械であり，砂利や砂の締固めに適している。なお，ローラの表面に突起を付けたものは，タンピングローラである。

したがって，3が不適当である。 正解 3

試験によく出る重要事項

1. **ロードローラ**は，重量が重く，接地面積の大きな車輪を持ち，その重量によって路面一面に圧力をかけながら走行し，軟らかい地面を固める締固め用機械の総称である。道路や基礎の建設時に，土壌，礫，コンクリート，アスファルトなどを圧し固めるのに使われる。
2. **タイヤローラ**は，空気入タイヤの特性を活かして締固めを効果的に行うもので，路床・路盤の転圧からアスファルト混合物舗装や表層転圧まで幅広く利用されている。
3. **振動ローラ**は，自動車として運転する方式ではなく，手で押す方式（ハンドガイド式）の締固め機械である。
4. **振動コンパクタ**は，平板に振動機を取り付け，その振動によって締固めを行うものでる。

類題　建設工事に使用する締固め機械に関する記述として，**最も不適当なもの**はどれか。

1.　ロードローラは，平滑車輪により締固めを行うもので，路床の仕上げ転圧に適している。
2.　タイヤローラは，タイヤの空気圧を変えることにより接地圧の調整が可能である。
3.　振動ローラは，ローラに起振機を組み合わせ，振動によって締固めを行うもので砂質土の締固めに適している。
4.　タンピングローラは，小型なので，のり面やみぞ内の締固めに適している。

解答

小型でのり面やみぞ内の締固めに適しているのは，タンパやランマである。タンピングローラは，ローラの表面に突起を付けたものであり，土塊や岩塊の破砕や締固め作業に用いられる。

したがって，**4が最も不適当**である。　　**正解　4**

類題　アスファルト舗装に関する記述として，**最も不適当なもの**はどれか。

1.　アスファルト舗装は，コンクリート舗装に比べて耐久性が低い。
2.　アスファルト舗装は，コンクリート舗装に比べて養生期間が長い。
3.　アスファルトフィニッシャは，アスファルト混合物の敷きならし作業に使用される。
4.　タンデムローラは，アスファルト混合物の敷きならし後の仕上げ転圧に使用される。

解答

アスファルト舗装は，コンクリート舗装に比べて養生期間が短くてすみ，部分的な補修工事や，段階的に増大させていく施工に適している。

したがって，**2が最も不適当**である。

正解　2

3-2 土木関係　掘削工事　★★★

6

次の文章に該当する土留め壁の名称として，**最も適当なものはどれか。**

「良質地盤に広く用いられているが，遮水性がよくないこと，掘削底面以下の根入れ部分の連続性が保たれないことなどのため，地下水位の高い地盤や軟弱な地盤などには適さない。」

1. 鋼管矢板土留め壁
2. 親杭横矢板土留め壁
3. ソイルセメント壁
4. 場所打ち鉄筋コンクリート壁

解答

親杭横矢板土留め壁は，良質地盤に広く用いられているが，遮水性がよくないこと，掘削底面以下の根入れ部分の連続性が保たれないことなどのため，地下水位の高い地盤や軟弱な地盤などには適さない。

したがって，**2 が最も適当である。**　正解　2

解説

土留めとは，掘削した法面，斜面の土砂の崩壊を防止するため，耐土圧，止水性を確保する仮設構造物である。設置場所や地盤の状態を勘案して，工法が選定される。

類題　土留め壁を支える支保工を設けて掘削する工法に関する記述として，**最も不適当なものはどれか。**

1. 水平切ばり工法は，掘削機械に対する制約が少なく一般的な工法である。
2. 逆打ち工法は，土留め壁の支保工として地下構造体を用いる工法である。
3. アイランド工法は，中間支持柱が不要であり，切ばりも少い工法である。
4. トレンチカット工法は，外周部に地下躯体を構築後，内部の掘削を行う工法である。

解答

水平切ばり工法は，土留め壁を支える支保工を設けて掘削する工法としては最も一般的な工法ではあるが，機械掘削には支保工が支障となり制約が多くなる。

したがって，**1 が最も不適当である。**　正解　1

類題　200m³の砂質土の地山を掘削し締め固める場合に，その土のほぐした土量又は締め固めた土量として，**正しいもの**はどれか。
ただし，ほぐし率L = 1.25，締固め率C = 0.9とする。

1. ほぐした土量　222.2m³
2. ほぐした土量　250.0m³
3. 締め固めた土量　160.0m³
4. 締め固めた土量　200.0m³

解答

地山をほぐした土量＝地山の土量×ほぐし率Lであるから，200m³の砂質土を掘削してほぐした土量は，200m³× 1.25=250m³である。
したがって，**2が正しいものである。**　**正解　2**

解説

土は，その状態によって体積が異なる。地山の土を掘削してほぐし，運搬して盛土を行う場合には，その土量の変化をあらかじめ推定しておかなければならない。
土の３つの状態と土工作業は以下のようにまとめられる。
・地山の土量・・・・掘削しようとする土量
・ほぐした土量・・・掘削したままの土量
・締固めた土量・・・締固められた盛土の土量
これらの状態における土量の変化率は，ほぐし率Lと締固め率Cで定義され，以下の式であらわされる。
ほぐし率L＝ほぐした土量（m³）／地山の土量（m³）
締固め率C＝締固めた土量（m³）／地山の土量（m³）
なおLとCの値は，L＞1，C＜1となる。

3-2　土木関係　鉄塔の基礎　★★★

7　鉄塔の基礎に関する次の文章に該当する基礎の名称として，**適当なものは**どれか。

「勾配の急な山岳地に適用され，鋼板などで孔壁を保護しながら円形に掘削し，コンクリート躯体を孔内に構築する。」

1.　杭基礎
2.　深礎基礎
3.　マット基礎
4.　逆 T 字基礎

解答

勾配の急な山岳地に適用され，鋼板などで孔壁を保護しながら円形に掘削し，コンクリート躯体を孔内に構築する鉄塔の基礎は，深礎基礎である。

したがって，**2 が適当である**。　　正解　2

類題　鉄塔の基礎の種類と地盤の状況の組合せとして，**最も不適当なもの**はどれか。

	基礎の種類	地盤の状況
1.	逆T字型基礎	湧水が多く軟弱な地盤
2.	くい基礎	比較的軟弱で支持層が深い地盤
3.	深礎基礎	勾配の急な山岳地の岩塊等を含む地盤
4.	ロックアンカー基礎	良質な岩盤が分布している地盤

解答

逆 T 字型基礎は，掘削した底盤に直接床板を設置する**直接基礎**である。これは，良質で不等沈下の起こりにくい地盤に適しており，湧水が多く軟弱な地盤には適さない。

したがって，**1 が最も不適当である**。　　正解　1

3-2　土木関係　鉄道線路　★★★

8　鉄道線路に関する用語の定義として，「日本産業規格」(JIS) 上，**不適当な**ものはどれか。

1. 路盤とは，軌道を支えるための構造物をいう。
2. 狭軌とは，標準軌より狭い軌間をいう。
3. スラックとは，曲線部における，外側レールと内側レールとの高低差をいう。
4. 軌きょうとは，レールとまくらぎとを，はしご状に組み立てたものをいう。

解答

スラックとは，曲線部において軌間を拡大する量のことである。

したがって，**3が不適当である。**　**正解　3**

解説

JIS E 1001「鉄道－線路用語」に鉄道の線路に関する主な用語が規定されている。その中でスラックは，曲線部において軌間を拡大する量，**カントは，曲線部における外側レールと内側レールとの高低差と規定されている。**

類題　鉄道線路及び軌道に関する記述として，**最も不適当なものはどれか。**

1. ガードレールは，車両の脱線を防止し，あるいは脱線した車輪を誘導し被害を最小限にする設備である。
2. 車止めは，列車または車両が過走あるいは逸走することを防ぐ設備である。
3. 軌道の高低変位は，列車荷重が繰り返し加わるために生ずる左右レールの高さの差である。
4. 安全側線は，停車場で列車や車両が逸走して衝突することを防ぐ側線である。

解答

軌道の高低変位とは，レールの長手方向の上下の変位のことである。なお，左右レールの高さの差は，水準変位である。

したがって，**3が最も不適当である。**　**正解　3**

3-2　土木関係　コンクリート施工　★★★

9

コンクリートの施工に関する記述として，**最も不適当なもの**はどれか。

1.　振動締固めは，突固めより空隙の少ない緻密なコンクリートを作ることができる。
2.　打込み後のコンクリートの露出面は，風雨や直射日光から保護する。
3.　硬化初期の期間中は，セメントの水和反応に必要な湿潤状態を保つ。
4.　打継ぎ部は，部材のせん断応力の大きい位置に設ける。

解答

コンクリートの打ち継ぎ部は，部材のせん断応力の小さい位置に設けることが重要である。

したがって，**4 が最も不適当である。**　　正解　4

解説

コンクリートが，所要の強度，耐久性，ひび割れ抵抗性，水密性，鋼材を保護する性能ならびに美観等を確保するためには，セメントの水和反応を十分に進行させる必要がある。そのため，打込み後のコンクリートは，一定期間適当な温度のもとで十分な**湿潤性**を保ち，かつ有害な作用（振動，衝撃，荷重等）の影響を受けないように養生が必要である。

類題

コンクリートの施工に関する記述として，**最も不適当なもの**はどれか。

1.　コールドジョイントは，コンクリートの打込み時の気温が低いときの方が生じやすい。
2.　コンクリートの締固めは，突固めより振動締固めの方が内部の気泡を追い出しやすい。
3.　打込み後のコンクリートには，露出面を日光の直射や風雨から保護するための養生を行う。
4.　養生期間中のコンクリートには，十分な湿気を与える。

解答

コールドジョイントは，夏季等気温が高いときの方が生じやすい。

したがって，**1 が最も不適当である。**　　正解　1

第3章　関連分野

3-3 建築関係

●過去の出題傾向

建築関係は，鉄筋コンクリート構造に関する問題と鉄骨構造に関する問題が毎年各1問，計2問出題されている。

[鉄筋コンクリート構造]

・鉄筋コンクリート構造の強度に関する水セメント比について理解する。
・梁貫通に際しての留意点を理解する。

[鉄骨構造]

・ラーメン構造とトラス構造の違い，特徴を理解しておく。
・鉄骨構造部材名を覚えておく。

項目	出題内容（キーワード）
鉄筋コンクリート構造	構造： 線膨張係数，水セメント比，圧縮強度，中性化，アルカリ骨材反応 梁貫通： 貫通孔，孔径，中心位置，梁せい 鉄骨鉄筋コンクリート構造： 耐火被覆，じん性，耐震性，継手，かぶり厚さ
鉄骨構造	鋼材，鋼管： 一般構造用圧延鋼材，建築構造用圧延鋼材，一般構用炭素鋼鋼管，建築構造用炭素鋼鋼管 構造： ラーメン構造，トラス構造，平面トラス，立体トラス，フランジプレート，ウェブプレート，ガセットプレート，バンドプレート

3-3 建築関係 鉄筋コンクリート構造 ★★★

10 鉄筋コンクリート構造に関する記述として，**最も不適当なものはどれか。**

1. 引張力に強い鉄筋の特性を利用している。
2. 鉄筋とコンクリートの線膨張係数は，ほぼ等しい。
3. コンクリートのアルカリ性により，鉄筋の錆を防止する。
4. コンクリートの水セメント比を小さくすると，圧縮強度は小さくなる。

解答

水セメント比とは，骨材を結合するセメントペースト中の水（W）とセメント（C）との質量比であり，この水セメント比（W/C）が小さいほど圧縮強度は大きくなる。

したがって，**4 が最も不適当**である。 正解 4

解説

コンクリートの強度は，水セメント比で決まる。

水セメント比は，セメントペースト中のセメントに対する水の質量百分率 W(水の質量) /C（セメントの質量）で表される。この値が小さくなるとコンクリート強度は大きくなり，中性化の進行は遅くなる。

また，水セメント比が大きくなると強度は弱まり，ひび割れが発生しやすくなる。

類題 建築物における鉄筋コンクリート構造に関する記述として，**最も不適当なものはどれか。**

1. コンクリートは，圧縮力に対しては強いが引張力には弱い。
2. コンクリートへの定着効果を高めるために，鉄筋末端を折り曲げる。
3. 柱の帯筋は，せん断補強のほかに主筋の座屈防止に役立つ。
4. 耐力壁は，建物の重心と剛心とができるだけ離れるように配置する。

解答

耐力壁は，重心と剛心をできるだけ近づけるように配置すべきである。

したがって，**4 が最も不適当**である。 正解 4

類題　鉄筋コンクリート構造に関する記述として，**不適当なもの**はどれか。

1.　鉄筋のかぶり厚さは，耐久性，耐火性及び構造性能に重大な影響を及ぼす。
2.　水セメント比を大きくすると，コンクリートの圧縮強度は大きくなる。
3.　鉄筋端部のフックは，コンクリートに対する定着を高める効果がある。
4.　コンクリートは，圧縮力に対して強いが引張力には弱い。

解答

水セメント比とは，骨材を結合するセメントペースト中の水（W）とセメント（C）との質量比であり，この水セメント比（W/C）を大きくすると，コンクリートの圧縮強度は小さくなる。

したがって，**2** が**不適当**である。　正解　2

類題　鉄筋コンクリートに関する記述として，**最も不適当なもの**はどれか。

1.　常温時における温度変化で鉄筋とコンクリートにずれが生じないのは，二つの部材の線膨張係数がほぼ等しいからである。
2.　コンクリートのアルカリ成分と鉄筋が化学反応による錆で膨張することを，アルカリ骨材反応という。
3.　水セメント比の大きいコンクリートやセメントペースト量の多いコンクリートは，収縮率が大きくひび割れが生じることがある。
4.　コンクリートへの定着効果を高めるために，鉄筋端部を折り曲げる。

解答

アルカリ骨材反応とは，コンクリート骨材とセメント中のアルカリ成分が化学反応を起こして生じた生成物（ゲル）により吸水膨張が進み，コンクリートにひび割れが生じ，コンクリートのはく離・はく落が生じる現象をいう。

したがって，**2** が**最も不適当**である。　正解　2

類題 鉄筋コンクリート構造の建築物に関する記述として，**最も不適当なもの**はどれか。

1. 柱のせん断補強筋をあばら筋，梁のせん断補強筋を帯筋という。
2. 柱や梁の主筋は，部材に作用する曲げモーメントによる引張力を主に負担する。
3. 耐力壁は，上下階とも同じ位置に配置する。
4. スパイラル筋は，コンクリートのはらみをおさえ，粘り強さを増す効果がある。

解答

柱のせん断補強筋は，帯筋であり，梁のせん断補強筋はあばら筋という。

したがって，**1が不適当なものである。** 正解 1

解説

鉄筋コンクリート造の鉄筋の名称と役割ならびにかぶり厚さとは，以下の通りである。

- **主筋**：鉄筋コンクリート部材で軸方向または曲げモーメントを負担する鉄筋のことである。柱では軸方向の鉄筋，梁では上端・下端の軸方向の鉄筋をいう。
- **帯筋**：フープ筋ともいい，柱主筋の組み立て配置を確実にするとともに，柱のせん断補強を行い，主筋の座屈およびそれに伴うコンクリートのはらみ出しを防ぎ，柱の圧縮強度を増大させる役割を持つ。なお，連続した帯筋をスパイラルフープ筋という。
- **あばら筋**：スターラップ筋ともいい，梁の受けるせん断力に対する補強筋であるとともに，施工上，主筋の位置を固定するためにも重要な鉄筋である。
- **かぶり厚さ**：鉄筋に対するコンクリートのかぶり厚さとは，柱・梁については帯筋・あばら筋の外側から，壁・床については鉄筋の外側からコンクリートの表面までの最短距離をいう。

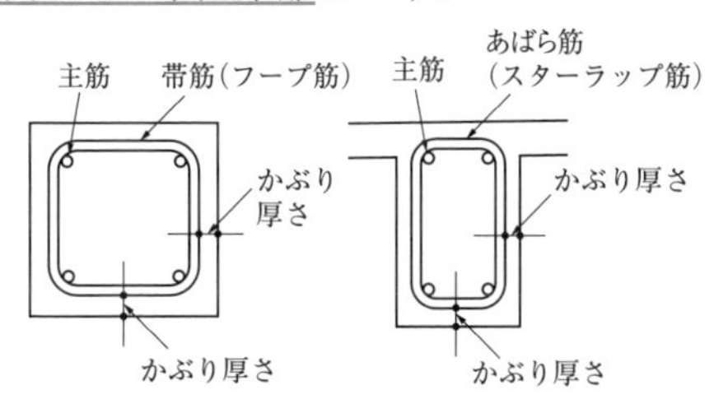

鉄筋の名称とかぶり厚さ

3-3　建築関係　固定ボルトの引抜力　★★

11　図のように，基礎に固定ボルト４本で設置する電気機器に，地震力が作用したとき，固定ボルト１本当たりの引抜力として，**適当なもの**はどれか。

ただし，電気機器の重量：W［kN］，水平地震力：F_{H}［kN］，鉛直地震力：F_{V}［kN］，$F_{H} = W$，$F_{V} = \frac{1}{2}W$とし，重心位置に水平地震力及び鉛直地震力が条件の不利な方向に同時に作用するものとする。

1.　$\frac{1}{4}W$［kN］

2.　$\frac{3}{8}W$［kN］

3.　$\frac{1}{2}W$［kN］

4.　$\frac{3}{4}W$［kN］

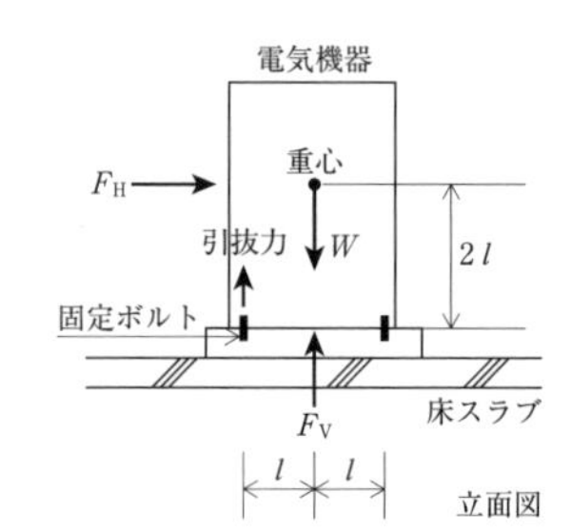

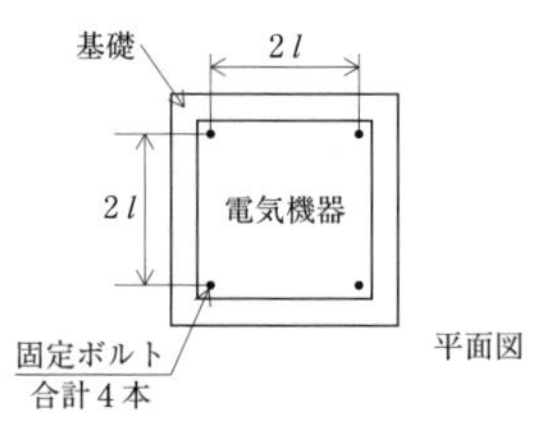

第３章　関連分野

解答

固定ボルト１本当たりの引抜力をf［kN］とし，重心周りのモーメントを考えると，

$$f \times n \times 2l = F_{H} \times 2l - (W - F_{V}) \times l$$

と表される。なお，nは機器転倒を考えた場合の引張りを受ける片側の固定ボルトの本数で，$n = 2$である。

上記の式に各値を代入すると，

$$f \times 2 \times 2l = W \times 2l - \left(W - \frac{1}{2}W\right) \times l$$

となり，これより$f = \frac{3}{8}W$が求められる。

したがって，**2が適当である**。　　**正解　2**

3-3 建築関係 鉄骨構造 ★★★

12 建築物の鉄骨構造に関する記述として，**最も不適当なもの**はどれか。

1. ラーメン構造は，柱と梁を剛強に接続した構造である。
2. ラーメン構造は，トラス構造に比べて部材の断面は小さくなる。
3. トラス構造は，三角形を一つの単位として部材を組立てた構造である。
4. トラス構造は，ラーメン構造に比べて部材の数は多くなる。

解答

ラーメン構造は，トラス構造に比べて部材の断面は大きくなる。

したがって，**2が最も不適当である。**　　正解　2

解説

トラス構造とは，三角形を基本形状とし，部材内部に生じる応力が軸力となる。ラーメン構造に比べて細い部材で大スパンを支えることができるが，構造が複雑で加工には高度な技術が必要となる。

ラーメン構造とは，接合部を剛接合とし，部材に生じる応力は軸力，曲げモーメント，せん断力となる。トラス構造に比べて多くの鋼材が必要で，大スパンの建築物には一般的に不利とされている。

類題　鋼材及び鋼管の記号と名称の組合せとして，「日本産業規格（JIS）」上，**誤っているもの**はどれか。

	記　号	名　称
1.	SS	一般構造用圧延鋼材
2.	SN	建築構造用圧延鋼材
3.	SGP	一般構造用炭素鋼鋼管
4.	STKN	建築構造用炭素鋼鋼管

解答

SGPは**配管用炭素鋼鋼管**であり，一般構造用炭素鋼鋼管はSTKである。

したがって，**3が誤りである。**　　正解　3

類題　図に示す鉄骨構造において，アとイの名称の組合せとして，**適当なものは**どれか。

	ア	イ
1.	フランジプレート	ラチス
2.	フランジプレート	スチフナ
3.	ガセットプレート	ラチス
4.	ガセットプレート	スチフナ

解答

アはフランジプレート，イはスチフナである。

したがって，**２が適当である。**　　**正解　２**

類題　鉄骨構造に関する用語と関連する語句の組合せとして，**最も不適当なものは**どれか。

	用語	関連する語句
1.	ウェブ	梁
2.	トラス	軸方向力
3.	筋かい	ターンバックル
4.	溶接	コールドジョイント

解答

コールドジョイントとは，先に打設したコンクリートの上に相当時間経過後，次のコンクリートを打ち継ぐことでコンクリートが一体化しない状態となって生じる不連続面のことであり，鉄骨構造の溶接とは関連しない用語である。

したがって，**４が最も不適当である。**　　**正解　４**

3-3 建築関係 鉄骨鉄筋コンクリート ★★★

13 建築物の鉄骨鉄筋コンクリート構造に関する記述として，**最も不適当なもの**はどれか。

1. 鉄骨と鉄筋が共存するため，コンクリート打設がやや困難である。
2. コンクリートが鋼製部材の耐火被覆になり，耐火性がよい。
3. 鉄筋コンクリート構造に比べてじん性が大きいので，耐震性に優れている。
4. 鉄骨の継手と鉄筋の継手の位置は，強度を低下させないために同一箇所に集中させる。

解答

鉄骨及び鉄筋の継手の位置は構造上の弱点になるため，強度を低下させないように，同一箇所を避ける必要がある。

したがって，**4 が最も不適当である。** 正解 4

解説

鉄骨鉄筋コンクリート構造は，鉄骨が引張応力を，コンクリートが圧縮応力を負担している。じん性が大きいので耐震性に優れており，コンクリートにより耐火性が補えるという特徴がある。

類題 建築物における，鉄骨鉄筋コンクリート構造に関する記述として，**最も不適当なものはどれか。**

1. 梁貫通部分には，施工性を考慮して鋼管スリーブを取り付ける場合が多い。
2. 鉄骨と鉄筋が共存するため，コンクリートが十分に回らない箇所ができないよう打設時には留意する必要がある。
3. 鉄骨に対するコンクリートのかぶり厚さにかかわらず，耐火構造である。
4. 鉄筋コンクリート構造に比べてじん性が大きいので，耐震性に優れている。

解答

コンクリートは鋼製部材の耐火被覆になるが，耐火構造とするためには，定められたコンクリートのかぶり厚さを確保しなければならない。

したがって，**3 が最も不適当である。** 正解 3

第４章　設計・契約

◎学習の指針

設計・契約に関する問題は，必須問題で毎年２問出題されています。
図記号については，日常の業務の中で，
常日頃意識して注意深く覚えるようにしましょう。
契約上の手続きに関して，発注者と元請負人及び
下請負人の関係を学習しましょう。

●出題分野と出題傾向

・問題No.57，58が対象です。
・文字記号・図記号について，設計図や製作図の幅広い分野から出題されます。正確に覚えるようにしましょう。
・契約上の手続きに関しての問題が出題されます。発注者と元請負人及び下請負人の関係を学習しましょう。

分野	出題数	出題頻度が高い項目
4-1 設計	1	文字記号・図記号： 配線用図記号， 自動火災報知設備に用いる配線用図記号， 配電盤・制御盤・制御装置の文字記号， 制御装置の基本器具記号， 制御装置の基本器具番号
4-2 契約	1	請負契約約款： 公共工事標準請負契約約款， 建設工事標準下請契約約款
計	2	

4　設計・契約

●過去の出題傾向

文字記号・図記号は，**毎年1問出題**されている。

請負契約約款に関する問題も，**毎年1問出題**されている。

[文字記号・図記号]

・設計図等に記載される文字記号・図記号について，幅広い分野から毎年出題されている。各記号の内容を正確に覚える。

[請負契約約款]

・発注者と元請負人及び下請負人の関係に関する問題が公共工事標準請負契約約款，建設工事標準下請契約約款のいずれかより毎年出題されている。契約上の手続きに関しての内容を正確に覚える。

項目	出題内容（キーワード）
文字記号・図記号	配線用図記号： 非常用照明，誘導灯，調光器， リモコンセレクタスイッチ・文字記号 自動火災報知設備に用いる配線用図記号： 受信機，煙感知器，炎感知器，中継器 配電盤・制御盤・制御装置の文字記号： PGS，DGR，VCT，UVR 制御装置の基本器具記号： 交流遮断器，交流不足電圧継電器，地絡方向継電器， 交流過電圧継電器 制御装置の基本器具番号： 27,37,51,52,55,59,64,67,80,84
請負契約約款	公共工事標準請負契約約款： 現場代理人，主任技術者，監督員，受注者，発注者，請負者， 請負契約，完成検査，前払金，部分払金，請負代金 建設工事標準下請契約約款： 元請負人，下請負人，契約の解除，現場代理人，主任技術者， 安全管理者

4-1　設計　文字記号・図記号　★★★

1　制御装置の器具名称に対応する基本器具番号として，「日本電機工業会規格(JEM)」上，**誤っているもの**はどれか。

	器具名称	基本器具番号
1.	交流不足電圧継電器	27
2.	交流過電流継電器	51
3.	交流過電圧継電器	52
4.	地絡方向継電器	67

解答

交流過電圧継電器の基本器具番号は，59 である。

したがって，**3 が誤りである。**　　正解　3

解説

シーケンス回路や受変電設備の単線結線図を表現する場合，日本電機工業会規格（JEM）では，保護継電器類を **1 ～ 99 の制御器具番号**で表現することがある。

高圧受変電設備を構成する重要な制御器具を次に示す。

基本器具番号	器具名称
3	操作スイッチ
27	交流不足電圧継電器
37	不足電流継電器
42	運転遮断器，スイッチまたは接触器
51	交流過電流継電器，または地絡過電流継電器
52	交流遮断器または接触器
55	自動力率調整器または力率継電器
59	交流過電圧継電器
64	地絡過電圧継電器
67	交流電力方向継電器または地絡方向継電器
80	直流不足電圧継電器
84	電圧継電器
89	断路器又は負荷開閉器

類題　配線用図記号と名称の組合せとして，「日本産業規格（JIS）」上，**誤っているもの**はどれか。

	図記号	名称
1.		非常用照明（蛍光灯形）
2.		誘導灯（蛍光灯形）
3.		調光器（一般形）
4.		リモコンセレクタスイッチ

解答

1. の図記号は，建築基準法，消防法によらない保安用・発電回路用の蛍光灯器具を表しており，建築基準法で規定された非常用照明ではない。

したがって，**1 が誤りである。**　　正解　1

類題　継電器・継電装置の文字記号と用語の組合せとして，「日本電機工業会規格（JEM）」上，**誤っているもの**はどれか。

	文字記号	用語
1.	RPR	逆電力継電器
2.	DGR	地絡方向継電器
3.	OCR	過電流継電器
4.	UVR	過電圧継電器

解答

文字記号 UVR は不足電圧継電器であり，過電圧継電器の文字記号は OVR である。

したがって，**4 が誤りである。**　　正解　4

4-2　契約　請負約款　★★★

2　請負契約に関する記述として，「公共工事標準請負契約約款」上，**誤っているものはどれか。**

ただし，請負契約には前金払及び部分払に関する規定があり，完成の検査は定められた期間内に行われたものとする。

1.　発注者は，前払金の支払いの請求があったときは，請求を受けた日から 14 日以内に前払金を支払わなければならない。
2.　発注者は，部分払の請求に係る出来形部分の確認を行った後，部分払の請求があったときは，請求を受けた日から 40 日以内に部分払金を支払わなければならない。
3.　発注者は，工事を完成した旨の通知を受けたときは，通知を受けた日から 14 日以内に工事の完成を確認するための検査を完了しなければならない。
4.　発注者は，工事が完成の検査に合格し，請負代金の支払の請求があったときは，請求を受けた日から 40 日以内に請負代金を支払わなければならない。

解答

発注者は，部分払の請求に係る出来形部分の確認を行った後，部分払いの請求があったときは，請求を受けた日から 14 日以内に部分払金を支払わなければならない（公共工事標準請負契約約款第 37 条）。

したがって，**2 が誤りである。**　**正解　2**

解説

前払金については，発注者は請求を受けた日から 14 日以内に支払わなければならないと定められている（法第 34 条）。

検査及び引渡しについては，請負者は工事が完成したときには，その旨を発注者に通知し，発注者はその通知を受けたときは，通知を受けた日から 14 日以内に請負者の立会いの上，工事の完成を確認するための検査を完了し，当該検査の結果を請負者に通知しなければならない（法第 31 条）。

請負代金の支払については，発注者は請負者から請求があったときは，請求を受けた日から 40 日以内に請負代金を支払わなければならない（法第 32 条）。

類題　請負契約に関する記述として，「公共工事標準請負契約約款」上，**誤っているもの**はどれか。

1.　受注者は，監督員がその職務の執行につき著しく不適当と認められるときは，発注者に対して，その理由を明示した書面により，必要な措置をとるべきことを請求することができる。
2.　受注者は，工事の施工に当たり，設計図書の表示が明確でないことを発見したときは，その旨を直ちに監督員に通知し，その確認を請求しなければならない。
3.　発注者は，工事が完成の検査に合格し，請負代金の支払いの請求があったときは，請求を受けた日から40日以内に請負代金を支払わなければならない。
4.　受注者は，発注者が設計図書を変更したため請負代金額が3分の1以上減少したときは，契約を解除することができる。

解答

受注者は，発注者が設計図書を変更したため請負代金額が３分の２以上減少したときは，契約を解除することができる。

したがって，**4が誤っているものである。**　正解　4

類題　請負契約に関する記述として，「公共工事標準請負契約約款」上，**誤っているもの**はどれか。

1.　受注者は，設計図書が変更されたことにより，請負代金額が3分の2以上減少したときは契約を解除することができる。
2.　監督員は，設計図書で定めるところにより，受注者が作成した詳細図等の承諾の権限を有する。
3.　受注者は，契約により生ずる権利又は義務を，受注者の承諾なしに第三者に譲渡してはならない。
4.　現場代理人は，契約の履行に関し，工事現場に常駐し，その運営，取締りを行うほか，請負代金額の変更に係る権限を行使することができる。

解答

現場代理人は，契約の履行に関し，工事現場に常駐し，その運営，取締りを行うことはできるが，請負代金額の変更に係る権限を行使することはできない。

したがって，**4が誤っているものである。**　正解　4

類題　下請契約に関する記述として,「建設工事標準下請契約約款」上,**不適当なもの**はどれか。

1.　元請負人は,元請工事を円滑に完成するため,施工上関連のある工事との調整を図り,必要がある場合は,下請負人に対して指示を行う。
2.　下請負人は,元請負人が契約に違反し,その違反によって工事を完成させることが困難となったときは,契約を解除することができる。
3.　元請負人は,下請負人が正当な理由がなく,工事に着手すべき時期を過ぎても工事に着手しないときは,契約を解除することができる。
4.　下請負人は,共同住宅の新築工事であらかじめ発注者及び元請負人の書面による承諾を得た場合は,一括してこの工事を第三者に請け負わせることができる。

解答

下請負人は,公共工事及び共同住宅の新築工事の場合,あらかじめ発注者及び元請負人の書面による承諾を得た場合であっても,一括してこの工事の全部又は一部を第三者に委任し又は請け負わせてはならない(建設工事標準下請契約約款第6条)。

したがって,**4が不適当である。**　正解　4

類題　下請負人が元請負人に対して契約締結後遅滞なく書面をもって通知する事項として,「建設工事標準下請契約約款」上,**定められていないもの**はどれか。

1.　現場代理人及び主任技術者の氏名
2.　雇用管理責任者の氏名
3.　安全管理者の氏名
4.　衛生管理者の氏名

解答

下請負人が元請負人に対して契約締結後遅滞なく書面をもって通知する事項として,衛生管理者の氏名は定められていない(建設工事標準下請契約約款第9条)。

したがって,**4が定められていない。**　正解　4

第５章　工事施工

◎学習の指針

９問出題され任意に６問を選択します。
工事施工は，確実に得点できる得意分野をつくり，
その分野を中心に，集中的に学習しましょう。

●出題分野と出題傾向

・問題 No59 ～ 67 が対象です。
・工事施工は，現場で施工する工事内容に関する分野です。
・**幅広い分野から出題**されているので，全ての領域を均等に学習するより，日常仕事に関わり，自分の得意な分野から学習するのが効率の良い学習法です。

分野	出題数	出題頻度が高い項目
5-1 発電設備	1	自家用発電設備，水力発電設備，汽力発電設備
5-2 変電設備	1	屋内式高圧受電設備，屋外式高圧受電設備
5-3 架空送配電設備	1	架線工事，架線工事用機材，架線の弛度
5-4 構内電気設備	3 ～ 4	屋内配線，接地配線，動力設備，照明設備，自動火災報知設備，駐車管制設備
5-5 電車線設備	1	架空単線式，一般の電車線，新幹線の電車線，漏れ電流対策，支持物
5-6 有線電気通信設備	0 ～ 1	有線電気通信法，光ファイバケーブル，LAN 用 UTP ケーブル
5-7 地中電線路	1	管路工事，ケーブル工事，マンホール工事
計	9	

5−1　発電設備

●過去の出題傾向

発電設備は，**毎年１問出題**され，自家用発電設備，水力発電設備，汽力発電設備の３つの分野から出題されている。

[自家用発電設備]

・自家用発電設備に関しては，ディーゼル式自家用発電設備の操作スペース，点検スペース，他物との離隔距離を覚える。

[水力発電設備]

・水力発電設備に関しては，有水試験，無水試験で行う試験項目を理解する。

[汽力発電設備]

・汽力発電設備に関しては，据付け工事の手順を理解する。

項目	出題内容（キーワード）
自家用発電設備	ディーゼル式自家用発電設備： 操作面のスペース，点検スペース，原動機と燃料小出し槽の間隔，燃料小出し槽の通気管の先端と建築物の開口部との離隔距離
水力発電設備	無水試験の試験項目： 接地抵抗測定，水車・発電機の機器動作試験， 保護継電器の動作試験，遮断器・開閉器関係試験 有水試験の試験項目： 通水試験，発電機特性試験，自動始動停止試験，負荷急増試験， 非常停止試験，監視制御試験
汽力発電設備	発電機据付け： 工事手順，固定子の据付け，回転子の据付け，付属品の取付け 総合試験調整： 調速機（ガバナ）の調整，電圧，電流，出力の計測，検相， 発電機の温度上昇

5-1　発電設備　自家用発電設備　★★★

1　自家用発電設備の耐震施工に関する記述として，**最も不適当なもの**はどれか。

1.　防振ゴムを用いたので，発電装置の移動又は転倒防止のため，ストッパを設けた。
2.　発電装置に接続する部分の燃料管には，振動による変位に耐え得るように可とう性をもたせた。
3.　燃料管の壁貫通部には可とう管を用い，可とう管と接続する直管部は二方向拘束支持とした。
4.　燃料小出槽の架台頂部に振止め措置を施した。

解答

燃料配管や冷却水配管は，配管の曲がり部分や壁貫通部などでは，可とう管を用いる。可とう管と接続する直管部は**三方向拘束支持**とする必要がある。

したがって，**3 が最も不適当である。**　正解　3

解説

1. 発電機や変圧器等に防振装置を据え付ける場合は，移動や転倒防止を図るため，**耐震ストッパ**を設置する必要がある。
2. 発電装置等の振動する装置や振動周期の異なる機器相互間は，振動による変位に耐えるように，**可とう性**をもたせる必要がある。
3. 解答のとおりである。
4. 燃料小出槽や制御盤等，据付け面積に対して高さの高い機器は，**頂部に振止め措置**を施す必要がある。

試験によく出る重要事項

① **可とう性**：タンクの破損等を防止するため，燃料タンク及び冷却水タンクとの接続部は，配管に可とう性をもたせる。

② **緊急遮断弁**：主燃料タンクが燃料小出し槽より高い場所にある場合は，燃料給油管の途中に緊急遮断弁を設けなければならない。

③ **燃料タンクと原動機との間隔**：予熱式の原動機にあっては**2 m 以上**離す。他の方式にあっては**0.6 m 以上**離す。燃料タンクと原動機との間に防火上有効な隔壁があれば，前記の離隔がなくてもよい。

第5章　工事施工

5-1　発電設備　自家用発電設備　★★★

2　屋内に設置するディーゼル機関を用いた自家発電設備の施工に関する記述として，「消防法」上，**不適当なものはどれか。**

ただし，自家発電設備はキュービクル式以外のものとする。

1. 発電機の操作盤の前面には，幅1mの操作スペースを確保した。
2. 発電機の点検面の周囲には，幅0.6mの点検スペースを確保した。
3. 予熱する方式の原動機なので，原動機と燃料小出槽の間隔を2mとした。
4. 燃料小出槽の通気管の先端は，屋外に突き出して建築物の開口部から0.6m離した。

解答

燃料小出槽の通気管の先端は，建築物の窓や出入り口の開口部から，**1m以上**離す必要がある（危険物の規制に関する規則第20条の2）。

したがって，**4が不適当である。**　**正解　4**

解説

1. 発電機の操作盤の前面には，**幅1m以上**の操作スペースを確保しなければならない。
2. 発電機の点検面の周囲には，**幅0.6m以上**の点検スペースを確保しなければならない。
3. 燃料タンクと原動機との間隔は予熱方式の原動機では**2m以上**，その他の方式の原動機では**0.6m以上**なければならない。ただし，燃料タンクと原動機の間に不燃材で造った防火上有効な遮へい物を設けた場合は，この限りではない。
4. 解答のとおりである。

試験によく出る重要事項

火力発電所の発電機の据付け工事は，次の手順で行う。

① 発電機は工場において組立て，試験後に再び解体し，固定子，回転子，その他に分けて現場に搬入する。

② 現場搬入後は，固定子の据付け　⇒　回転子の挿入　⇒　発電機付属品の組立て・据付け　⇒　発電機本体及び配管の漏れ検査，の順に工事を行う。

③ 発電機の据付け完了後は，付属配管の漏れ検査を不活性ガスなどで行い，漏れがないことを確認した後に水素ガス封入の準備を行う。

5-1　発電設備　水力発電設備　★★★

3　水力発電所の有水試験として，**最も関係のないものはどれか。**

1. 通水検査として，導水路，水槽，水圧鉄管，放水路に充水し，漏水などの異常がないことを確認した。
2. 遮断器・開閉器関係試験として，遮断器と断路器の動作試験及びインタロックの確認を行った。
3. 発電機特性試験として，発電機を定格速度で運転し，電圧調整試験を実施後，無負荷飽和特性，三相短絡特性など諸特性の測定を行った。
4. 負荷遮断試験として，発電機の負荷を突然遮断したときに，水車発電機が異常なく無負荷運転に移行できることを確認した。

解 答

遮断器と断路器の動作試験及びインタロックの確認は，無水試験であり有水試験ではない。

したがって，**2 が最も関係ない。**　　正解　2

解 説

1. 通水検査として，導水路，水槽，水圧管路，放水路に充水し，漏水などの異常がないことを確認する試験は有水試験である。
2. 解答のとおりである。
3. 発電機特性試験として，発電機を定格速度で運転し，電圧調整試験を実施後，無負荷飽和特性，三相短絡特性など諸特性の測定を行う試験は，有水試験である。
4. 負荷遮断試験として，発電機の負荷を突然遮断したときに，水車発電機が異常なく無負荷試験に移行できることを確認する試験は，有水試験である。

試験によく出る重要事項

水力発電所の検査には，無水試験と有水試験がある。

無水試験：水車，発電機等の主要機器据付け後に，水車に通水せずに各機器単体，または組み合わせて試験・調整を行う試験である。

有水試験：水路系及び水車に通水し，水車を回転させながら，各種運転状態における水力発電所用機器を総合的に行う試験である。

無水試験の試験項目

① 接地抵抗，絶縁抵抗，絶縁耐力試験
② 水車・発電機の機器動作試験
③ 保護継電器の動作特性試験
④ 調速機によるガイドベーンの開閉試験
⑤ 遮断器・開閉器関係試験（インタロック試験）
⑥ 非常用予備発電機試験

有水試験の試験項目

① 通水試験
② 発電機特性試験
③ 自動始動停止試験
④ 負荷試験，負荷遮断，入力遮断試験
⑤ 負荷急増試験（サージタンク水位変動）
⑥ 非常停止試験
⑦ 監視制御試験

類題　水力発電所の有水試験として，**最も関係のないもの**はどれか。

1. 発電機特性試験として，発電機を定格速度で運転し，相回転試験，電圧調整試験などを実施後，無負荷飽和特性，三相短絡特性などの測定を行った。
2. 負荷遮断試験として，発電機の負荷を突然遮断したときに，発電機が異常なく無負荷運転に移行できることを確認した。
3. 水車・発電機機器動作試験として，圧油装置調整後，調速機によるガイドベーンの開閉の動作が確実に行われることを確認した。
4. 非常停止試験として，発電機の一定負荷運転時に，非常停止用保護継電器のひとつを動作させ，所定の順序で水車が停止することを確認した。

解答

圧油装置調整後，調速機によるガイドベーンの開閉の動作確認試験は，無水試験である。したがって，**3が最も関係ない。**

正解　3

類題　水力発電所における，完成時の無水試験に関する記述として，**最も不適当なもの**はどれか

1. 電気回路の絶縁抵抗測定及び絶縁耐力試験を行った。
2. 各種保護継電器の特性試験を行った。
3. 発電機の励磁回路を生かし，電圧調整試験を行った。
4. 調速機によるガイドベーンの開閉の動作試験を行った。

解答

電圧調整試験は，有水試験である。したがって，**3が最も不適当である。**

正解　3

5-1 発電設備 汽力発電設備 ★★★

4 汽力発電設備の発電機工事に関する記述として，**最も不適当なもの**はどれか。

1. 発電機は，工場で組み立てて試験運転を行ったのち，固定子と回転子及び付属品に分けて現場に搬入した。
2. 固定子は，蒸気タービン側と共に心出しを行い，固定子脚部が基礎金物に確実に密着し，荷重が均等になるように据え付けた。
3. 回転子は，クレーンで水平に吊るし，固定子側に滑車を付けてけん引用ワイヤでいっきに定位置まで押し込んだ。
4. 回転子を挿入したのち，エンドカバーベアリングや軸密封装置等の付属品を取り付けた。

解 答

回転子を，クレーンで水平に吊るし 1/3 程度挿入する。この位置でコレクタ端にブロック台を置きいったん支持する。その後，回転子のコレクタ端にけん引用ワイヤを結び，固定子端に滑車を付けて定位置まで押し込む。

したがって，**3 が最も不適当である。** 正解 3

解 説

1. 発電機は，工場で組み立てて試運転を行い，問題がなければ解体し，固定子と回転子及び付属品に分けて現場に搬入する。
2. 固定子は，蒸気タービン側と共に芯出しを行い，本体並びに基礎に衝撃を与えないように据付ける。また，固定子脚部が基礎に密着し荷重が均等にかかっていることを確認する。
3. 解答のとおりである。
4. 回転子の挿入が完了すれば，エンドカバーリングや軸密封装置等の付属品を順次取り付ける。

試験によく出る重要事項

水素冷却タービン発電機

① 空気冷却方式に比べ風損が低減できるので，効率が向上する。

② 水素冷却タービン発電機及びその付属配管の漏れ検査には，不活性ガスを使用する。配管類に漏れがないことを確認した後，水素ガスを封入する。

5-2 変電設備

●過去の出題傾向

変電設備は，**毎年1問出題**されている。

[屋内式高圧受電設備]

・屋内式高圧受電設備に関しては，操作面の保有距離，点検面の保有距離，感知器の取り付け位置，水管・蒸気管・ガス管等，受電設備以外の設備機器を設置する際の留意事項を覚える。

[屋外式高圧受電設備]

・屋外式高圧受電設備に関しては，近隣建物からの離隔距離，保守点検の通路幅等を覚える。

項目	出題内容（キーワード）
屋内式 高圧受電設備	屋内式高圧受電設備： 計器面の照度，操作面の保有距離，A 種接地工事， 高圧交流負荷開閉器（LBS），水管や蒸気管の通過，分電盤の設置， 高圧母線の取付高さ，配電盤の操作面相互間の保有距離
屋外式 高圧受電設備	屋外キュービクル式高圧受電設備： 隣接する建物からの離隔距離，保守点検の通路幅， キュービクル前面の点検スペース，安全柵の設置，柵の高さ

5-2　変電設備　屋内式高圧受電設備　★★★

5　受電室における高圧受電設備等の施工に関する記述として，「高圧受電設備規程」上，**誤っているものはどれか。**

1.　受電室には，水管や蒸気管を通過させなかった。
2.　取扱者が操作する受電室専用以外の分電盤を，受電室内に設置した。
3.　開放形受電設備の高圧母線の取付高さを床上 2.3 m とした。
4.　開放形受電設備で対面する配電盤の操作面相互間の保有距離を 1.0 m とした。

解 答

開放形受電設備で対面する配電盤の操作面相互間の保有距離は 1.2 m 以上なければならない。

したがって，**4 が誤っている。**　　正解　4

解 説

高圧受電設備規定では，次のように規定している。

1. 受電室には，水管や蒸気管を通過させてはならない。
2. 受電室には，受電室専用の分電盤及び制御盤以外は設けられないが，取扱者が操作する分電盤及び制御盤にあっては，この限りではない。
3. 高圧母線の取付高さは，床上 2.3 m 以上でなければならない。
4. 解答のとおりである。

試験によく出る重要事項

①　**配電盤前面の保有距離**：高圧配電盤，低圧配電盤の操作面の保有距離は，1 m 以上確保する。

②　**背面又は点検面の保有距離**：背面又は点検面の保有距離は，0.6 m 以上確保する。

③　受電室には，水管，蒸気管，ガス管などを通過させてはならない。

5-2　変電設備　屋内式高圧受電設備　★★★

6　受電室における高圧受電設備の施工に関する記述として，「高圧受電設備規程」上，**誤っているものはどれか。**

1.　高圧配電盤の計器面における照度を 300 lx とした。
2.　高圧配電盤の操作面の保有距離を 1 m とした。
3.　大地との間の電気抵抗値が 10 Ω の建物の鉄骨を，A 種接地工事の接地極として使用した。
4.　容量 500 kV・A の変圧器一次側の開閉装置に，高圧交流負荷開閉器（LBS）を使用した。

解答

建物の鉄骨を A 種接地工事の接地極として使用するには，大地との間の電気抵抗値が**2 Ω以下**でなければならない（電技解釈 22 条）。

したがって，**3** が誤っている。　**正解　3**

解説

受電室おける高圧受変電設備に関しては，高圧受電設備規定に各種規定がある。

1. 高圧配電盤の計器面における照度は，**300 lx（ルクス）以上**確保しなければならない。
2. 高圧配電盤の操作面の保有距離は，**1 m 以上**なければならない。
3. 解答のとおりである。
4. 容量 500 kV・A の変圧器の一次側開閉装置に高圧交流負荷開閉器（LBS）は使用できる。高圧カットアウトの場合は，変圧器の容量が 300 kV・A 以下の場合にしか使用できない。

受変電設備に使用する配電盤などの最小保有距離　（単位：m）

<table>
<tr><th>部位別
機器別</th><th>前面または
操作面</th><th>背面または
点検面</th><th>列相互間
（点検を行う面）</th><th>その他の面</th></tr>
<tr><td>高圧配電盤</td><td rowspan="2">1.0</td><td rowspan="3">0.6</td><td rowspan="3">1.2</td><td rowspan="2">—</td></tr>
<tr><td>低圧配電盤</td></tr>
<tr><td>変圧器など</td><td>0.6</td><td>0.2</td></tr>
</table>

高圧受電設備規定(JEAC)による。

5-2 変電設備　屋内式高圧受電設備 ★★★

7 屋内に施設する高圧受電設備に関する記述として，「高圧受電設備規程」上，**誤っているもの**はどれか。

1. 低圧配電盤の点検面の保有距離を 0.6 m とした。
2. 高圧配電盤の計器面における照度を 150 lx とした。
3. 露出した充電部分は，取扱者が容易に触れないように防護カバーを設けた。
4. 自動火災報知設備の感知器は，点検の際充電部に接近しない場所に設置した。

解答

高圧配電盤の計器面における照度は，**300 lx（ルクス）以上**確保しなければならない。したがって，**2** が誤っている。　　正解　2

解説

屋内に設置するキュービクル式高圧受電設備に関しては，高圧受電設備規定に各種規定がある。

1. 低圧配電盤の操作面の保有距離は，0.6 m 以上必要である。
2. 解答のとおりである。
3. 露出した充電部分には，防護カバーを設ける必要がある。
4. 自動火災報知設備の感知器は点検の際，充電部に接近しない場所に設置する必要がある。

類題　高圧受電設備の電気室の施工に関する記述として，**最も不適当なもの**はどれか。

1. 屋外に通ずる有効な換気設備を設けた。
2. 配電盤の計器面の照度を 300 lx とした。
3. 電気室には，水管，ガス管を通過させなかった。
4. 高圧配電盤の操作面の保有距離を 0.6 m とした。

解答

高圧配電盤の操作面の保有距離は，1.0 m 以上確保しなければならない。したがって，**4** が最も不適当である。　　正解　4

5-2　変電設備　屋外式高圧受電設備　★★★

8　屋外に設置するキュービクル式高圧受電設備の施工に関する記述として，「高圧受電設備規程」上，**不適当なもの**はどれか。

1. キュービクルは，隣接する建築物から3m離して設置した。
2. キュービクルへ至る保守点検用の通路の幅は，0.6mとした。
3. キュービクル前面には，基礎に足場スペースを設けた。
4. 小学校の敷地内に設置したキュービクルの周囲には，さくを設けた。

解答

キュービクルへ至る保守点検用の通路の幅は，**0.8m以上**確保しなければならない（高圧受電設備規定1130－4）。

したがって，**2が不適当である。**　　**正解　2**

解説

高圧受電設備規定では，下記のように規定されている。

1. キュービクル式受電設備は，隣接する建物から**3m以上**の距離を保たなければならない。
2. 解答のとおりである。
3. キュービクルの前面には，基礎に点検のために足場スペースを設けなければならない。足場スペースは，0.6m程度とされている。
4. 幼児や児童が容易に触れる恐れがある場所にキュービクルを施設する場合は，柵等を設けなければならない。

試験によく出る重要事項

① **開口部に網の設置**：下駄基礎の場合など，基礎の開口部からキュービクル内部に異物が侵入するおそれがある場合は，開口部に網などを設けなければならない。

② **墜落防止の柵の高さ**：キュービクルを高所の開放された場所に施設する場合は，周囲の保有距離が3mを超える場合を除き，**高さ1.1m以上の柵**を設けなければならない。

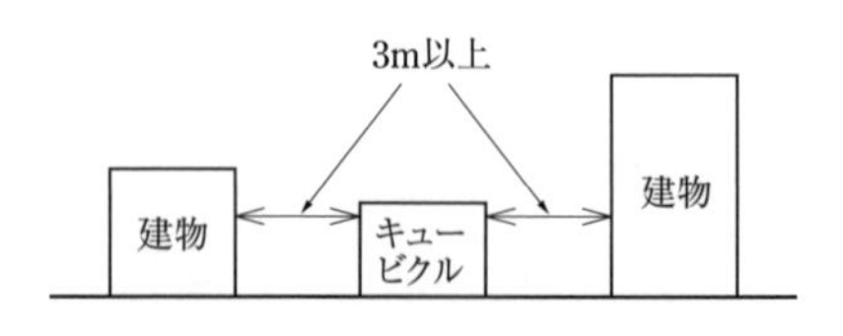

隣接する建物との保有距離

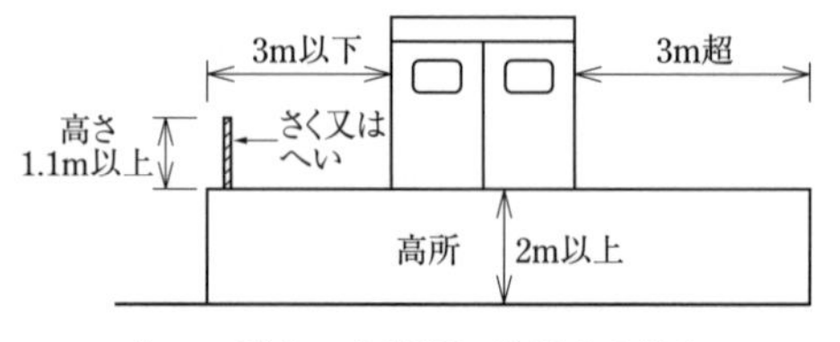

キュービクルを高所に設置する場合

5-3 架空送配電設備

●過去の出題傾向

架空送配電設備は，**毎年１問出題**されている。

工事を経験していないと難しい分野ではあるが，基本的な事項は理解しよう。

[架線工事]

・架空送配電線の架線工事の手順や方法を理解する。

[架線工事用機材]

・架線工事用機材の名称を覚え，それらの機材は，どのような作業に使用するのか理解する。

[架線の弛度]

・地形の状況と弛度の測定方法を理解する。弛度を測定する方法の名称を覚える。

・等長法と異長法の違いを理解する。

項目	出題内容（キーワード）
架線工事	架空送電線路の施工方法： 鉄道や高速道路の横断，障害防止の防護設備， ジョイントプロテクタ，延線作業，緊線作業，メッセンジャワイヤ
架線工事用機材	架空送電線路の架線工事に用いる機材： 垂直２輪金車，延線車，メッセンジャワイヤ， 緊線ウインチ，延線ヨーク
架線の弛度	架線の弛度の測定： 地形の形状と弛度の測定方法，等長法，異長法， 水平弛度法，角度法，弛度の近似式

5-3 架空送配電設備 架線工事 ★★★

9

架空送電線路の施工に関する記述として，**不適当なもの**はどれか。

1.　延線作業での架線ウインチのキャプスタンの軸方向は，メッセンジャワイヤの巻取り方向に対して直角とした。
2.　鉄道や高速道路を横断する電線の延線は，電線の垂下に対する防護設備が不要な引抜工法で行った。
3.　緊線工事は，角度鉄塔や耐張鉄塔のように，がいしが耐張状となっている鉄塔区間ごとに行った。
4.　延線作業において，電線が金車を通過するときに，スリーブとその前後の電線を保護するためにジョイントプロテクタを装着した。

解答

鉄道や高速道路などの重要な工作物の上空を横断する箇所には，障害防止のため，**防護設備**を構築する必要がある。

したがって，**2が不適当である。**　　**正解　2**

解説

1. 延線作業での架線ウインチのキャプスタンの軸方向は，メッセンジャワイヤの巻取り方向に対して直角とする。
2. 解答のとおりである。
3. 緊線工事は，角度鉄塔や耐張鉄塔のように，がいしが耐張状となっている鉄塔区間ごとに行う。
4. 延線作業において，電線が金車を通過するときに，スリーブとその前後の電線を保護するために，ジョイントプロテクタを装着する。

試験によく出る重要事項

①　**電線ドラム**は，ドラム架台に水平に据付け，ドラム架台は台付けに固定する。
②　**リールワインダ**は，据付け場所を整地して水平に据付け，台付けにて固定する。
③　**金車**をがいし装置に直接取り付けて延線する場合は，がいし連や金車のねじれなどにより，がいし及び電線に損傷を生じないようにする。

5-3　架空送配電設備　架線工事　★★

10

架空送電線路の施工に関する記述として，**不適当なもの**はどれか。

1.　延線作業での架線ウインチのキャプスタンの軸方向は，メッセンジャワイヤの巻取り方向に対し平行とした。
2.　緊線工事は，角度鉄塔や耐張鉄塔のように，がいしが耐張状となっている鉄塔区間ごとに行った。
3.　金車をがいし装置に直接取り付けて延線するので，がいし連や金車のねじれなどにより，がいし及び電線に損傷を生じないように注意した。
4.　延線作業において，電線が金車を通過するときに，スリーブとその前後の電線を保護するため，ジョイントプロテクタを装着した。

解答

架線ウインチのキャプスタン（巻き上げ機）の軸方向は，メッセンジャワイヤの巻取りの方向に対し直角である。

したがって，**1** が不適当である。　　**正解　1**

解説

1. 解答のとおりである。
2. 緊線工事は，角度鉄塔や耐張鉄塔のように，がいしが耐張状態となっている鉄塔区間ごとに行い，所定のたるみで，電線を耐張がいしに取り付ける作業である。
3. 金車をがいし装置に取り付けて，延線作業を行う場合，がいし連や金車のねじれなどにより，がいしや電線に損傷を生じないように注意する必要がある。
4. 電線が金車を通過するときに，金車の通過中に電線や電線接続のスリーブを損傷しないよう，ジョイントプロテクタを装着する。

5-3 架空送配電設備　架線工事用機材 ★★★

11 架空送電線路の架線工事に用いる機材に関する記述として，**最も不適当なもの**はどれか。

1. 垂直２輪金車は，引上げ箇所の鉄塔で電線が浮き上がるおそれのある場所に用いる。
2. 延線車は，電線やワイヤロープに必要な張力を与えて安定した延線を行うために用いる。
3. 緊線ウインチは，主に延線工事におけるメッセンジャワイヤの巻き取り，繰り出し，停止及び変速のために用いる。
4. 延線ヨークは，メッセンジャワイヤに電線と次回延線のメッセンジャワイヤを取り付けるために用いる。

解答

緊線ウインチは，主として緊線作業や鉄塔上での資機材の上げ下ろしに使用するもので，ワイヤロープを安全，かつ円滑に巻取り，操出し・停止や微細な調整をするための機材である。したがって，**3 が最も不適当である**。　**正解　3**

解説

1. **垂直２輪金車**は，引上げ箇所の鉄塔で，電線が浮き上がるおそれのある場所で使用する。**垂直２輪金車は**，１輪金車を上下に２個並べた形状で，この上下金車の間に電線を通す構造である。
2. **延線車**は，電線やワイヤロープの延線に必要な張力を加え，電線の損傷を防止し，連続して安定した延線を行うための機材である。
3. 解答のとおりである。
4. **延線ヨーク**は，メッセンジャワイヤに電線及び次回の延線用のメッセンジャワイヤを取り付けるために使用する。

試験によく出る重要事項

① 延線作業　：電線を鉄塔の電路に沿って延ばしていく作業である。
② 緊線作業　：電線を鉄塔間で，所定のたるみで張る作業である。
③ 圧縮接続法：直線圧縮スリーブで電線を直接圧縮し接続する工法である。延線途中で電線を接続する場合に採用する。
④ プレハブ架線工法：あらかじめドラム場で，電線を所定の長さに切断しクランプの装着を行い，延線終了後その引留めクランプを鉄塔のがいしに連結する延線と緊線を同時に行う架線工法である。

5-3 架空送配電設備　架線の弛度　★★★

12　A及びBを支持点とした図のような架線工事において，次の近似式を用いて弛度dを測定する方法として，**適当なものはどれか。**

$\sqrt{a}+\sqrt{b}=2\sqrt{d}$

1. 等長法
2. 異長法
3. 水平弛度法
4. 角度法

解答

a の長さと b の長さが異なる場合，電線の曲線を放物線と仮定し，近似式$\sqrt{a}+\sqrt{b}=2\sqrt{d}$ で弛度 d を測定する方法は異長法である。

したがって，**2が適当である。**　　　　正解　2

解説

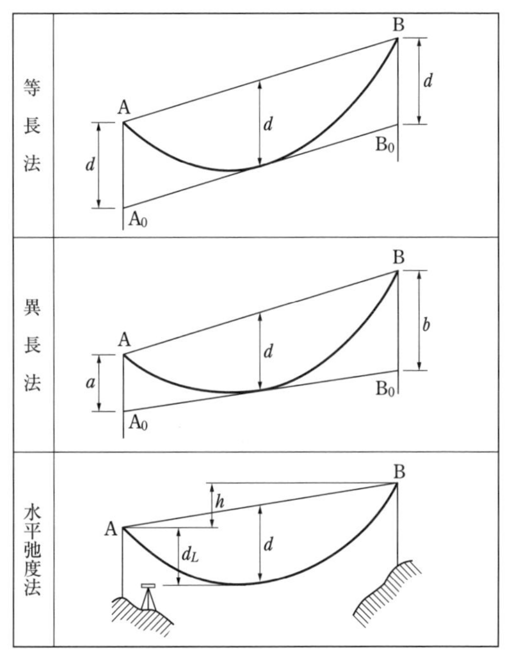

架線と地形の断面形状により以下の測定法がある。

等長法は，電線支持点A，Bから垂直に下ろした線上で，弛度dに等しい点A0，B0を定めて測定する方法である。簡単で精度が高い。

異長法は，地形等の形状で，等長法では測定できない場合に用いる。解答のとおりである。

水平弛度法は，等長法，異長法のいずれも適用できない場合に用いる。　$d_L = d\ (1-h/4d)^2$

角度法は，等長法，異長法，水平弛度法のいずれも適用できない場合に用いる。

5-4 構内電気設備

●過去の出題傾向

構内電気設備は，**毎年２～４問出題**されている。

出題の対象範囲は広いが，各種工事の基本的な事項を正しく覚えることが重要である。

[屋内配線]

・低圧屋内配線に関しては，**毎年１～３問出題**され，構内電気設備では，**最も出題頻度が高い。**

・各種の低圧屋内配線が繰り返し出題されている。

・低圧ケーブル配線，合成樹脂管配線，金属ダクト配線，バスダクト配線，ケーブルラックの施工に関する規制事項を理解する。

[接地配線]

・接地配線では，高圧ケーブルのシールド接地工事，低圧屋内配線のＤ種接地，金属管配線で金属管の接地が省略できる条件を覚える

[動力設備]

・動力設備に関しては，動力制御，力率改善及び配線に関する基本的な事項を理解する。

[照明設備]

・照明設備に関しては照明器具の取り付け，落下防止，Ｓ形照明器具，ライティングダクトの施設について理解する。

[自動火災報知設備]

・自動火災報知設備に関しては，各種機器の取り付け高さ，留意事項について理解する。

[駐車管制設備]

・駐車管制設備に関しては，各種機器の取り付け高さ，ループコイルと鉄筋の離隔距離，配線の留意事項を理解する。

項目	出題内容（キーワード）
屋内配線	**低圧ケーブル配線：** ケーブルの曲げ半径，垂直部の支持間隔， VVF ケーブルの支持位置，メッセンジャワイヤ，ハンガの間隔 **ケーブルラック：** 水平支持間隔，垂直支持間隔，防火区画貫通部の処理， 国土交通大臣の認定工法，伸縮継手の間隔 **金属管配線：** 金属管の曲げ半径，金属管の屈曲回数，金属管相互の接続， 絶縁ブッシング，接地線の省略 **合成樹脂管（PF 管，CD 管）配線：** 支持間隔，管の曲げ半径，CD 管を使用できる場所， PF 管を使用できる場所，配管と鉄筋の結束 **バスダクト配線：** 湿気の多い場所，屋外用バスダクト，水平支持点間隔， C 種接地工事，点検できない隠ぺい箇所
接地配線	**高圧ケーブルのシールド接地：** 高圧地絡事故，電源側シールド，負荷側シールド，接地箇所， 貫通形 ZCT **低圧屋内配線の D 種接地，接地配線の省略：** 接地工事が省略できる条件，対地電圧，金属管の長さ， 防護装置の金属部分の長さ
動力設備	**動力制御・配線：** 力率改善，スターデルタ始動，二種金属製可とう電線管， 過電流遮断器
照明設備	**配線及び照明器具の設置・配線：** 二種金属製線ぴ，電線の分岐，落下防止金物， ライティングダクトの開口部
自動火災報知設備	**機器の設置：** 受信機の操作スイッチの高さ，地区音響装置の音圧， 音響装置の水平距離，発信機の表示灯の設置， 感知器回路の抵抗値，空調吹出し口と煙感知器の離隔距離
駐車管制設備	**機器の設置：** ループコイルと鉄筋の離隔距離，車路の有効高さ， 発光器・受光器の間隔，信号灯の高さ

5-4 構内電気設備　低圧ケーブル配線 ★★★

13 屋内の低圧幹線ケーブルをケーブルラックに敷設する工事に関する記述として，**最も不適当なもの**はどれか。

1.　ケーブルは整然と並べ，垂直部では1.5 m の間隔で固定する。
2.　ケーブルの固定には，配線用合成樹脂結束帯（ナイロンバンド）を使用する。
3.　垂直部に多数のケーブルを敷設する場合は，同一の子げたに固定する。
4.　ケーブル屈曲部の内側半径をケーブル外径の8倍とする。

解答

垂直部に多数のケーブルを敷設する場合は，特定の子げたに荷重が集中しないように分散させて，ケーブルラックにケーブルを緊縛しなければならない。

したがって，**3が最も不適当である。**　　**正解　3**

解説

1. ケーブルラック上では，ケーブルは整然と並べ，水平部では**3m以下**，垂直部では**1.5m以下**の間隔ごとに固定しなければならない。
2. ケーブルの緊縛材料には，一般的に配線用合成樹脂結束帯，麻ひも，化学繊維，ケーブル支持金具等が用いられる。
3. 解答のとおりである。
4. ケーブルの屈曲部の内側の半径は，**ケーブルの仕上り外径の6倍（単心ケーブルでは8倍）以上**なければならない（内線規程3165節）。

試験によく出る重要事項

① ケーブルの布設は，ケーブル相互のもつれや交差を少なくし，ケーブルラック上に整然と配列するのが望ましい。

② **ケーブルラックの水平支持間隔**
鋼製では**2m以下**でなければならない。その他では**1.5m以下**でなければならない。

③ **ケーブルラックの垂直支持間隔**
3m以下でなければならない。ただし，配線室等の部分は，**6m以下**の範囲は各階支持でよい。

5-4 構内電気設備　低圧ケーブル配線 ★★★

14 屋内に施設する低圧のケーブル配線に関する記述として，「内線規程」上，**誤っているものはどれか。**

1. 造営材の下面に沿って施設するCVケーブルの支持点間の距離を2.0 mとした。
2. 使用電圧300 V以下の点検できない隠ぺい場所の配線に，ビニルキャブタイヤケーブルを使用した。
3. メッセンジャワイヤにCVTケーブルをちょう架する場合のハンガの間隔を50 cmとした。
4. 露出場所で造営材に沿って施設する電線太さ2.0 mmのVVFケーブルを器具と接続したので，接続箇所から0.3 mの位置でケーブルを支持した。

解答

使用電圧300 V以下の点検できない隠ぺい場所の配線に，ビニルキャブタイヤケーブルは使用できない（内線規程3185）。

したがって，**2**が誤っている。　**正解　2**

解説

1. CVケーブルを造営材の下面に沿って敷設する場合，ケーブルの支持点間の間隔は**2 m以下**としなければならない（電技解釈187条）。
2. 解答のとおりである。
3. メッセンジャワイヤにCVTケーブルをちょう架する場合，ケーブルハンガの間隔を**50 cm以下**にし，ケーブルのたわみを防止しなければならない。
4. 導体の直径が3.2 mm以下のケーブルを造営材に沿って施設する場合，ケーブルと器具の接続箇所から**0.3 m以下**の位置でケーブルを支持しなければならない。

試験によく出る重要事項

金属ダクト工事

① ダクト内では，電線に接続点を設けてはならない。ただし，その接続点が容易に点検できる場合は，この限りではない。

② ダクトに収める電線の断面積の総和は，ダクトの内部断面積の**20%以下**でなければならない。

5-4 構内電気設備　ケーブルラック　★★★

15 低圧屋内配線における鋼製ケーブルラックの施工に関する記述として，**最も不適当なものはどれか。**

1. 支持間隔は，水平では2m以下，垂直では3m以下とし，EPSでは6m以下で各階支持とした。
2. 温度変化が著しい場所では，30mごとに伸縮継手金具を用いた。
3. 電気的に接続された上下自在継手を使用したので，ボンディングを省略し，ボルトナットを製造者の指定するトルク値で締付け，締付確認シールを貼付した。
4. 防火区画を貫通する箇所は，消防庁長官の認定を受けた工法で施工し，防火措置工法の完了標識を貼付した。

解答

防火区画を貫通する箇所は，国土交通大臣の認定を受けた工法で施工し，防火措置工法の完了標識を貼付しなければならない。

したがって，**4が最も不適当である。**　**正解　4**

解説

1. 鋼製ケーブルラックの支持間隔は，水平部分では**2m以下**，垂直部分では**3m以下**としなければならない。ただし，配電盤室等の部分は，**6m以下**の範位で各階支持とすることができる。
2. 温度変化の大きい場所に敷設するケーブルラックは，温度変化による伸縮を考慮し，直線で**30m**ごとに伸縮継手を使用する。
3. 電気的に接続された上下自在継手をする場合は，ボンディングを省略することができるが，施工にあたっては，ボルトナットを製造者の指定するトルク値で締付け，締付確認シールを貼付する。
4. 解答のとおりである

5-4 構内電気設備 金属管配線 ★★★

16

金属管配線に関する記述として,「内線規程」上,**最も不適当なもの**はどれか。

1. 水気のある場所に施設する電線に，ビニル電線（IV）を使用した。
2. 管相互及びボックスその他の付属品とは，ねじ接続で堅ろうに，かつ，電気的に完全に接続した。
3. 乾燥した場所に使用電圧 100 V の配線を施設し，管の長さが 8 m 以下であったのでD種接地工事を省略した。
4. 管の曲げ半径（内側半径）は，管内径の 6 倍以上とし，直角又はこれに近い屈曲は，ボックス間で 4 箇所以内となるように配管した。

解答

金属管配線では，直角又はこれに近い屈曲は，ボックス間で**3 箇所**を超えてはならない（内線規程 3110 － 8）。

したがって，**4 が最も不適当である。**　　**正解　4**

解説

1. 水気のある場所で金属管配線をする場合は，ビニル電線（IV 電線）を使用し，金属管に水が浸入しないような措置を施す(内線規程 3110 － 1，15)。
2. 管相互及びボックス等との接続は，ねじ等で堅牢にかつ電気的に完全に接続しなければならない(内線規程 3110 － 7)。
3. 乾燥した場所に敷設する場合，対地電圧が **150V** 以下で管の長さが **8 m** 以下であれば，D 種接地工事を省略することができる。
4. 解答のとおりである。

試験によく出る重要事項

① 電線の被覆を損傷しないように，管の端口には**絶縁ブッシング**を使用する。

② 金属管配線の対地電圧が 150V 以下の場合において，次のいずれかの場所に長さ 8 m 以下の金属管を施設する場合は，D 種接地工事を省略することができる。

a. 乾燥した場所

b. 人が容易に触れるおそれがない場所

5-4　構内電気設備　合成樹脂管配線　★★

17　構内電気設備の合成樹脂管配線（PF管，CD管）に関する記述として，不適当なものはどれか。

1. PF管を露出配管するときの支持にはサドルを使用し，支持間隔を2.0 m以下とした。
2. 太さ28 mmの管を曲げるときは，その内側の半径を管内径の6倍以上とした。
3. コンクリートに埋設する配管は，容易に移動しないように鉄筋にバインド線で結束した。
4. CD管はコンクリート埋設部分に使用し，PF管は二重天井内に使用した。

解答

PF管を露出配管しサドル等で支持する場合は，その支持点間の距離は，**1.5 m以下**にしなければならない（電技解釈第177条）。

したがって，1が不適当である。　　**正解　1**

解説

1. 解答のとおりである。
2. 配管を曲げる場合は，管の断面積を著しく変形しないように曲げ，その内側の半径は，管内径の**6倍以上**にしなければならない。
3. コンクリートに埋設する配管は，コンクリート打設時に移動しないように，鉄筋に結束する必要がある。
4. CD管は，直接コンクリートに埋込んで施設する場合を除き，専用の不燃性又は自消性のある難燃性の管又はダクトに収めて施設しなければならない。

試験によく出る重要事項

① **PF管**は難燃性のある合成樹脂管である。そのまま二重天井内に敷設できる。

② **CD管**は難燃性のない合成樹脂管である。コンクリートに埋設したり地中埋設管として使用する。管の色をオレンジ色に着色し，PF管と区別する。

5-4 構内電気設備　バスダクト配線　★★★

18 低圧屋内配線のバスダクト工事に関する記述として，「電気設備の技術基準とその解釈」上，**不適当なもの**はどれか。

1. 湿気の多い場所に屋外用バスダクトを使用した。
2. 使用電圧 400 V のバスダクトに C 種接地工事を施した。
3. 乾燥した点検できない隠ぺい場所にバスダクトを施設した。
4. 造営材に取り付けるバスダクトの水平支持点間隔を 3 m とした。

解答

バスダクトは，点検できない隠ぺい場所には施設できない（電技解釈第 156 条）。したがって，**3 が不適当である。**　**正解　3**

解説

1. 湿気の多い場所又は水気のある場所にバスダクトを施設する場合は，屋外用バスダクトを使用し，バスダクトの内部に水が浸入してたまらないようにしなければならない（電技解釈 163 条）。
2. 使用電圧が 400V のバスダクトには，C 種接地工事を施さなければならない（電技解釈 156 条）。
3. 解答のとおりである。
4. 造営材に取り付けるバスダクトの水平支持間隔は，3 m以下にしなければならない。

試験によく出る重要事項

① 点検できない隠ぺい場所には，バスダクトは施設できない。

② バスダクトを造営材に施設する場合は，ダクトの支持点間の距離は **3 m 以下**でなければならない。ただし，電気シャフト等，取扱者以外の者が出入りできないように措置した場所において垂直に取り付ける場合は，**6 m 以下**とすることができる。

③ 使用電圧が 200V のバスダクトには，D 種接地工事を施さなければならない。

5-4 構内電気設備　高圧ケーブルのシールド接地 ★★★

19 高圧ケーブルの地絡事故を検出するシールド接地工事を示す図として，**不適当なものはどれか。**

1. 引込用ケーブル

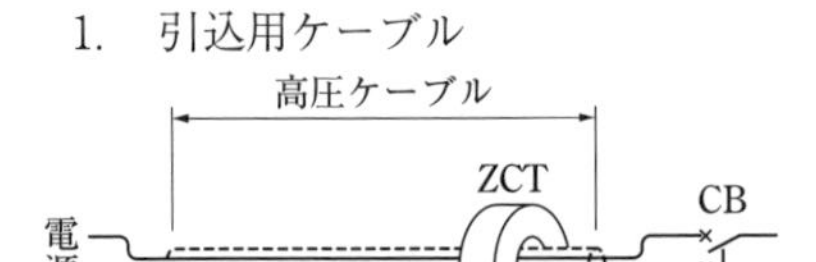

2. 引込用ケーブル

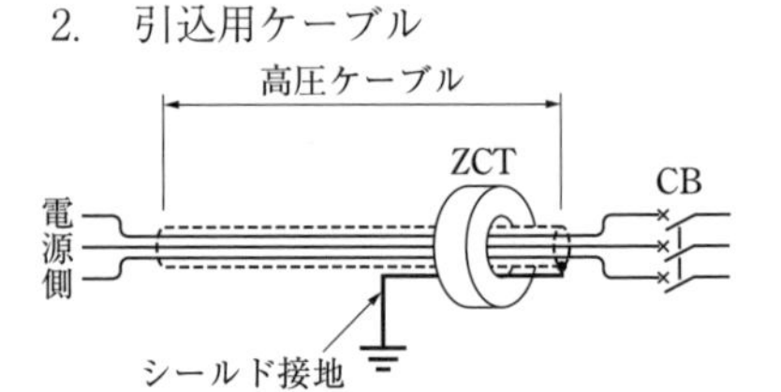

3. 引出用ケーブル

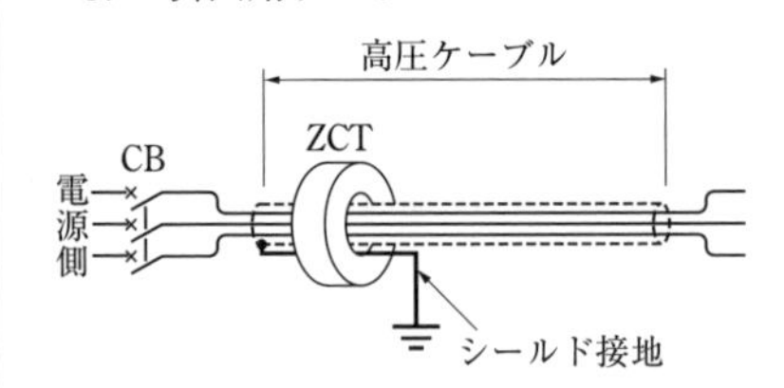

4. 引出用ケーブル

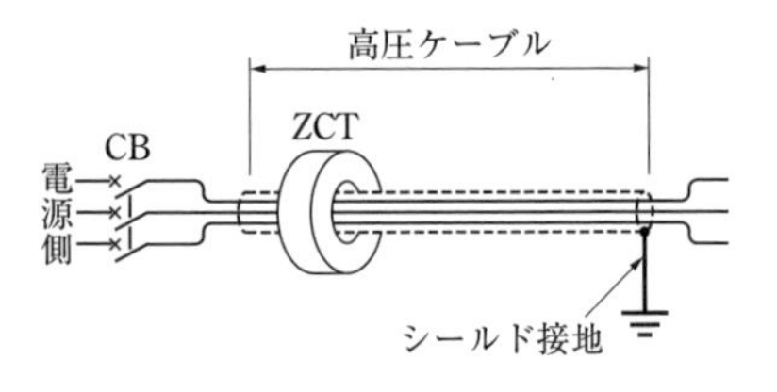

解説

正しいシールド接地工事の施工方法は，下記の二つの方法がある。

① 負荷側のシールドを一括して接地する。

② 電源側のシールドを一括した接地線を，ZCT を貫通させたのち負荷側で接地する。

1. 負荷側のシールドを一括して接地しており，適切である。
2. 負荷側のシールドを一括した接地線を，ZCT を貫通させたのち，ZCT の電源側で接地しており，**不適当である。**
3. 電源側シールドを一括した接地線を，ZCT を貫通させたのち，ZCT の負荷側で接地しており，適切である。
4. 負荷側シールドを一括して接地しており，適切である。

解答

したがって，**2 が不適当である。**　　**正解　2**

5-4 構内電気設備　接地配線の省略　★★★

20 低圧屋内配線のＤ種接地工事の施工に関する記述として，「電気設備の技術基準とその解釈」上，**不適当なもの**はどれか。

1. 金属管工事で乾燥した場所に使用電圧100 Vの配線を施設したとき，管の長さが8 mであったので接地工事を省略した。
2. ケーブル工事で乾燥した場所に交流対地電圧200 Vの配線を施設したとき，防護装置の金属部分の長さが8 mであったので接地工事を省略した。
3. 金属可とう電線管工事で交流対地電圧200 Vの配線を施設したとき，管の長さが4 mであったので接地工事を省略した。
4. 金属線ぴ工事で使用電圧100 Vの配線を施設したとき，線ぴの長さが4 mであったので接地工事を省略した。

解答

ケーブル工事の場合，交流対地電圧が150V以下の場合は，長さ8 m以下の金属管を，乾燥した場所に施設する場合はＤ種接地工事を省略することができるが，交流対地電圧が200Vの場合は，省略できない。

したがって，**2**が不適当である。　**正解　2**

解説

1. 金属管工事では，長さが8 m以下の場合，交流対地電圧が**150V以下**で，乾燥した場所に設置する場合は，接地工事を省略することができる。
2. 解答のとおりである。
3. 金属可とう電線管工事では，管の長さが**4 m以下**の場合は，接地工事を省略することができる（電技解釈第160条）。
4. 金属線ぴ工事では，線ぴの長さが**4 m以下**の場合は接地工事を省略することができる（電技解釈第161条）。

試験によく出る重要事項

① 金属管工事では，使用電圧が300V以下の場合，管にはＤ種接地工事を施さなければならないが，三相200V配線では，金属管の長さが**4 m以下**のものを乾燥した場所に施設する場合は，接地工事を省略することができる（電技解釈159条）。

② ケーブル工事では，交流対地電圧が150V以下の場合，乾燥した場所に施設する金属製の防護装置の長さが**8 m以下**の場合には，接地工事を省略することができる（電技解釈第164条）。

5-4 構内電気設備　動力設備 ★★★

21

動力設備に関する記述として，**不適当なもの**はどれか。

1.　力率改善のため，個々の低圧電動機に低圧進相用コンデンサを設けた。
2.　三相200V定格出力11kWの電動機の始動方式を，スターデルタ始動とした。
3.　低圧電動機へ接続する配管は，振動が伝わらないように二種金属製可とう電線管を用いた。
4.　低圧電動機の過電流遮断器の定格電流は，直接接続する負荷側電線の許容電流の3倍とした。

解答

電技解釈第149条で，「過電流遮断器の定格電流は，その過電流遮断器に直接接続する負荷側の電線の許容電流を2.5倍した値以下であること。」と規定されている。

したがって，**4が不適当である。**　　正解　4

解説

1. 内線規定3335-2で，「低圧の電動機，電圧装置などで低力率のものは，力率改善のため進相用コンデンサを取り付けることを推奨する。」と規定されている。
2. 内線規定3305-2で，「定格出力が，3.7kWを超える三相誘導電動機は，始動装置を使用し始動電流を抑制すること。」と規定されている。
3. 電動機端子箱に直接接続する配管は，電動機の振動が配管などを通じて伝わらないよう，二種金属電線管を使用する必要がある。
4. 解答のとおりである。

試験によく出る重要事項

小勢力回路

①　電磁開閉器の操作回路等，最大使用電圧が60V以下のものを「小勢力回路」という。

②　小勢力回路の変圧器は，絶縁変圧器であること。一次側の対地電圧は，300V以下であること。二次短絡電流は，下記の表の右欄に規定する値以下であること。

小勢力回路の最大使用電圧	最大使用電流	変圧器の二次側短絡電流
15V以下	5A	8A
15Vを超え30V以下	3A	5A
30Vを超え60V以下	1.5A	3A

5-4 構内電気設備 照明設備 ★★★

22

照明器具の施工に関する記述として，**最も不適当なもの**はどれか。

1.　電気用品安全法の適用を受けた二種金属製線ぴに照明器具を取り付けるので，線ぴ内の容易に点検できる箇所で電線を分岐した。
2.　システム天井用照明器具の落下防止対策として，Tバーへの取付金具部に落下防止金物を設けた。
3.　天井を照らす照明器具を取り付けるため，ライティングダクトの開口部を上向きにして施設した。
4.　断熱材を敷き詰めた天井に，S形埋込み形照明器具を使用した。

解 答

ライティングダクトの開口部は，下に向けて施設しなければならない（電技解釈第165条)。したがって，**3が最も不適当である。**　正解 3

解 説

1. 二種金属線ぴに照明器具を取り付ける場合，線ぴ内の容易に点検できる場所で，電線を分岐する。
2. 落下防止対策として，通常Tバーへの取り付金具部には落下防止金具を設ける。又，照明器具が落下しないように，器具を吊りボルトやCチャンネルにワイヤで吊り下げる措置を施す場合もある。
3. 解答のとおりである。
4. S形埋込器具は，断熱施工天井に取り付けても安全な照明器具であり，断熱材を敷き詰めた天井に使用できる。

試験によく出る重要事項

① 照明器具を外壁面に取り付ける場合は，器具と壁の間にパッキンを入れる。ボックスへの電線管は，配管から建物内部に水が浸入しないよう上部から配管する。

② 照明器具の送り配線を器具の端子送りとする場合は，端子に十分な電流容量があることを確認する。

③ 電気回路の点滅器などは，接続されている機器を，必要以上に帯電させないよう，電源側に取り付ける。

④ 線ぴ内では，電線に接続点を設けてはならないが，接続点を容易に点検できるようにした場合にはこの限りではない。

5−4 構内電気設備 自動火災報知設備 ★★★

23　自動火災報知設備に関する記述として，「消防法」上，**誤っているもの**はどれか。

1.　空調の吹出し口付近に設ける煙感知器は，吹出し口から1.5 m 離して設置した。
2.　発信機の表示灯は，取付け面と15度以上の角度となる方向に沿って10 m 離れたところから点灯していることが容易に識別できるように設置した。
3.　一の地区音響装置までの水平距離は，その階の各部分から最大で30 m となるように設置した。
4.　受信機は，操作スイッチが床面から1.5 m の高さになるように設置した。

解答

地区音響装置は，その階の各部分から一つの地区音響装置までの水平距離が**25 m以下**となるように設置しなければならない。

したがって，**3** が誤っている。　　　**正解　3**

解説

自動火災報知設備の感知器等の設置基準は，消防法施行規則で規定されている。

1. 空調の吹出し口付近に設ける煙感知器は，吹出し口から**1.5 m 以上**離して設置しけなければならない（消防法施行規則23条第4項第8号）。
2. 発信機の表示灯は，赤色の灯火で，取付け面と**15° 以上**の角度となる方向に沿って**10 m** 離れたところから点灯していることが容易に識別できなければならない。
3. 解答のとおりである。
4. 受信機の操作スイッチは，床面の高さが**0.8 m**（いすに座って操作するものにあっては0.6 m）**以上 1.5 m 以下**の箇所に設けなければならない。

試験によく出る重要事項

① **発信機の取付け高さ**　発信機は，床面からの高さが**0.8 m 以上 1.5 m 以下**の箇所に設置しなければならない。

② **配線**　P型受信機，GP型の受信機の感知回路の電気抵抗は，**50 Ω 以下**となるように設けなければならない。

5-4 構内電気設備　駐車管制設備　★★★

24 建築物の屋内駐車場の車路管制設備に関する記述として，**最も不適当なもの**はどれか。

1. ループコイルは，鉄筋から 60 mm 離して，コンクリートに埋設した。
2. 赤外線式感知器の発光器・受光器は 2 組を 1.5 m 間隔で設置した。
3. 車路の直上に取り付ける信号灯の高さは，車路面から器具下端で 2.1 m とした。
4. 壁掛型発券器の発券口の高さは，車路面から 1.2 m とした。

解答

車路の直上に取り付ける信号灯の高さは，信号灯の下端で車路面から **2.3 m以上**確保しなければならない（駐車場法施行令第 8 条）。

したがって，**3 が最も不適当である。**　　正解　3

解説

1. ループコイルは，鉄筋等の金属物と **50 mm以上**離隔する必要がある（公共建築工事標準仕様書（電気設備工事編））。
2. 発光器，受光器は，車路の出入り口に **1 ～ 2 m** の間隔で 2 組設置し，取り付け高さは車路面より **0.6 ～ 0.7 m** とする（国土交通省大臣官房官庁営繕部監修　電気設備工事監理指針）。
3. 解答のとおりである。
4. 壁掛け発券機の発券口の高さは，車路面より **1.0 m以上 1.3 m以下**とすると規定されている（公共工事標準仕様書）。

試験によく出る重要事項

① 信号灯回路と検出回路とは，電圧が異なるので，別配管配線としなければならない（国土交通省大臣官房官庁営繕部監修 電気設備工事監理指針）。

② 検出器は，赤外線発光器と受光器が必要である。これらを車路の壁に **1 ～ 2 m 離して 2 組** 設置する。1 組だと人間が歩いても動作してしまうため，両方同時に遮光したときに車輛を検出するようにする。

5-5 電車線設備

●過去の出題傾向

電車線設備は，**毎年1問出題**されている。

架空単線式の電車線に関する出題頻度が高い。

[架空単線式電車線]

・電車線の高さ，電車線のサイズ，電車線の偏位，電車線のレール面に対する勾配を覚える。

・一般の電車線と新幹線の違いを理解する。

[漏れ電流低減対策]

・電車線の漏れ電流低減対策に関しては，具体的な対策を理解する。

項目	出題内容（キーワード）
架空単線式電車線	**架空単線式の電車線：** 列車の速度とちょう架方式，剛体ちょう架式， カテナリちょう架式，電車線のサイズ，支持物相互間の距離， ハンガの間隔，支持物，支線の安全率 **新幹線の電車線：** 電車線の高さ，電車線のサイズ，電車線の偏位， 電車線のレール面に対する勾配
漏れ電流低減対策	**帰線の漏れ電流低減対策：** ロングレール，帰線抵抗，クロスボンド，レール電位の傾き， 道床の排水，漏れ抵抗，変電所数，き電区間，架空絶縁帰線

5-5 電車線設備　架空単線式電車線 ★★★

25 架空単線式の電車線及び支持物に関する記述として，「鉄道に関する技術上の基準を定める省令及び同省令等の解釈基準」上，**誤っているもの**はどれか。

1. コンクリート柱の安全率は，破壊荷重に対し 1 とした。
2. シンプルカテナリちょう架式の支持物相互間の距離は 60 m とした。
3. 列車が 90 km/h 以下の速度で走行する区間なので，剛体ちょう架式とした。
4. カテナリちょう架式の電車線のハンガ間隔は 5 m とした。

解答

支持物がコンクリート柱の場合，安全率は破壊荷重に対し **2 以上**でなければならない（鉄道に関する技術基準第 41 条）。

したがって，**1 が誤っている。**　　正解　1

解説

1. 解答のとおりである。
2. **シンプルカテナリちょう架式**よりちょう架する場合は，支持物の相互間隔は，**60 m 以下**にしなければならない（同解釈基準 24）。
3. 列車が **90km 毎時以下**の速度で走行する区間においては，**剛体ちょう架式**でよい（同解釈基準 19）。
4. 電車線を**カテナリちょう架線**によりちょう架する場合は，ハンガ間隔は，**5 m 以下**にしなければならない（同解釈基準 20）。

試験によく出る重要事項

新幹線を除く架空単線式の電車線に関して，次の規定がある。

① 直接ちょう架式による主スパン線は，引張力に対する**安全率を 2.5 以上**とする。

② 剛体吊架式の電車線は，支持点の間隔を **7 m 以下**とする。

③ 本線の電車線は，**公称断面積 85 mm^2 以上**の溝付硬銅線又はこれに準ずるものであること。

④ 電車線の偏いは，レール面に垂直の軌道中心面から **250 mm 以内**とする。

⑤ 支線は，引張力に対する**安全率を 2.5 以上**とする。

第5章 工事施工

5-5 電車線設備　架空単線式電車線 ★★★

26 架空単線式の電車線路に関する記述として，「鉄道に関する技術上の基準を定める省令及び同省令等の解釈基準」上，**誤っているもの**はどれか。
ただし，新幹線鉄道は除くものとする。

1. 本線の電車線は，公称断面積 85 mm^2 の溝付硬銅線とした。
2. シンプルカテナリちょう架式の支持物相互間の距離は，80 m とした。
3. 列車が 90 km/h 以下の速度で走行する区間なので，剛体ちょう架式とした。
4. カテナリちょう架式の電車線のハンガ間隔は，5 m とした。

解答

シンプルカテナリちょう架式の支持物相互間の距離は，60 m以下でなければならない。
したがって，2が誤っている。　**正解　2**

解説

1. 本線の電車線に溝付硬銅線を使用する場合，断面積は，85 mm^2 以上と規定されている。
2. 解答のとおりである。
3. 列車が 90km/h 以下で走行する区間では，剛体ちょう架式を採用してもよい。
4. カテナリちょう架式によりちょう架する場合，ハンガの間隔は，5 m を標準とすることと規定されている。

試験によく出る重要事項

架空単線式電車線

	一般の電車線	新幹線
溝型硬銅線の断面積	85mm^{2}以上	110mm^{2}以上
レール面上の高さ	5.0～5.4m	5mを標準とし 4.8～5.2m
軌道中心からの偏位	250mm以下	300mm以下
レール面に対する勾配	$\frac{5}{1{,}000}$以下	$\frac{3}{1{,}000}$以下
引張力に対する支線の安全率	2.5以上	2.5以上

5-5 電車線設備 漏れ電流低減対策 ★★

27 直流電気鉄道における帰線の漏れ電流の低減対策に関する記述として，**不適当なものはどれか。**

1. ロングレールを採用して，帰線抵抗を小さくした。
2. クロスボンドを増設して，帰線抵抗を小さくした。
3. 架空絶縁帰線を設けて，レール電位の傾きを大きくした。
4. 道床の排水をよくして，レールからの漏れ抵抗を大きくした。

解答

帰線の漏れ電流を低減するには，架空絶縁帰線を設けて，レール電位の傾きを小さくする必要がある。

したがって，**3 が不適当である。**　　**正解　3**

解説

1. ロングレールを採用して帰線抵抗を小さくすると，漏れ電流は減少する。
2. クロスボンドを増設して，帰線抵抗を小さくすれば，漏れ電流は減少する。
3. 解答のとおりである。
4. 道床の排水をよくすると，漏れ抵抗が大きくなり，漏れ電流は減少する。

類題 直流電気鉄道における帰線の漏れ電流の低減対策として，**不適当なものはどれか。**

1. 道床の排水を良くする。
2. き電用の変電所数を減らす。
3. クロスボンドを増設する。
4. 架空絶縁帰線を設ける。

解答

き電用の変電所数を増やし，帰線の距離を短くして，漏れ電流を小さくする。

したがって，**2 が不適当である。**　　**正解　2**

5-6 有線電気通信設備

●過去の出題傾向

有線電気通信設備は，**毎年1～2問出題**されている。

[ケーブルの種類]

・UTPケーブル及び光ファイバケーブルに関しては，ケーブルの曲げ半径等それぞれの施工方法を理解する。

[有線電気通信法]

・有線電気通信法に関しては，ケーブル布設高さ，離隔距離，接地抵抗値，絶縁抵抗値を覚える。

項目	出題内容（キーワード）
ケーブルの種類	LAN用UTPケーブル： 配線の物理長，ケーブルの曲げ半径，ケーブルの水平支持間隔，ケーブルの垂直支持間隔 光ファイバケーブル： 曲げ半径，ケーブルの張力，心線相互の接続，融着接続工法，ノンメタリックケーブル，メタリック形ケーブルの接地，電力ケーブルと並行布設，管路内へのケーブル通線
有線電気通信法	ケーブル布設高さ，離隔距離： 車道上の架空電線の高さ，強電流ケーブルとの離隔距離，保護網と架空電線の垂直離隔距離，他人の建造物と架空電線との離隔距離 接地抵抗，絶縁抵抗： 第1種保護網，特別保安接地工事，接地抵抗値，絶縁抵抗値

5-6 有線電気通信設備 UTP ケーブル ★★★

28 構内情報通信網（LAN）に使用する UTP ケーブルの施工に関する記述として，**最も不適当なものはどれか。**

1. 4 対ケーブルの固定時の曲げ半径を仕上がり外径の 4 倍とした。
2. フロア配線盤から通信アウトレットまでの配線長を 100 m とした。
3. 垂直のケーブルラックに布設するケーブルの支持間隔を 1.5 m とした。
4. カテゴリー 6 の成端時の対のより戻し長を 6 mm とした。

解 答

UTP（非シールド対撚り線）ケーブルを敷設する場合，フロア配線盤から通信アウトレットまでの距離の物理長は，**90 m** を超えてはならない（JIS X 5150 構内情報配線システム）。

したがって，**2 が最も不適当である。** 正解 2

解 説

1. UTP ケーブルは，極端な曲げをケーブルに加えるとケーブル性能が低下する。4 対ケーブルでは，仕上がり外径の **4 倍以上**を確保する必要がある。
2. 解答のとおりである。
3. ケーブルラックに布設するケーブルは，水平部では **3 m 以下**，垂直部では **1.5 m 以下**の間隔で支持しなければならない。
4. 成端点のケーブル心線のより戻しが長すぎると，ケーブル性能が低下する。カテゴリー 5e ケーブルは 13 mm（$\frac{1}{2}$インチ）以下に，カテゴリー 6 ケーブルは 6 mm（$\frac{1}{4}$インチ）以下に維持しなければならない。

UTPケーブルの曲げ半径（公共建築工事標準仕様書）

UTPケーブルの対数	布設中の曲げ半径	固定時の曲げ半径
4対以下のもの	仕上がり外径の8倍以上	仕上がり外径の4倍以上
4対を超えるもの	仕上がり外径の10倍以上	仕上がり外径の6倍以上

5−6　有線電気通信設備　光ファイバケーブル　★★★

29　光ファイバケーブルの施工に関する記述として，**最も不適当なもの**はどれか。

1.　マンホールでの光ファイバ心線相互の接続は，融着接続工法で行いクロージャに収容した。
2.　メタリック形ケーブルを使用したので，テンションメンバとアルミテープを接地した。
3.　ノンメタリック形ケーブルを使用したので，電力ケーブルと並行して布設した。
4.　管路内への光ファイバケーブルの通線にはケーブルグリップを使用し，ケーブルシースに張力をかけて引っ張った。

解 答

ケーブルグリップを使用してケーブルを引っ張ると，ケーブルシースに張力がかかり，光ファイバ芯線にも伸び歪を生じさせ，芯線の破断確率を高める恐れがある。

したがって，**4 が最も不適当である。**　　正解　4

解 説

1. マンホール内での光ファイバケーブルの接続は，接続損失が少なく信頼性に優れている融着接続工法を採用し，エンクロージャに収容する。
2. 光ファイバケーブルの構成材に金属製のものが使用されている場合には，金属物に誘導電圧が発生することがあるため，防止対策として接地を施す必要がある。
3. 光ファイバケーブルは，電磁誘導の影響を受けないため，電力ケーブルと並行して布設することができる。
4. 解答のとおりである。

試験によく出る重要事項

① **光ファイバケーブルの張力**

複数の光ファイバケーブルを牽引するときは，その中の許容張力の一番小さいケーブルの許容張力を超えない張力でなければならない。

② **光ファイバケーブルの曲げ半径**

・ケーブルの布設作業中の曲げ半径は，仕上がり外径の **20 倍以上**とする。
・固定時の曲げ半径は，仕上がり外径の **10 倍以上**とする。

5-6 有線電気通信設備　有線電気通信法 ★★★

30 有線電気通信設備に関する記述として，「有線電気通信法」上，**誤っている**ものはどれか。ただし，光ファイバは除くものとする。

1. 第一種保護網の特別保安接地工事の接地抵抗値が 100 Ωであったので，良好と判断した。
2. 屋内電線と大地との間の絶縁抵抗を，直流 100 V の電圧で測定した値が 1 MΩであったので，良好と判断した。
3. 架空電線が低圧の強電流ケーブルと交差するので，架空電線を下に設置し，その離隔距離を 30 cm とした。
4. 屋内電線が高圧の屋内強電流電線と交差するので，その離隔距離を 15 cm とした。

解答

第一種保護網には，**特別保安接地工事（10 Ω）**を施さなければならない。
したがって，**1** が誤っている。　正解　1

解説

1. 解答のとおりである。
   第一種保護網：特別保安接地工事を施した金属線による網状のもの
   特別保安接地工事：接地抵抗値が 10 Ω以下の接地工事
2. 屋内電線と大地との間及び屋内電線相互間の絶縁抵抗は，直流 100V の電圧で測定した値で，**1M Ω以上**でなければならない。
3. 架空電線が低圧の強電流ケーブルと交差する場合，離隔距離は **30cm 以上**確保しなければならない。
4. 屋内電線が高圧の屋内強電流電線と交差する場合，離隔距離は **15cm 以上**確保しなければならない。

試験によく出る重要事項

① 公道に施設した電柱の昇降に使用するねじ込み式の足場金具は，**地表上 1.8 m 未満**の高さに取り付けてはならない。

② 横断歩道橋の上にあるときを除き，道路上の架空電線は，**路面から 5 m 以上**なければならない。

5−7 地中電線路

●過去の出題傾向

地中電線路は，毎年１問出題されている。

[管路工事]

・管路工事に関しては，配管材料，配管の接続方法，埋設表示等に関する事項を覚える。

[ケーブル工事]

・ケーブル工事に関しては，ケーブルの曲げ半径，ケーブルの引入れ方法，熱収縮対策を理解する。

[マンホール工事]

・マンホール工事に関しては，施工方法を理解する。

項目	出題内容（キーワード）
管路工事	配管材料： 亜鉛メッキ鋼管（GP），コンクリート管，防水鋳鉄管， 硬質塩化ビニル電線管（VE），波付合成樹脂管（ＦＥＰ）， 異物継ぎ手，防水鋳鉄管，軟弱地盤対策，管路材周辺の埋戻し 施工方法： 埋設深さ，軟弱地盤の不等沈下対策，配管用ボビン， 埋設表示シート，単心ケーブル１条の引き入れ，管路の補強胴締め
ケーブル工事	地中電線路のケーブル施工： ケーブルの曲げ半径，スプリング方式のストッパ， マンホール内のオフセット，引入張力，ケーブルガイド
マンホール工事	現場打ちマンホールの施工： 基礎の砂利，マンホールの防水処理，レーザ鉛直器， 振動コンパクタ，振動ローラ，捨てコンクリート， ランマで締め固め

5-7 地中電線路　管路工事　★★★

31　需要場所に施設する高圧地中電線路の管路工事に関する記述として，**最も不適当なもの**はどれか。

1. 管路に硬質塩化ビニル電線管（VE）を使用した。
2. 軟弱地盤なので，ボビン（管路通過試験器）を通しながら配管した。
3. 防水鋳鉄管と波付硬質合成樹脂管（FEP）の接続に，ねじ切りの鋼管継手を使用した。
4. 舗装面の埋設表示に，金属製の鋲（びょう）を使用した。

解答

水が容易に管路内部に浸入しにくいように施設するために，防水鋳鉄管と波付硬質合成樹脂管（FEP）のような異種管の接続には，**異物継手**を使用する。

したがって，**3 が最も不適当である。**　正解　3

解説

高圧地中電線路の施工方法に関しては，JIS C 3653（電力ケーブルの地中埋設の施工方法）に規定がある。

1. 管路材には，鋼管，コンクリート管，合成樹脂管，陶管がある。合成樹脂管の一種として，硬質塩化ビニル管（VE）がある。
2. 軟弱地盤などで不等沈下のおそれがある場所では，管路が完全に接続されていることを確認するため，配管用ボビンを通しながら配管する。
3. 解答のとおりである。
4. 「管路の埋設経路が地表上で確認できるように，埋設表示板，埋設柱などを施設する」と規定されている。舗装面に金属製の鋲を使用すれば地表上で確認でき，規定にある「など」に該当するとみなされる。

試験によく出る重要事項

高圧地中電線路の施工方法に関しては，次の規定がある。

① 高圧CVTケーブルの曲げ半径は，ケーブルの仕上がり外径の**8倍以上**であること。

② 軟弱地盤で不等沈下が予想される箇所に埋設する管路には，一般的にコンクリートで**全胴締め**する。

5-7 地中電線路　ケーブル工事　★★★

32 地中電線路の施工に関する記述として，**最も不適当なものはどれか。**

1. 管路の途中に水平屈曲部があったので，引入張力を小さくするため，屈曲部に遠い方のマンホールからケーブルを引き入れた。
2. 管路へのケーブル引入れ時，ケーブルの損傷を防ぐため，引入れ側の管路口にケーブルガイドを取り付けた。
3. 傾斜地に布設されたケーブルの熱伸縮による滑落を防止するため，上端側の管路口にスプリング方式のストッパを取り付けた。
4. ケーブルの熱伸縮による金属シースの疲労を少なくするため，マンホール内でオフセットを設けた。

解答

ケーブル管路の引入れ区間に，水平屈曲部がある場合には，引入れ張力を小さくするため，屈曲部に近いほうのマンホールから引入れる。

したがって，**1 が最も不適当である。**　　**正解　1**

解説

1. 解答のとおりである。
2. 管路へのケーブル引入れ時，ケーブルの損傷を防ぐため，引入れ側の管路口にケーブルガイドを取り付ける。
3. 傾斜地に布設されるケーブルは，熱収縮による滑落を防止するため，上端側の管路口に，スプリング方式のストッパを設置する。
4. ケーブルの熱伸縮による金属シースの疲労を少なくするため，マンホール内にオフセットを設ける。

試験によく出る重要事項

① 単心ケーブル１条を引き入れる管路には，電磁誘導による発熱を生じないようプラスチック製等の**非金属製の管を使用する**必要がある。

② マンホールと管，ハンドホールと管との接続には，マンホールやハンドホール内部に水が浸入しないように**防水鋳鉄管**を使用する。

③ 高圧地中電線路の長さが **15 m を超える場合は，**埋設表示シートを布設しなければならない（電技解釈 134 条）。

④ 地中電線路の埋設深さは，車両その他の重量物の圧力を受けるおそれがある場所においては 1.2 m 以上，その他の場所においては 0.6 m 以上確保しなければならない（電技解釈 134 条）。

5-7 地中電線路　ケーブル工事　★★★

33

地中電線路に関する記述として，**不適当なものはどれか。**

1. 単心ケーブル１条を引入れる管路に亜鉛メッキ鋼管（GP）を使用した。
2. 管路には，ライニングなど防食処理を施した厚鋼電線管を使用した。
3. 亜鉛メッキ鋼管（GP）と強化プラスチック複合管（PFP）の接続は，異物継手で行った。
4. マンホールの管口部分には，マンホール内部に水が浸入しにくいように防水処理を施した。

解答

単心ケーブル１条を引き入れる管路には，電磁誘導による発熱を生じないよう，非金属管を使用する。金属管を使用すると，電磁誘導による発熱で電力損失を生じる。非金属管には，強化プラスチック複合管（PFP），耐衝撃硬化塩化ビニル管，ガラス繊維強化プラスチック管（FRP）等がある。

したがって，**1 が不適当である。**　　**正解　1**

解説

1. 解答のとおりである。
2. 管路には，ライニング等を施した厚鋼電線管等を使用する。
3. 亜鉛メッキ鋼管と強化プラスチック複合管の接続等，異種管の接続には，異物継手を使用し，管内に水が浸入しにくいように接続する。
4. マンホールと管，ハンドホールと管との接続では，マンホールやハンドホールの内部に水が浸入しにくいよう防水鋳鉄管を使用する。

試験によく出る重要事項

① 電力ケーブルの許容曲げ半径（JIS C3653），D は，ケーブルの仕上がり外径

ケーブルの種類	単心	多心
低圧	8 D 以上	6 D 以上
高圧	10 D 以上	8 D 以上

・トリプレクス（T）ケーブルは，多心として扱う。

・多心ケーブルの仕上がり外径は，各々の単心ケーブル外接円の直径とする。

② 管路の補強胴締め

軟弱地盤で不等沈下が予想される箇所，埋設深さが浅い箇所，縦割り管を使用する箇所などでは，管路をコンクリート等で胴締めする。

5-7 地中電線路 マンホール工事 ★★

34　現場打ちマンホールの施工に関する記述として，**最も不適当なもの**はどれか。

1.　根切り深さの測定には，精度を高めるためにレーザ鉛直器を用いた。
2.　底面の砂利は，すき間がないように敷き，振動コンパクタで十分締め固めた。
3.　マンホールを正確に設置するため捨てコンクリートを打ち，その表面に墨出しを行った。
4.　マンホールに管路を接続後，良質の根切り土を使用し，ランマで締め固めながら埋め戻した。

解答

レーザ鉛直器は，レーザ光線により鉛直度を測定する機器で，深さを測定する機器ではない。

したがって，**1 が最も不適当である。**　正解　1

解説

1. 解答のとおりである。
2. 基礎に用いる砂利は，原則として一層とし，すき間のないように敷き，締固めはランマ，振動コンパクタ，振動ローラなどで十分締固めを行う。
3. 捨てコンクリートは，基礎コンクリートを造る前に，地盤の上に打設するコンクリートをいう。捨てコンクリートの上に墨出し（位置を確定するために線を引く）を行い，マンホールの正確な位置を決定する。
4. 埋め戻しに使用する土は，根切り土中の良質土とし，締め固めはランマ，振動ローラを用いて，締め固めながら埋め戻す。

類題　軟弱地盤対策の工法として，**関係がないもの**はどれか。

1.　サンドドレーン工法
2.　グルービング工法
3.　ロッドコンパクション工法
4.　盛土荷重載荷工法

解答

グルービング工法は，舗装路面の溝切りを行うもので，舗装面のすべり抵抗を高める工法である。したがって，**2 が関係ない。**　正解　2

第６章　施工管理

◎学習の指針

12 問出題され全問必須で，全回答数 60 問の 20%を占めています。
この分野の出来具合が合否の行方を左右します。
施工管理は，最重要の分野です。
第一番目に学習し，しっかり覚えましょう。

●出題分野と出題傾向

・問題 No.68 ～ 79 が対象です。

・施工管理は，建設現場で品質の良い電気設備を安全に，早く造るための分野です。

・施工計画，工程管理，品質管理，安全管理の 4 つの分野に分かれ，**毎年それぞれの分野で 3 問ずつ，計 12 問出題**されています。

・幅広い分野ですが，施工経験があれば，馴染みのある問題ばかりで，基本的な事項が繰り返し出題されています。重要な事項は確実に理解し，取りこぼしのないようにしましょう。

分野	出題数	出題頻度が高い項目
6-1 施工計画	3	設計図書間の優先順位，施工計画書， 施工要領書，申請書類と提出先
6-2 工程管理	3	一般事項，総合工程表，ネットワーク工程表， バーチャート工程表，ガントチャート工程表
6-3 品質管理	3	品質マネジメント ISO 9000， 品質管理図表（QC7 つ道具），検査・試験・測定
6-4 安全管理	3	安全教育，現場の安全管理，作業主任者の選任， 労働災害用語
計	12	

6-1　施工計画

●過去の出題傾向

施工計画は，**毎年3問出題**されている。施工計画書に関する問題が約70%を占めており，施工計画の分野では最重要項目である。**まず施工計画書に関する勉強から始めよう。**

[施工計画書]

・基本的な事項が繰返し出題されている。自分が施工計画書を作る立場で考えると理解し易い。

[施工要領書]

・施工要領書検討時及び作成時の基本的な留意事項を正しく理解する。

[申請書類と提出先]

・届出・申請書類の名称，提出先の名称を正しく覚える。

項目	出題内容（キーワード）
施工計画書	**設計図書間の優先順位：** 質問回答書，現場説明書，特記仕様書，設計図面，標準仕様書 **施工計画書作成時の検討事項：** 工事範囲，工事区分，最適な工法，新技術の採用 **施工計画書：** 総合施工計画書，工種別施工計画書，施工体制，関連工事との調整 **仮設計画：** 現場事務所，工事用車両，既存配電線，通信線，給排水管， 分電盤・幹線の設置，仮設配線方法，保安規定の作成
施工要領書	**施工要領書の作成における留意事項：** 施工方針，品質の向上，安全性，経済性，施工技術 **記載する事項：** 品質計画に関する事項，施工上必要な事項，施工方法
申請書類と提出先	**申請書類：** 道路占用許可，自家用電気工作物，危険物，適用事業報告， 着工届，設置届 **提出先：** 道路管理者，経済産業保安監督部長，都道府県知事， 市長村長，消防長，消防署，労働監督署長

6-1　施工計画　施工計画書　★★★

1

施工計画書の作成に関する記述として，**最も不適当なもの**はどれか。

1.　発注者により指示された期間内で，最適な工法を検討した。
2.　現場担当者だけで検討することなく，会社内の組織を活用して行った。
3.　ひとつの計画のみでなく，いくつかの案を作り長所・短所を比較検討した。
4.　新工法や新技術の採用を検討することなく，過去の経験や実績を重視した。

解答

施工計画を決定するには，過去の経験や実績だけにたよることなく，新工法や新技術の採用も含めて検討し，その現場に相応しい工法を選定する必要がある。

したがって，**4が最も不適当である。**　　正解　4

解説

1. 発注者により指示された期間内で，協力業者，資材，労務，工事用機械等の状況を把握し，経済的で最適な工法を検討する必要がある。
2. 現場担当者だけでなく，社内の組織を活用し，広く経験のある人の意見も取り入れて検討する必要がある。
3. いくつかの案を作成し，経済性，安全性等も考慮し，長所，短所を比較検討して最も適した計画を作成する必要がある。
4. 解答のとおりである。

類題　施工計画の方針決定に際しての留意事項として，**最も不適当なもの**はどれか。

1.　現場担当者の経験のない工法や技術は除いて検討した。
2.　発注者により指示された期間内で，経済的で最適な工法を検討した。
3.　現場担当者のみに頼ることなく，会社内の組織を活用して検討した。
4.　一つの計画のみでなく，いくつかの案を作り長所短所を比較検討した。

解答

施工計画の方針決定においては，過去の経験だけでなく，新しい技術や工法を盛り込んで検討する必要がある。したがって，**1が最も不適当である。**　正解　1

6-1　施工計画　施工計画書　★★★

2

施工計画書等の作成に関する記述として，**最も不適当なもの**はどれか。

1.　総合施工計画書は，施工体制，仮設計画及び安全衛生管理計画を含めて作成した。
2.　工種別施工計画書を作成し，それに基づき総合施工計画書を作成した。
3.　工種別施工計画書は，一工程の施工の確認手順及び施工の具体的な計画を含めて作成した。
4.　関連工事との調整をした総合図を作成し，それに基づき施工図を作成した。

解答

工種別施工計画書は，総合施工計画書に基づき作成する。

したがって，**2が最も不適当である。**　　正解　2

解説

1. 総合施工計画書は，施工体制，仮設計画及び安全衛生管理計画を含めて作成する必要がある。
2. 解答のとおりである。
3. 工種別施工計画書は，品質計画，一工程の施工の確認手順及び施工の具体的な計画を定めたものである。設計図書に明示されていない施工上必要な事項についての記載がなければならない。
4. 総合図は，建築，電気，空調・衛生など，各工事の設計図書に分散している各種情報を，一元化して検討し確認する図面である。施工図は，関連工事との調整をした総合図を作成し，それに基づき作成する必要がある。

試験によく出る重要事項

設計図書の優先順位

設計図書間に相違がある場合の一般的な優先順位は，次のとおりである。

① **質疑回答書**：変更指示が含まれる場合があり，非常に重要である。
② **現場説明書**：発注者，設計事務所で図面説明の形で実施される。
③ **特記仕様書**：共通仕様書と相違があった場合は，特記仕様書が優先する。
④ **設計図面**
⑤ **共通仕様書**：官公庁，設計事務所等が，標準的な基準を定めた仕様書。

6-1　施工計画　施工計画書（仮設計画）　★★★

3　仮設計画に関する記述として，**最も不適当なもの**はどれか。

1. 仮設の幹線や分電盤は，工事の進捗に伴う移設や切回しのない場所に設置する計画とした。
2. 電圧 100 V の仮設配線は，使用期間が 2 年なので，ビニルケーブル（VVF）をコンクリート内に直接埋設する計画とした。
3. 仮設の低圧ケーブル配線が通路床上を横断するので，車両等の通過により絶縁被覆が損傷しないように防護装置を設けて使用する計画とした。
4. 工事用として出力 10 kW 以上の可搬型ディーゼル発電機を使用するので，保安規程を作成する計画とした。

解答

使用期間が1年以内であれば，ビニルケーブル（VVF）をコンクリート内に直接埋設することができる。2年であれば，コンクリート直埋用ケーブルを使用しなければならない（電技解釈第 180 条）。

したがって，**2 が最も不適当である。**　正解　2

解説

1. 仮設の幹線や分電盤は，工事の進捗に伴って移設や切り回しのない場所に設置するのが望ましい。
2. 解答のとおりである。
3. 仮設ケーブルは，車両等の通過により絶縁被覆が損傷しないように，防護装置を設けて使用しなければならない。
4. 10kW 以上のディーゼル発電機は，事業用電気工作物に区分されるため，保安規定を作成しなければならない（電気事業法規則第 48 条）。

試験によく出る重要事項

仮設計画立案に際し，現地で調査・確認すべき事項

① 電力，電話等の引込位置が設計図面と一致しているか。
② 現場事務所が竣工まで，移設の必要はないか。又，解体・搬出が容易な場所か。
③ 周辺の道路事情を調査し，工事用車両の進入に支障はないか。
④ 近隣に振動や騒音に配慮すべき建物はあるか。
⑤ 警察，消防，病院等の場所。

6-1　施工計画　施工計画書（工種別）　★★★

4　工種別施工計画書に記載する事項として，**最も重要度が低いもの**はどれか。

1.　一般的に周知されている施工方法に関する事項
2.　施工等の品質を確保するための品質計画に関する事項
3.　設計図書に明示されていない施工上必要な事項
4.　所定の手続きにより，設計図書と異なる施工を行う場合の施工方法に関する事項

解 答

工種別施工計画書の作成の目的は，作業員に施工の具体的な内容を周知することである。一般的に周知されている施工方法を，工種別施工計画書に書く必要はない。したがって，**1 が最も重要度が低い**。　**正解　1**

解 説

工種別施工計画書に具体的に記載すべき事項は，次のとおりである。

①　設計図書に記載されていないが施工上必要な事項
②　施工方法等，作業員に周知する必要のある特定の事項
③　品質を確保するために必要な品質管理方法や体制等，品質計画に関する事項
④　監理者の承諾を得て設計図書と異なる施工を行う事項

類題　工種別施工計画書の作成に関する記述として，**最も不適当なもの**はどれか。

1.　設計図書に明示されていない事項は，施工上必要な事項であっても記載しない。
2.　品質計画，一工程の施工の確認を行う段階及び施工の具体的な計画を定めたものとする。
3.　個々の工事について具体的に記載し，どの工事にも共通的に利用できる便宜的なものとはしない。
4.　品質計画の内容として，使用機材，仕上げの程度，性能，品質管理及び体制等を記載する。

解 答

設計図書に明示されていない事項で，施工上必要な事項は，工種別施工計画書に記載しなければならない。したがって，**1 が最も不適当である**。　**正解　1**

6-1 施工計画　施工要領書 ★★

5 施工要領書の作成における留意事項として，**最も不適当なものはどれか。**

1. 品質の向上を図り，安全かつ経済的な施工方法を考慮する。
2. 他の現場においても共通に利用できるようにする。
3. 部分詳細や図表などを用いて分かりやすくする。
4. 工事の着手前に作成して，工事監理者の承諾を得る。

解 答

電気工事の現場は，建物用途や使用機材が異なるために，施工要領書は，工事ごとに作成するのが一般的であり，どの現場でも使えるような，便宜的なものであってはならない。

したがって，**2 が最も不適当である。**　正解 2

解 説

1. **施工要領書の作成の目的**は，設計図書に明示のない部分を具体化し，関係作業員が共通に理解し，施工の均一化を図り，品質の維持向上を図ることである。
2. 解答のとおりである。
3. 施工要領書は，その工事に関係する多数の人が活用するために，部分詳細図や図表等を用いて，分かりやすく作成する必要がある。
4. 施工要領書は，工事の着手前に作成し，工事監理者の承認を得て，作業関係者に周知徹底する必要がある。

類題 施工要領書に関する記述として，**最も不適当なものはどれか。**

1. 設計図書に明示のない部分を具体化する。
2. 施工の具体的な手順を省き，出来上り状態を記載する。
3. 数種類の標準的な施工方法がある場合には，現場に適したものを選択して記載する。
4. 施工図を補完する資料として活用する。

解 答

施工要領書は，出来上がり状態だけを記載するのではなく，詳細図等を用いて，具体的な施工方法を記載する必要がある。

したがって，**2 が最も不適当である。**　正解 2

6-1　施工計画　申請書類と提出先　★★★

6　法令に基づく申請書等とその提出先等の組合せとして，**誤っているものはどれか。**

	申請書等	提出先等
1.	消防法に基づく「危険物貯蔵所設置許可申請書」	消防長又は消防署長
2.	道路法に基づく「道路占用許可申請書」	道路管理者
3.	労働基準法に基づく「適用事業報告」	所轄労働基準監督署長
4.	電気事業法に基づく「自家用電気工作物使用開始届出書」	経済産業大臣又は 所轄産業保安監督部長

解答

危険物貯蔵所設置許可申請書の提出先は，当該市町村長又は都道府県知事である（消防法第11条第1項）。

したがって，1が誤っている。　**正解 1**

諸官庁への届出・申請書類一覧表

届出・申請書類名称	提出先	提出時期
道路占有許可申請書	道路管理者	着工開始前まで
道路使用許可申請書	警察署長	工事・作業開始10日前まで
工事計画（変更）届出書	経済産業大臣又は産業保安監督部長	着工30日前まで
自家用電気工作物使用開始届出書		遅滞なく
航空障害灯の設置について（届出）	地方航空局長	遅滞なく
労働者死傷病報告	労働基準監督署長	遅滞なく
適用事業報告	労働基準監督署長	遅滞なく
危険物貯蔵所設置許可申請書	市町村長又は都道府県知事	着工前
工事整備対象設備等着工届出書	消防長又は消防署長	着工10日前まで

① **道路占有許可申請書**：道路上や地下に工作物や施設を設け，継続して使用する場合の許可で，道路法に基づく。

② **道路使用許可申請書**：道路において工事や作業等，継続して道路交通以外の使用をする場合の許可で，道路交通法に基づく。

③ **工事整備対象設備等着工届出書**：消防用設備等の設置に係る工事をするときの届出。

類題　法令に基づく申請書等とその提出先等の組合せとして，**誤っているもの**はどれか。

	申請書類	提出先等
1.	道路交通法に基づく「道路使用許可申請書」	道路管理者
2.	消防法に基づく「工事整備対象設備等着工届出書」	消防長又は消防署長
3.	航空法に基づく「航空障害灯の設置について（届出）」	地方航空局長
4.	労働安全衛生法に基づく「労働者死傷病報告」	所轄労働基準監督署長

解答

道路交通法に基づく「道路使用許可申請書」は，所轄警察署長に提出する。
したがって，**1 が誤っている。**　正解　1

類題　法令に基づく申請書類についての記述として，**最も不適当なもの**はどれか。

1. 電気事業法に基づく自家用電気工作物の「工事計画届出書」は，産業保安監督部長に提出した。
2. 消防法に基づく「消防用設備等設置届出書」は，工事が完了した日から 4 日以内に提出した
3. 重油を貯蔵するタンクの容量が 1,950 *l* であったので，消防法に基づく「危険物貯蔵所設置許可申請書」を提出した。
4. 施工場所が大気汚染防止法の政令で定める市であったので，「ばい煙発生施設設置届出書」は政令市の長に提出した。

解答

重油の指定数量は **2,000 リットル**である。貯蔵タンクの容量が 1,950 リットルで，指定数量未満であるから，「危険物貯蔵所設置許可申請書」の提出の対象にはならない（消防法第 11 条，危険物の規制に関する政令第 1 条の 11）。

したがって，**3 が最も不適当である。**　正解　3

類題　法令に基づく申請書類と提出時期の組合せとして，**不適当なもの**はどれか。

	申請書類	提出先等
1.	電気事業法に基づく「工事計画（変更）届出書」	着工 30 日前まで
2.	労働基準法に基づく「適用事業報告」	適用事業場になったとき遅滞なく
3.	航空法に基づく「航空障害灯の設置について（届出）」	着工前
4.	消防法に基づく「工事整備対象設備等着工届出書」	着工 10 日前まで

解答

航空法に基づく航空障害灯の設置届は，設置後，遅滞なく届出なければならない。したがって，**3 が不適当である。**　正解　3

6-1 施工計画 | 申請書類と提出先 ★★

7 工事着手の届出が必要な消防用設備として，「消防法」上，**定められているもの**はどれか。

1. 誘導灯
2. 自動火災報知設備
3. 非常コンセント設備
4. 非常警報設備

解答

ガス漏れ火災警報設備は，工事着手の届出が必要な消防用設備である（消防法第17条の14，同施行令第36条の2）。

したがって，**2が定められている。** 正解　2

試験によく出る重要事項

工事をしようとする日の**10日前**までに，消防長又は消防署長に届け出なければならない消防用設備工事は，次の工事が該当する（消防法施行令第36条の2）。

1. 屋内消火栓設備
2. スプリンクラー設備
3. 水噴霧消火設備
4. 泡消火設備
5. 不活性ガス消火設備
6. ハロゲン化物消火設備
7. 粉末消火設備
8. 屋外消火栓設備
9. 自動火災報知設備
10. ガス漏れ火災警報設備
11. 消防機関へ通報する火災報知設備
12. 金属製避難はしご（固定式のものに限る）

　以下省略

6-2 工程管理

●過去の出題傾向

工程管理は，**毎年3問出題**されている。現場で工程管理の経験があれば，理解し易い分野である。基本的な事項が繰り返し出題されているので，過去問を中心に学習するとよい。

[一般事項，総合工程表]

・工程管理の用語を理解する。
・利益図表上で固定原価，変動原価，損益分岐点を理解する。
・各種工程表の特徴，長所，短所を理解する。

[ネットワーク工程表]

・ネットワーク工程表で使用される基本用語の名称と意味を正しく覚える。
・工期の短縮を検討する際に留意すべき事項を理解する。

項目	出題内容（キーワード）
一般事項，総合工程表	工程管理の用語： 施工速度，施工費用，間接工事費，直接工事費，採算速度，経済速度，進捗度曲線 利益図表： 施工出来高と工事総原価の関係，固定原価，変動原価，損益分岐点，利益領域，損失領域 各種工程表の名称・特徴： バーチャート工程表，ガントチャート工程表，タクト工程表，ネットワーク工程表 総合工程表： 主要機器の最終承諾時期，受電予定日，各種工事が輻輳する工程，諸官庁への提出予定時期
ネットワーク工程表	ネットワーク工程表の用語： 矢線，イベント，ダミー，アクティビティ，最早開始時刻，最遅完了時刻，フリーフロート，トータルフロート，クリティカルパス 工期短縮の検討： 直列作業，並列作業，人員・機械の増加，各作業の所要日数，全体の作業日数

6-2　工程管理　一般事項，総合工程表　★★★

8　図に示す施工速度と施工費用の関係において，イ～ハに当てはまる語句の組合せとして，**適当なものはどれか。**

	イ	ロ	ハ
1.	直接費	間接費	採算速度
2.	直接費	間接費	経済速度
3.	間接費	直接費	採算速度
4.	間接費	直接費	経済速度

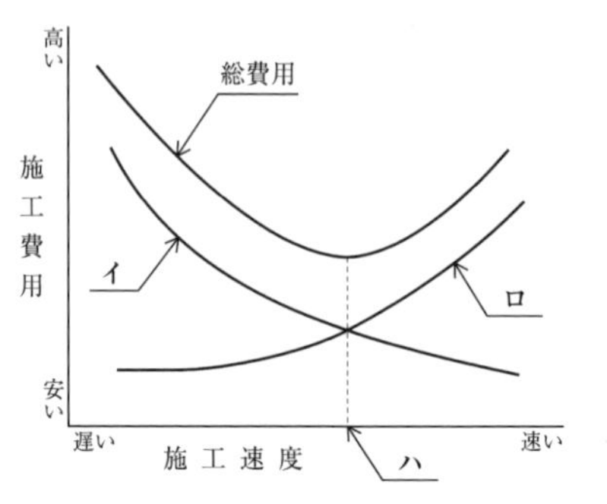

解答

間接費は施工速度を上げると減少する。直接費は施工速度を上げると増大する。間接費と直接費を合わせた工事費が最小となる施工速度が経済速度である。施工費用の関係図において，イは間接費，ロは直接費，ハは経済速度である。

したがって，**4** が適当である。　正解　4

試験によく出る重要事項

① **工事費**は，直接費と間接費で構成されている。

② **直接費**は，工費（作業員に支払う工賃）や機器材料費をいう。
施工速度を速くすると下記の要因で増加する。
・残業，応援等による労務費の上昇
・仮設機器等の増設による支出増
・材料の手配が間に合わず高価な材料の購入

③ **間接費**は，職員給与や事務所賃料，事務機器等のリース費をいう。
施工速度を速くすると工期が短縮され減少する。

④ **経済速度**とは，直接費と間接費を合わせた工事費が最小となる最も経済的な施工速度である。このときの工期を**最適工期**という。

⑤ **採算速度**とは，施工出来高と工事総原価の関係において，工事の経営が常に採算がとれる状態にある工程速度のことをいう。

類題　工事の，施工速度と品質に対する，工事原価の一般的な関係を示す図として，**最も適当なものはどれか。**

1.
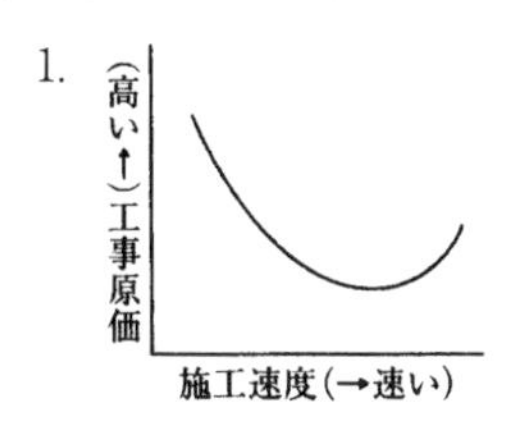

2.
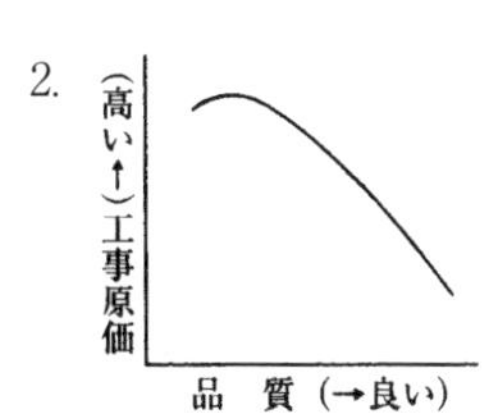

3.
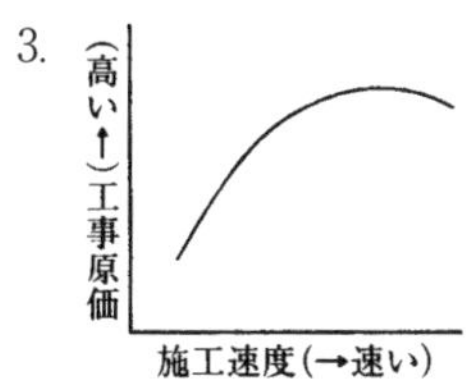

4.
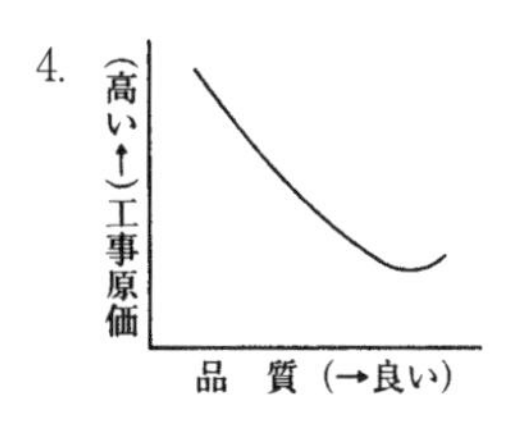

解答

施工速度を速めると工事原価は安くなるが，ある限界を超えると突貫工事となり直接費が極端に高くなり工事原価は上がる。品質の良いものを作ろうとすると，工事原価は高くなり，施工速度は遅くなる。

したがって，**1 が最も適当である。**　　**正解　1**

類題　工程管理における施工速度に関する記述として，**最も不適当なものはどれか。**

1.　間接工事費は，一般に施工速度を遅くするほど高くなる。
2.　直接工事費は，一般に施工速度を速くするほど安くなる。
3.　採算速度とは，損益分岐点の施工出来高以上の施工出来高をあげるときの施工速度をいう。
4.　経済速度とは，直接工事費と間接工事費を合わせた工事費が最小となるときの施工速度をいう。

解答

直接工事費は，ある速度まではほぼ一定であるが，それを超えて速くした場合，作業員の増員や残業代が必要となり，直接工事費は高くなる。

したがって，**2 が最も不適当である。**　　**正解　2**

6-2　工程管理　一般事項，総合工程表　★★★

9　進捗度曲線（Sチャート）を用いた工程管理に関する記述として，**最も不適当なものはどれか。**

1.　標準的な工事の進捗度は，工期の初期と後期では早く，中間では遅くなる。
2.　予定進捗度曲線は，労働力等の平均施工速度を基礎として作成される。
3.　実施累積値が計画累積値の下側にある場合は，工程に遅れが生じている。
4.　実施進捗度を管理するため，上方許容限界曲線と下方許容限界曲線を設ける。

解答

標準的な工事の進捗度は，工期の初期と後期では遅く，中間では早くなる。
したがって，**1が最も不適当である。**　正解　1

解説

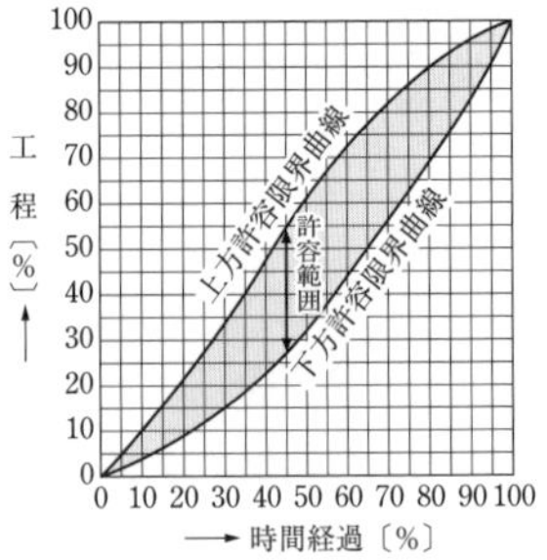

①　工事の進捗度は，横軸に時間経過，縦軸に出来高を表示して管理する。**進捗度曲線**は，S字に似ていることから，**Sチャート**とも呼ばれる。一般的に，工事の初期と後期では進捗度が遅く，中間では早くなる。

②　工事条件や管理条件が，標準的な条件と異なるため，実施進捗度曲線は，予定進捗度曲線と一致しないのが普通である。

バナナ曲線

③　実施進捗度曲線が予定進捗度曲線に対し常に安全な範囲にあるように管理する手段として，**上方許容限界曲線**，**下方許容限界曲線**を設けて管理する。

④　2本のSチャートに囲まれた形は，バナナの形状に似ているので，**バナナ曲線**とも呼ばれる。

⑤　実際の工程管理は，この2つのカーブに囲まれた内側にくるような管理を行う必要がある。

⑥　実施累積値が計画累積値の下側にある場合は，工程に遅れが生じていることを表し，上側にある場合は，工程が予定より進んでいることを表す。

6-2 工程管理　一般事項，総合工程表　★★★

10 図に示す利益図表において，施工出来高 x_1 が x_0 より大きいとき，ア～ウに当てはまる語句の組合せとして，**適当なもの**はどれか。

	ア	イ	ウ
1.	固定原価	変動原価	利益
2.	固定原価	変動原価	損失
3.	変動原価	固定原価	利益
4.	変動原価	固定原価	損失

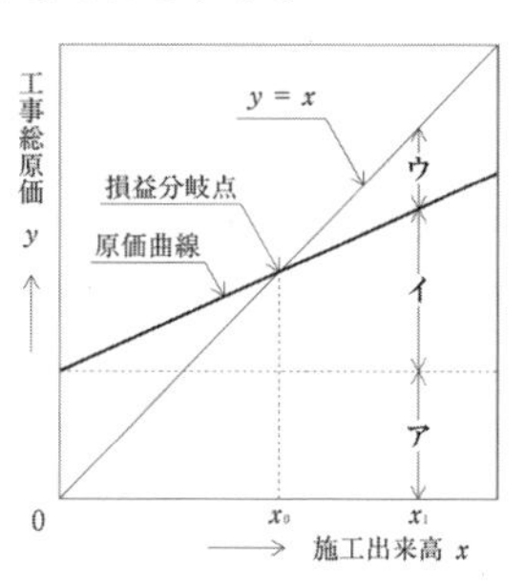

解答

固定原価は，施工出来高に関係なく一定である。変動原価は，施工出来高に比例して大きくなる。利益は，損益分岐点を上回る施工出来高分である。よって，アは固定原価，イは変動原価，ウは利益である。

したがって，1 が適当である。　　正解　1

解説

① **工事総原価** y は，固定原価 F と変動原価 v_x（v は係数）との和である。

② **固定原価**は，共通仮設費等のように，1日の施工量にかかわりなく一定である。

③ **変動原価**は，労務費のように1日の施工量にほぼ比例して増減する。

④ 工事総原価は，$y = F + v_x$ の直線で表すことができる。

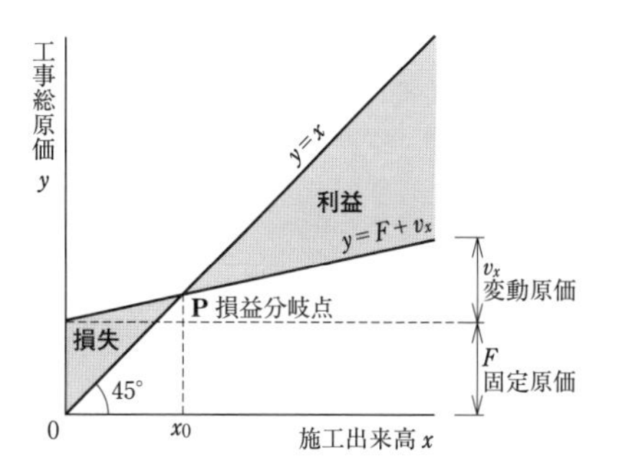

施工出来高と工事総原価

工事総原価 y と施工出来高 x が等しい $y = x$ の直線上では，工事の収入と支出が等しい。原価曲線 $y = F + v_x$ と $y = x$ との交点Pが**損益分岐点**である。P点における施工出来高を x_0 とすれば，施工出来高が x_0 以上の場合は**利益**となり，x_0 以下では**損失**となる。

第6章 施工管理

6-2　工程管理　一般事項，総合工程表　★★★

11　新築事務所ビルの電気工事において，着工時に作成する総合工程表に関する記述として，**最も不適当なもの**はどれか。

1.　主要機器の最終承諾時期は，搬入据付時期から製作期間を見込んで記入する。
2.　受電予定日は，建築物の仕上り状態や設備機器の試験調整期間を見込んで記入する。
3.　仕上げ工事など各種工事が輻輳する工程は，各種工事を詳細に記入する。
4.　諸官庁への書類の作成を計画的に進めるため，提出予定時期を記入する。

解答

仕上げ工事など各種工事が輻輳する工程は，全体工程会議等で，関連業者間で調整を行い，月間・週間工程表に記載すべきである。

したがって，**3が最も不適当である。**　　**正解　3**

解説

1.　主要機器の最終承諾時期は，搬入据付時期から製作期間を見込まなければならない。
2.　受電予定日は，建築物の仕上り状態や設備機器の試験調整期間を見込まなければならない。
3.　解説のとおりである。
4.　諸官庁への書類の作成を計画的に進めるには，まず提出予定日を記入する必要がある。

試験によく出る重要事項

総合工程表作成時に検討すべき事項として，下記のものがある。

①　建築，空調・衛生工事及び関連工事の工程の把握
②　官公署等への届出書類の提出時期
③　施工計画書，製作図，施工図の作成・承諾時期
④　主要機器の製作期間，現場搬入時期
⑤　電気設備配管，配線，機器設置に関する他工事との取合い調整時期
⑥　受電の時期
⑦　試運転調整時期
⑧　試験の時期，期間
⑨　官公署の立会検査時期
⑩　監督員，施主検査時期

類題　事務所ビル新築工事の総合工程表作成において留意すべき事項として，**最も不適当なもの**はどれか。

1.　受電の時期　　3.　現地調査の時期
2.　仮設準備期間　　4.　電力，電話等の引込配線の施工期間

解答

現地調査は，総合工程表を作成する前に行うべき事項である。
したがって，**3 が最も不適当である。**　**正解　3**

類題　延べ床面積 3,000 m^2 の事務所ビルにおける，電気工事の総合工程表の作成に関する記述として，**最も不適当なもの**はどれか。

1.　受電日は，動力設備の試運転調整期間などを考慮して決める。
2.　大型機器の搬入時期の決定については，その機器の製造業者の納期によって決める。
3.　受変電設備，幹線などの工事は，決定した受電前の自主検査の日より逆算して検討する。
4.　工程的に動かせない作業がある場合は，それを中心に他の作業との関連性を検討する。

解答

建設工事における大型機器の搬入時期は，完成時期から逆算して決定する。そのため，建築工事の工程や搬入口，搬入経路等の検討が必要になる。発注してから搬入までに時間のかかる大型機器類は，搬入時期を考慮した上で，早期に発注する必要がある。したがって，**2 が最も不適当である。**　**正解　2**

試験によく出る重要事項

工程管理の基本

① 工程管理は，施工計画において品質，原価，安全など工事管理の目的とする要件を総合的に調整し，策定された基本の工程計画をもとにして実施する。

② 工程と原価の関係は，工程速度を上げると原価は安くなるが，さらに工程速度を上げると，原価は急に高くなる。

③ 常に工事の進捗状況を把握して，計画と実施のずれを早期に発見し，必要な是正措置を講じる。

6-2 工程管理 ネットワーク工程表 ★★★

12

アロー形ネットワーク工程表に関する記述として，**不適当なもの**はどれか。

1. アクティビティは，作業活動や材料入手など時間を必要とする諸活動を示す。
2. イベントは，作業と作業を結合する点であり，対象作業の開始点又は終了点である。
3. 最早完了時刻は，対象作業の工期に影響のない範囲で作業を最も遅く終了しても良い時刻である。
4. フリーフロートは，最早開始時刻で始め，後続する作業も最早開始時刻で始めても，なお存在する余裕時間である。

解答

最早完了時刻は，その作業が最も早く終了できる時刻のことである。

したがって，**3 が不適当である。**　　正解　3

解説

1. **アクティビティ**：ネットワーク表示に使用される矢線（→）で，作業活動，見積り等，諸活動を意味する。
2. **イベント**：作業と作業を結合する点で，丸印（→○→）で表し，対象作業の開始点または終了点を意味する。
3. 解答のとおりである。
4. **フリーフロート**：作業を最速開始時刻で始め，後続する作業も最速開始時刻で始めても，なお存在する**余裕時間（フロート）**のことをいう。

試験によく出る重要事項

① **クリティカルパス**：その工事のすべての経路のうち，最も長い日数を要する経路である。その所要日数が，その工事の所要日数となる。

② **トータルフロート**：作業を最早開始時刻で始め，最遅完了時刻で終了する場合に生じる余裕時間

③ **矢線**（→）：矢線は，作業が進行する方向に示す。矢線の長さと作業に要する時間は無関係である。

④ **ダミー**：点線の矢印で表し，架空の作業を意味する。作業の前後関係のみを表し，作業及び時間の要素は含まないので，日数計算上は0（ゼロ）である。

類題　アロー形ネットワーク工程表の用語に関する記述として，**不適当なものは**どれか。

1.　イベントは，作業と作業を結合する点及び対象工事の開始点又は終了点であり，番号を付けた丸印で表す。
2.　アクティビティは，ネットワークを構成する作業単位であり，矢線で表す。
3.　クリティカルパスは，トータルフロートが（ゼロ）となる経路である。
4.　フリーフロートは，作業を最早開始時刻で始め，最遅完了時刻で完了する場合に生ずる余裕時間である。

解答

フリーフロートは，作業を最早開始時刻で始め，後続する作業も最早開始時刻で始めても なお存在するフロートのことである。

したがって，**4 が不適当である。**　正解　4

類題　アロー形ネットワーク工程表に関する記述として，**最も不適当なものは**どれか。

1.　ダミーは単に作業の相互関係を表すもので，作業及び時間の要素は含まれない。
2.　クリティカルパスの経路上の各イベントにおいて，最早開始時刻と最遅完了時刻は等しい。
3.　フリーフロートは，その作業のトータルフロートより大きい。
4.　フリーフロートをすべて使用しても，後続する作業は最早開始時刻で開始することができる。

解答

フリーフロートは，後続する作業を最早開始時刻で始めてもなお存在する余裕時間である。トータルフロートは，作業を最早開始時刻で始め，最遅完了時刻で完了する場合に生ずる余裕時間である。フリーフロートは，その作業のトータルフロートに等しいか小さい，といった特徴をもっている。

したがって，**3 が最も不適当である。**　正解　3

6-2 工程管理　ネットワーク工程表　★★★

13 アロー形ネットワーク工程表のクリティカルパスに関する記述として，**不適当なものはどれか。**

1. クリティカルパス上のアクティビティのフロートは，（ゼロ）である。
2. クリティカルパスは，開始点から終了点までのすべての経路のうち，最も時間の長い経路である。
3. クリティカルパスは,どのようなネットワーク工程であっても必ず1本となる。
4. クリティカルパス上では，各イベントの最早開始時刻と最遅完了時刻は等しくなる。

解 答

クリティカルパスは，必ずしも1本とは限らない。

したがって，**3が不適当である。** **正解3**

解 説　**クリティカルパスの要点**

① その工事のすべての経路のうち,最も長い時間（日数）を要する経路である。その所要日数が，その工事の所要日数となる。

② 各イベントの最早開始時刻と最遅完了時刻は等しくなる。

③ アクティビティ（作業）のフロート（余裕時間）は0（ゼロ）である。

④ クリティカルパス以外の作業でも，フロートの全てを使用してしまうと，クリティカルパスになる。

類題　アロー形ネットワーク工程表のクリティカルパスに関する記述として，**最も不適当なものはどれか。**

1. クリティカルパス上では，各イベントの最早開始時刻と最遅完了時刻は等しくなる。
2. 工程の短縮を検討するときは，最初にクリティカルパス以外の経路のフロートに着目する。
3. クリティカルパス以外の経路でも，フロートを全て使用してしまうとクリティカルパスになる。
4. クリティカルパスでなくともフロートの非常に小さいものは，クリティカルパスと同様に重点管理する。

解 答　クリティカルパスの日数がその工事の所要工期である。工程の短縮を検討するときは，最初にクリティカルパスの経路に着目する。

したがって，**2が最も不適当である。** **正解　2**

6-2 工程管理 ネットワーク工程表 ★★★

14 アロー形ネットワーク工程表を用いて，工程の短縮を検討する際に留意する事項として，**最も不適当なものはどれか。**

1. 直列になっている作業を並列作業に変更してはならない。
2. 余裕のない他の作業から人員の応援を見込んではならない。
3. 機械の増加が可能であっても増加限度を超過してはならない。
4. 各作業の所要日数を検討せずに全体の作業日数を短縮してはならない。

解答

直列になっている作業を並列作業に変更できれば，工期の短縮は図ることができる。工期を短縮するには，直列になっている作業を並列作業に変更できるか検討する必要がある。

したがって，**1 が最も不適当である。**

正解 1

解説

工期短縮のために検討すべき事項

① 各作業日数の見積りが適切であるか見直す。
② 各作業の順序を入れ替えた場合の所要作業日数を検討する。
③ 直列になっている作業を並列作業にできるか検討する。
④ 投入する人員，機械の数の増加を検討する。
⑤ 作業効率の良い機器の投入を検討する。

工期短縮の検討時に留意すべき事項

① コストの増大は，極力抑える。
② 品質や安全の質を低下させない。
③ 各作業の所要日数等への影響の度合いを検討し，確認する。
④ 人員，機械等の投下資源の増加限度を検討する。

6-2　工程管理　バーチャート，ガントチャート工程表　★★

15

工程表の特徴に関する記述として，**最も不適当なものはどれか。**

1.　バーチャート工程表は，各作業の日程と所要日数が分かりやすい。
2.　バーチャート工程表は，工程が複雑化してくると作業間の関連性が表現しにくい。
3.　ガントチャート工程表は，全体工期に影響を与える作業がどれかがよく分かる。
4.　ガントチャート工程表は，各作業の現時点における達成度がよく分かる。

解 答

ガントチャート工程表は，各作業の進捗状況は把握しやすいが，各作業の開始日，終了日，所要日数，全体工期に与える影響などは分からない。

したがって，**3** が最も不適当である。　**正解　3**

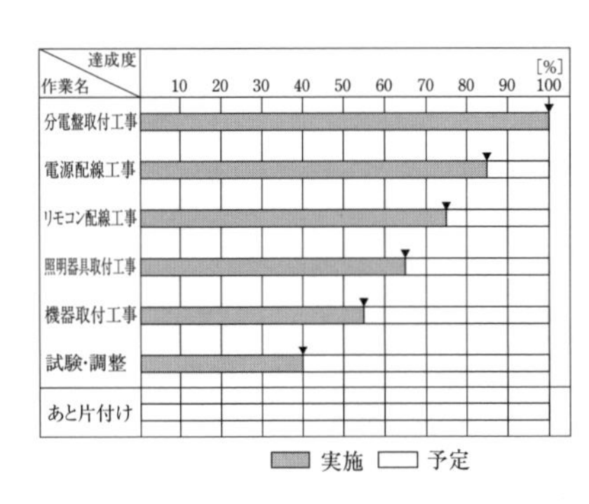

ガントチャート工程表

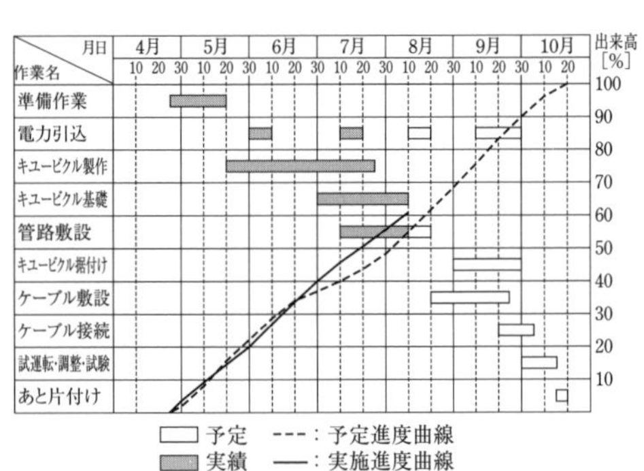

バーチャート工程表

ガントチャート工程表

ガントチャート工程表は，縦軸に作業名を，横軸に各作業の完了時を100%として達成度を表示した横線式工程表である。

長所：作業ごとの現時点における作業の進行状況がよく分かる。

短所：① 各作業間の関連が分からない。
② どの作業が予定より進んでいるのか遅れているのかが分からない。
③ 工事の所要時間の見積りができない。

バーチャート工程表

バーチャート工程表は，縦軸に各作業名を，横軸に暦日をとり，各作業の着手日と終了日の間を棒線で結んで作業日程を示す横線式工程表である。

長所：① 作成が容易で，各作業の所要日数，日程が分かりやすい。
② 作業間の手順が分かりやすい。
③ 計画日数と実績が一目で分かり，全体の進行度が把握できる。
④ 現場の工程変化に対し，修正が容易である。
⑤ 各作業の余裕時間は分からないが，工程上の問題点は大体分かる。

短所：工事が複雑化してくると，他作業との関連性が把握しにくい。

各種工程表の特徴　○：判明，△：漠然，×：不明

	ネットワーク	バーチャート	ガントチャート
作業の手順	○	△	×
作業の日程・日数	○	○	×
各作業の進行度合	△	△	○
全体進捗度	○	○	×

類題　工程表の特徴に関する記述として，**最も不適当なもの**はどれか。

1. バーチャート工程表は，計画と実績の比較が容易である。
2. バーチャート工程表は，各作業の所要日数と日程がわかりにくい。
3. ガントチャート工程表は，各作業の現時点における達成度がわかりやすい。
4. ガントチャート工程表は，全体工期に影響を与える作業がどれであるかがわからない。

解答

バーチャート工程表は，縦に各作業名を列挙し，横軸に暦日をとり，各作業の着手日と終了日の間を棒線で結んで作業日程を示す工程表である。各作業の所要日数と日程がわかりやすい。

したがって，**2** が最も不適当である。　正解 2

6-3 品質管理

●過去の出題傾向

品質管理は，**毎年3問出題**されている。基本的な用語とその意味を正しく理解すれば，得点しやすい分野である。

[品質マネジメントISO 9000]

・品質マネジメントで使用される基本的な用語とその意味を正しく覚える。

[品質管理図表（QC7つ道具)]

・ヒストグラム，特性要因図，パレート図，散布図，管理図の5つは出題頻度が高い。5つの図表の名称と特徴をしっかり覚える。

[検査・試験・測定]

・各種の検査・試験・測定方法等を理解する。

項目	出題内容（キーワード）
品質マネジメント（ISO 9000）	品質マネジメントの用語の定義： 手直し，再格付け，プロセス，是正処置，レビュー，継続的改善，トレーサビリティ
品質管理図表（QC 7つ道具）	QC7つ道具の特徴： パレート図，ヒストグラム，管理図，散布図，特性要因図（魚の骨），層別，チェックシート
試験・測定・検査	接地抵抗試験： A種接地工事，B種接地工事，C種接地工事，D種接地工事，接地抵抗値 絶縁耐力試験： 交流試験電圧，直流試験電圧，試験電圧の印加時間，試験の手順，残留電荷 照度測定： 測定面の高さ，外光の影響，点灯時間 非常用の照明装置の検査： JILマーク，水平面照度，予備電源，耐熱性 工場立会検査： 検査項目，検査方法，判定基準，検査記録の記載，社内検査の試験成績書，トレーサビリティ

6-3　品質管理　品質マネジメント（ISO 9000）　★★★

16　ISO 9000 の品質マネジメントシステムに関する次の文章に該当する用語として,「日本産業規格（JIS）」上, **正しいものはどれか。**

「考慮の履歴, 適用又は所在を追跡できること。」

1.　継続的改善
2.　是正処置
3.　トレーサビリティ
4.　レビュー

（注：JIS Q 9000「品質マネジメントシステム－基本及び用語」の改正により, 出題当時の問題の一部を改作してあります。）

解答

「対象の履歴, 適用又は所在はを追跡できること。」は, **トレーサビリティ**である。したがって, **3 が正しい。**　　**正解　3**

解説

ISO 9000 の品質マネジメントに関する用語は, JIS Q 9000「品質マネジメントシステム－基礎及び用語」で, 定義されている。

1. **継続的改善**：パフォーマンスを向上するために繰り返し行われる活動。
2. **是正処置**　：不適合の原因を除去し, 再発を防止するための処置。
3. **トレーサビリティ**：解答のとおりである。
4. **レビュー**　：設定された目標を達成するための対象の適切性, 妥当性又は有効性の確定。

試験によく出る重要事項

①　**再格付け**：当初の要求とは異なる要求事項に適合するように, 不適合となった製品又はサービスの等級を変更すること。

②　**手直し**　：要求事項に適合させるため, 不適合となった製品又はサービスに対してとる処置。

③　**特別採用**：規定要求事項に適合していない製品又はサービスの使用又はリリースを認めること。

④　**リリース**：プロセスの次の段階又は次のプロセスに進めることを認めること。

⑤　**プロセス**：インプットを使用して意図した結果を生み出す, 相互に関連する又は相互に作用する一連の活動。

⑥　**プロジェクト**：開始日及び終了日をもち，調整され，管理された一連の活動からなり，時間，コスト及び資源の制約を含む特定の要求事項に適合する目標を達成するために実施される特有のプロセス。

⑦　**予防処置**：起こり得る不適合又はその他の起こり得る望ましくない状況の原因を除去するための処置。

⑧　**顧客満足**：顧客の期待が満たされている程度に関する顧客の受けとめかた。

⑨　**検証**　：客観的証拠を提示することによって，規定要求事項が満たされていることを確認すること。

類題　ISO 9000 の品質マネジメントシステムの適合性に関する次の文章に該当する用語として，「日本産業規格（JIS）」上，**正しいもの**はどれか。

「当初の要求とは異なる要求事項に適合するように，不適合となった製品又はサービスの等級を変更すること。」

1.　再格付け
2.　手直し
3.　是正処置
4.　特別採用

解答

「当初の要求とは異なる要求事項に適合するように，不適合となった製品又はサービスの等級を変更すること。」は，再格付けである。

したがって，**1** が正しい。　　　　正解　1

類題　ISO 9000 の品質マネジメントシステムに関する次の文章に該当する用語として，「日本産業規格（JIS）」上，**正しいもの**はどれか。

「設定された目標を達成するための対象の適切性，妥当性又は有効性の確定。」

1.　レビュー
2.　プロセス
3.　検証
4.　予防処置

解答

「設定された目標を達成するための対象の適切性，妥当性又は有効性の確定。」は，レビューである。

したがって，**1** が正しい。　　　　正解　1

類題　ISO 9000の品質マネジメントシステムに関する次の文章に該当する用語として,「日本産業規格（JIS)」上, **正しいもの**はどれか。

「パフォーマンスを向上するために, 繰り返し行われる活動。」

1. 継続的改善
2. 品質目標
3. 運営管理
4. 顧客満足

解答

「パフォーマンスを向上するために, 繰り返し行われる活動。」は, 継続的改善である。したがって, 1が正しい。　正解　1

類題　ISO 9000の品質マネジメントシステムの適合性に関する次の文章に該当する用語として,「日本産業規格（JIS)」, **正しいもの**はどれか。

「要求事項に適合させるための, 不適合となった製品又はサービスに対してとる処置。」

1. 予防処置
2. 是正処置
3. 手直し
4. 再格付け

解答

「要求事項に適合させるための, 不適合となった製品又はサービスに対してとる処置。」は手直しである。したがって, 3が正しい。　正解　3

類題　ISO 9000の品質マネジメントシステムに関する次の文章に該当する用語として「日本産業規格（JIS)」上, **正しいもの**はどれか。

「不適合の原因を除去し, 再発を防止するため処置。」

1. 予防処置　2. 是正処置
3. 運営管理　4. 継続的改善

解答

「不適合の原因を除去し, 再発を防止するため処置。」は, 是正処置である。

したがって, 2が正しい。　正解　2

6-3　品質管理　品質管理図表（QC7つ道具）　★★★

17　品質管理に関する次の記述に該当する図の名称として，**適当なもの**はどれか。
「不良品等の発生個数や損失金額等を原因別に分類し，大きい順に左から並べて棒グラフとし，さらにこれらの大きさを順次累積した折れ線グラフで表した図」

1.　管理図　　2.　散布図
3.　パレート図　　4.　ヒストグラム

解答

不良品等の発生個数等を原因別に分類し，大きい順に左から並べ棒グラフとし，さらにこれらの大きさを順次累積した折れ線グラフ表した図は，**パレート図**である。

それぞれの項目の占める割合が一目瞭然となり，効果的な対策を行うには，どの要因を優先的に対応すべきかを明確にすることができる。通常，上位3点を集中的に改善すれば，全体の80～85%は削減できる。

したがって，**3が適当である。**　**正解　3**

解説

1. **管理図**：データをプロットした点を直線で結んだ折れ線グラフの中に，データの異常を知るために，中心線や管理限界線を記入した図である。管理限界の内側にあれば，安定な状態にあると判断する。管理限界線の外側に点があれば，異常値と判断し，その原因を探して対策をとる。

2. **散布図**：縦軸，横軸のグラフ上にデータを分布した図である。2つのデータの関係が容易に把握できる。
   データが右上がりに分布している場合は正の相関関係があり，右下がりの場合は負の相関関係がある。データが大きくバラバラに分布しているときは，相関関係がないと判断する。

3. **パレート図**：解答のとおりである。

4. **ヒストグラム**：データの範囲をいくつかの区間に分け，区間ごとのデータの数を柱状にして並べた図である。通常，上限・下限の規格値の線を入れ，規格値や標準値から外れている度合い，データ全体の分布や，どのような値を中心にして，どのようにばらついているかが，一目でわかる。

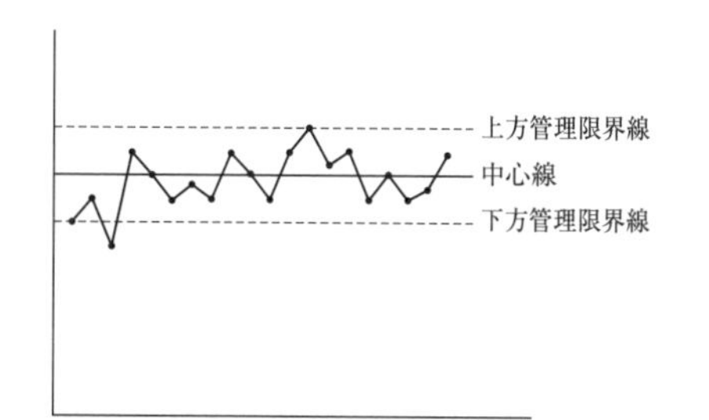

管理図

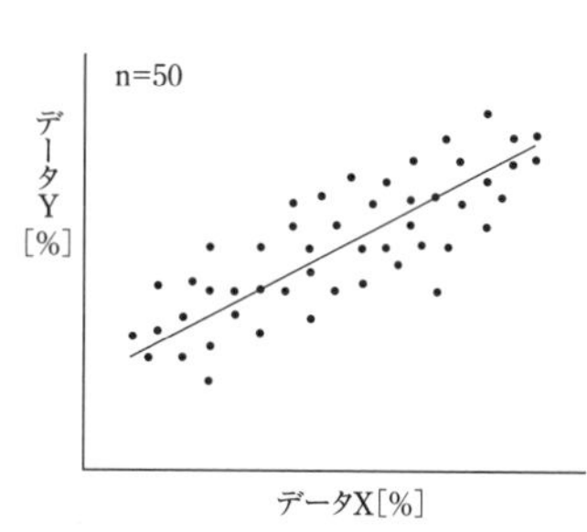

散布図

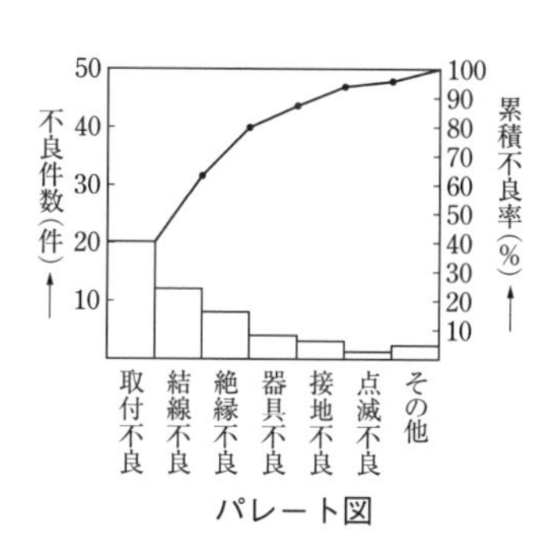

パレート図

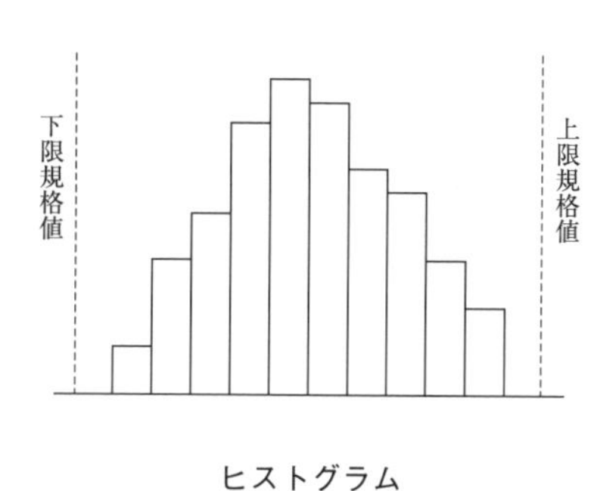

ヒストグラム

試験によく出る重要事項

特性要因図：

問題としている特性（結果）とそれに影響を与える要因（原因）との関係が一目で分かるように，体系的に整理した図である。図の形が似ていることから，「**魚の骨**」とも呼ばれる。

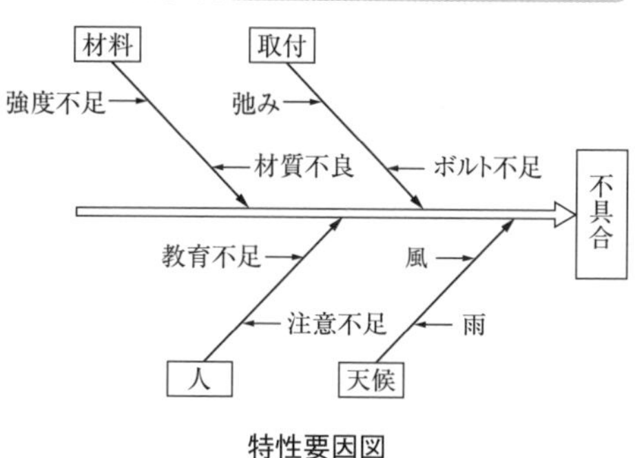

特性要因図

類題　品質管理に用いられる図表に関する次の文章に該当する用語として，**適当なものはどれか。**

「データの範囲をいくつかの区間に分け，区間ごとのデータの数を柱状にして並べた図で，データのばらつきの状態が一目でわかる。」

1.　管理図　　　2.　特性要因図
3.　ヒストグラム　　　4.　レーダーチャート

解 答

データの範囲をいくつかの区間に分け，区間ごとのデータの数を柱状にして並べた図で，データのばらつきの状態が一目でわかるのは，**ヒストグラム**である。

したがって，**3が適当である。**　　　正解　3

類題　品質管理に用いるヒストグラムの作成に関する記述として，**最も不適当なものはどれか。**

1.　データの最大値と最小値を求めた。
2.　区間の数と幅を決め，度数表を作成した。
3.　横軸に特性値，縦軸に度数を目盛り，棒グラフを作成した。
4.　グラフに，累積数を折れ線で記入した。

解 答

累積数を折れ線で表した図はパレート図である。

したがって，**4が最も不適当である。**　　　正解　4

類題　品質管理に関する次の文章に該当する用語として，**適当なものはどれか。**

「2つの特性を横軸と縦軸にとり，測定値を打点して作る図で，相関の有無を知ることができる。」

1.　管理図　　　2.　散布図
3.　チェックシート　　　4.　レーダーチャート

解 答

2つの特性を横軸と縦軸にとり，測定値を打点して作る図で，相関の有無を知ることができる図は，散布図である。

したがって，**2が適当である。**　　　正解　2

6-3　品質管理　接地抵抗試験　★★★

18　接地抵抗試験に関する記述として，「電気設備の技術基準とその解釈」上，誤っているものはどれか。

1.　使用電圧 400 V の電動機の鉄台に施す接地工事の接地抵抗値が 10 Ω であったので，良と判断した。
2.　特別高圧計器用変成器の二次側電路に施す接地工事の接地抵抗値が 20 Ω であったので，良と判断した。
3.　高圧電路の 1 線地絡電流が 5 A のとき，高圧電路と低圧電路とを結合する変圧器の低圧側中性点に施す接地工事の接地抵抗値が 30 Ω であったので，良と判断した。
4.　高圧計器用変成器の二次側電路に施す接地工事の接地抵抗値が 40 Ω であったので，良と判断した。

解答

特別高圧計器用変成器の二次側電路には，A 種接地工事（接地抵抗値は 10 Ω 以下）を施さなければならない。したがって，2 が誤っている。　**正解 2**

解説

1. 使用電圧 400V の電動機の鉄台は，C 種接地工事（C 種接地工事の接地抵抗値は 10 Ω 以下）を施さなければならない。
2. 解答のとおりである。
3. 高圧電路と低圧電路とを結合する変圧器の低圧側中性点には，B 種接地工事を施さなければならない。Ig を高圧側の 1 線地絡電流とすると，B 種接地工事の接地抵抗値は，$\frac{150}{Ig}$ 以下と規定されている。高圧側の 1 線地絡電流が 5A の場合，接地抵抗値は，150/5 ＝ 30 Ω 以下となる。
4. 高圧計器用変成器の二次側電路には，D 種接地工事（接地抵抗値は 100 Ω 以下）を施さなければならない。

試験によく出る重要事項

① 高圧計器用変成器の 2 次側電路には，D 種接地工事（100 Ω 以下）を施さなければならない。

② 使用電圧が 300V 以下の電気設備機器には D 種接地工事を，300V を超過する電気設備機器には C 種接地工事を施さなければならない。

類題　電気工事における接地抵抗試験に関する記述として，「電気設備の技術基準とその解釈」上，**誤っているもの**はどれか。

1. 高圧計器用変成器の2次側電路の接地抵抗値が65 Ωであったので良と判定した。
2. 交流電圧100 V の蛍光灯器具の接地抵抗値が80 Ωであったので良と判定した。
3. 交流電圧400 V の電動機の鉄台の接地抵抗値が8 Ωであったので良と判定した。
4. 1線地絡電流が10 A の，高圧電路と低圧電路とを結合する変圧器の低圧側中性点接地抵抗値が70 Ωであったので良と判定した。

解答

高圧電路と低圧電路とを結合する変圧器の低圧側中性点には，B種接地工事を施さなければならない。B種接地工事の接地抵抗値は，

$$\frac{150}{Ig}=\frac{150}{10}=15\ \Omega$$ 以下でなければならない。

Ig：高圧電路の1線地絡電流

したがって，**4が誤っている。**　　正解　4

解説

1. 高圧計器用変成器の2次側電路には，D種接地工事を施さなければならない。D種接地工事の接地抵抗値は100 Ω以下と規定されている。接地抵抗値が65 Ωであればよい。

2. 交流電圧100Vの蛍光灯器具は，D種接地工事を施さなければならない。接地抵抗値が80 Ωであればよい。

3. 交流電圧400Vの電動機の鉄台には，C種接地工事を施さなければならない。C種接地工事の接地抵抗値は10 Ω以下と規定されている。接地抵抗値が8Ωであればよい。

4. 解答のとおりである。

6-3　品質管理　絶縁耐力試験　★★★

19　公称電圧 6 600 V の交流電路に使用する高圧ケーブルの絶縁性能の試験（絶縁耐力試験）に関する記述として，「電気設備の技術基準とその解釈」上，**不適当なもの**はどれか。

1.　所定の交流試験電圧を，電路と大地間に連続して 10 分間印加した。
2.　所定の直流試験電圧を，電路と大地間に連続して 10 分間印加した。
3.　交流試験電圧は，最大使用電圧の 1.5 倍とした。
4.　直流試験電圧は，交流試験電圧の 1.5 倍とした。

解答

交流電圧による試験が一般的であるが，こう長の長い電力ケーブルの場合は，対地静電容量が大きくなり，試験器の電源容量や試験器自体が大きくなり，試験の実施が困難になる場合があるため，交流試験電圧の 2 倍の直流電圧による試験が認められている。高圧ケーブルの絶縁耐力試験では，直流試験電圧は，交流試験電圧の**2倍**である（電技解釈第 14 条）。

したがって，**4 が不適当である。**　　正解　4

解説

絶縁耐力試験とは，規定された条件にて試験を行い，絶縁破壊を生じないことを確認する試験である。電力ケーブルの絶縁耐力試験方法は，電技解釈第 14 条に規定されている。

1. 試験電圧の印加時間は，交流，直流とも同じで，**10 分間**である。
2. 試験電圧の印加時間は，上記 1. と同じである。
3. 交流試験電圧は，電路の最大使用電圧の 1.5 倍である。

   最大使用電圧は，公称電圧 × 1.15/1.1 である。6600V の場合の最大使用電圧は，6600V × 1.15/1.1=6900V となり，交流試験電圧は，6900V × 1.5 = 10350V となる。
4. 解答のとおりである。

類題　高圧受電設備の絶縁耐力試験に関する記述として，**最も不適当なもの**はどれか。

1.　試験実施の前後に，絶縁抵抗測定を行った。
2.　試験実施の前に，変圧器や計器用変成器の二次側の接地が外されていることを確認した。
3.　試験電圧の半分ぐらいまでは徐々に昇圧し，検電器で機器に電圧が印加されていることを確認した。
4.　試験終了後，電圧を零に降圧して電源を切り，検電して無電圧であることを確認してから接地し，残留電荷を放電した。

解答

絶縁耐力試験に際しては，変圧器の二次側は全て短絡し，計器用変成器（PT,CT）の二次側は接地しなければならない。

したがって，**2が最も不適当である。**　　**正解　2**

解説

高圧受変電設備の絶縁耐力試験の手順の例を示す。

①　試験に際しては，被試験回路に接続されている変圧器の2次側は全て短絡し，ケース及び高圧機器の外箱，PT二次側，CT二次側は，ともに接地する。

②　試験回路が正しく配線されていることを確認し，高圧用メガーにて絶縁抵抗測定を行う。

③　試験電圧の$\frac{1}{2}$程度までは，ようすを見ながら徐々に昇圧し，検電器で機器に試験電圧が印加されていることを確認後，規定値まで速やかに電圧を上昇させる。

④　励磁電流値，漏れ電流値について，試験電圧印加後1分，5分，9分，10分で読み取り，10分経過したら試験電圧を徐々に下げていく。

⑤　電圧が零になったら電源を切り，検電して無電圧であることを確認してから接地し，残留電荷を放電させる。

⑥　再度高圧メガーにより絶縁抵抗を測定してから，試験回路を復旧する。

6-3　品質管理　照度測定方法　★★

20 事務室における照度測定方法に関する記述として,「日本産業規格（JIS）」上, **最も不適当なものはどれか。**

1. 蛍光灯は 30 分間点灯させたのち照度測定を開始した。
2. 机等がなく特に指定もなかったので，床上 70 cm の位置を測定面とした。
3. 実用的な照度値が要求される照度測定なので，一般形 A 級照度計を使用した。
4. 測定対象以外の外光の影響があったので，その影響を除外して照度測定を行った。

解 答

照度測定において照度測定面の高さは，特に指定のない場合は，床上 80 ± 5 cmで測定する（JIS C 7612 照度測定方法）。

したがって，**2 が最も不適当である。**　　**正解　2**

解 説

人工照明の照度を測定する場合の一般的方法が，JIS C 7612「照度測定方法」に，記載されている。又，照度計については，JIS C 1609 − 1 に規定がある。

1. 測定開始前，原則として電球は 5 分間，放電灯は 30 分間点灯しておく。
2. 解答のとおりである。
3. 一般形 A 級照度計は，実用的な照度値が要求される照度測定に用いる。
4. 外光の影響がある場合には，必要に応じて外光の影響を除外する。

試験によく出る重要事項

非常用照明設備の検査に関する事項

① 照明器具は，**耐熱性**及び**即時点灯性**を有すること。
② 照明器具には，**日本照明工業会規格（JIL）マーク**が貼付されていること。
③ 常時点灯方式の電池内蔵形器具への配線は，3 線引きまたは 4 線引きであること。
④ 常用の電源が断たれた場合には，予備電源に自動的に切り替わること。
⑤ 常温で床面の照度が，白熱灯の場合は **1 lx（ルクス）以上**，蛍光灯の場合は **2 lx（ルクス）以上**確保されていること。

6-3　品質管理　工場立会検査　★★★

21

工場立会検査に関する記述として，**最も不適当なもの**はどれか。

1.　現場代理人は，工場立会検査に必ず立会わなければならない。
2.　製作者が事前に行った社内検査の試験成績書をもとに，工場立会検査を行った。
3.　照明器具などの標準品については，工場立会検査を実施しなかった。
4.　キュービクル式高圧受電設備の動作試験として，継電器で遮断器が動作することを確認した。

解答

現場代理人は，工場立会検査の検査員を任命する立場であり，工場立会検査に立会う必要はないが，立会うことは望ましい。

したがって，**1 が最も不適当である。**　**正解　1**

解説

工場立会検査は，現場に機器を搬入する前に，工場で承諾図どおりに製作されていることを確認し，所定の性能がでていることを試験で確認することを目的としている。

現場に搬入してから不適合の処置や手直しは，困難を要することが多いので，これらを防ぐためにも工場立会検査は必要である。

1. 解答のとおりである。
2. 工場立会検査は，事前に製造者が行った社内検査の試験成績表を入手し，不明な点や追加して実施する項目をメーカ側と打ち合わせて実施する。
3. 工場立会検査の対象製品は，現場ごとに仕様，形状，寸法が異なる特別注文で製作する機器である。照明器具等の標準汎用品は対象製品から除かれる。
4. キュービクル式高圧受変電設備の動作試験では，各機器が正常に動作することを確認する。具体的には，下記の試験を行う（JIS C 4620「キュービクル式高圧設備」）。

　①　断路器，遮断器，開閉器などの手動による開閉試験

　②　遮断器と組み合わせた保護継電器類の動作試験

6-4 安全管理

●過去の出題傾向

安全管理は，**毎年3問出題**されている。ほとんどの問題が労働安全衛生法及び労働安全衛生規則の条文から出題されている。

[安全教育]

・特別教育修了者，技能講習修了者が就業できる業務を理解する。

[現場の安全管理]

・対象となる作業項目は多いが，過去，繰り返し出題されているので，基本事項を正しく覚える。

[作業主任者の選任]

・作業主任者の選任が必要な作業を覚える。

[労働災害用語]

・用語の定義を覚える。

項目	出題内容（キーワード）
安全教育	**特別教育修了者，技能講習修了者が就業できる業務：** クレーンの運転，フォークリフトの運転，高所作業車の運転， 玉掛け作業，ゴンドラ操作，金属の溶接
現場の安全管理	**墜落等の危険防止：** 作業床の囲い，歩み板の幅，脚立の脚の角度，移動はしごの幅， 安全帯の使用，昇降するための設備 **明り掘削作業：** 埋設物の調査，掘削面の高さ，掘削面の勾配，管のつり防護 **電気の危険防止：** 電気機械器具の点検，検電器具，絶縁用防具， 感電防止用漏電遮断装置，短絡接地，通電禁止の表示 **酸素欠乏危険作業：** 酸素の濃度，硫化水素濃度の測定，酸素欠乏危険作業主任者
作業主任者の選任	**作業主任者を選任すべき作業：** 地山の掘削，足場の組立て，金属の溶接，石綿の取扱い， 型枠支保工の組立てまたは解体
労働災害用語	**用語の定義：** 度数率，強度率，年千人率

6-4　安全管理　安全教育　★★★

22　建設現場において，特別教育を修了した者が就業できる業務として，「労働安全衛生法」上，**誤っているもの**はどれか。

ただし，道路上を走行する運転を除く。

1. 作業床の高さが10m未満の高所作業車の運転
2. 最大荷重が1t未満のフォークリフトの運転
3. 高圧の充電電路やその支持物の敷設及び点検
4. 可燃性ガス及び酸素を用いて行う金属の溶接

解答

可燃性ガス及び酸素を用いて行う金属の溶接は，特別教育を終了した者が就業できる業務には該当しない。ガス溶接技能講習の終了者でなければ就業できない。

したがって，**4**が誤っている。　**正解　4**

解説

特別教育を終了した者が就業できる業務は，下記の業務である（労働安全衛生規則第36条）。

1. アーク溶接機を用いて行う金属の溶接，溶断等の業務
2. 高圧もしくは特別高圧の充電電路もしくは当該充電電路の支持物の敷設，点検，修理もしくは操作の業務
3. 作業床の高さが10m未満の高所作業車の運転の業務
4. 最大荷重1t未満のフォークリフトの運転

試験によく出る重要事項

特別教育を終了した者が就業できる業務は，上記のほかに下記の業務がある。

① つりあげ荷重が**1t未満**の移動式クレーンの運転の業務
② つりあげ荷重が**1t未満**のクレーン，移動式クレーン又はデリックの玉掛けの業務
③ ゴンドラの操作の業務
④ エックス線装置又はガンマ線照射装置を用いて行う透過写真の撮影の業務
⑤ 研削といし取替え又は取替え時の試運転

類題 吊り上げ荷重が5tの移動式クレーンを使用して，変圧器等を荷下ろしする場合，クレーン運転と玉掛け作業に必要な資格として，「労働安全衛生法」上，**正しいもの**はどれか。

	クレーン運転	玉掛け作業
1.	技能講習	特別教育
2.	技能講習	技能講習
3.	免許	特別教育
4.	免許	技能講習

解答

吊り上げ荷重が5tの移動式クレーンの運転には，クレーン運転士の免許が必要である。また，変圧器の荷下ろしの玉掛け作業には技能講習の資格が必要である。

したがって，**4が正しい。** 正解 4

類題 建設現場において，特別教育を修了した者が就業できる業務として，「労働安全衛生法」上，**誤っているもの**はどれか。

ただし，道路上を走行させる運転を除く。

1. 研削といしの取替え又は取替え時の試運転
2. 高圧の充電電路の支持物の点検
3. 最大荷重0.9トンのフォークリフトの運転
4. 作業床の高さが15mの高所作業車の運転

解答

特別教育を終了した者は，作業床の高さが10m未満の高所作業車の運転の業務には就業できるが，作業床の高さが15mの高所作業車の運転の業務には就業できない。

したがって，**4が誤っている。** 正解 4

6-4　安全管理　墜落防止　★★★

23　墜落等による危険を防止するための措置に関する記述として，「労働安全衛生法」上，**誤っているもの**はどれか。

1. 踏み抜きの危険のある屋根上には，幅が 25 cm の歩み板を設けた。
2. 高さが 2 m の作業床の端，開口部には，囲いを設けた。
3. 脚立は，脚と水平面との角度が 75 度のものを使用した。
4. 移動はしごは，幅が 30 cm のものを使用した。

解 答

スレート，木毛板等の材料でふかれた屋根の上で作業を行う場合には，踏み抜きによる危険を防止するために，**幅が 30 ㎝以上**の歩み板を設けなければならない(規則第 528 条)。したがって，**1** が誤っている。　**正解　1**

解 説

墜落等による危険を防止する措置は，下記のように規定されている。

1. 解答のとおりである。
2. 高さが 2 m 以上の作業床上で作業を行う場合，作業床の端，開口部等で墜落により危険を及ぼす箇所には，囲い，手すり，覆い等を設けなければならない。
3. 脚立の脚と水辺面とのなす角度は，**75 度以下**でなければならない。
4. 移動はしごの幅は，**30 ㎝以上**なければならない。

試験によく出る重要事項

脚立つ及び移動はしごの安全を確保するため，次の規定がある。

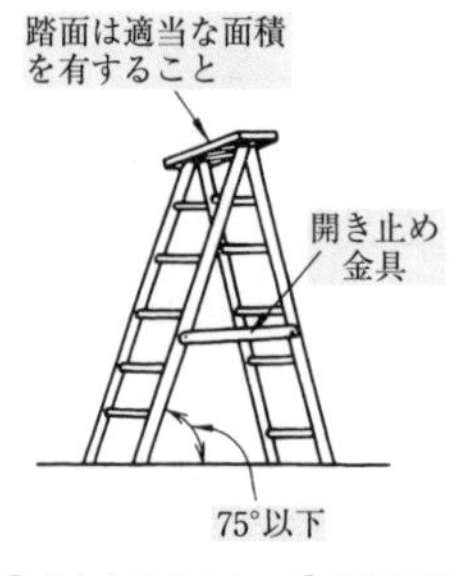

①丈夫な構造とし，②材料は著しい損傷，腐食等がないものであること。

脚立

○踏さんは25cm以上35cm以下の間隔で等間隔に設けられていることが大切。
○幅は，30cm以上とすること。
○はしごの上端を60cm以上突出させてかけるのが安全。
○すべり止め装置を取付け，はしごの上方を建築物等に取り付けまたは他の労働者が下で支える等の措置が必要。
○地面または床面との角度が75度前後にかけて使用するのが安全。
○移動はしごは，丈夫な構造とし，その材料は著しい損傷，腐食等がないものであること。

①丈夫な構造とし，②その材料は著しい損傷，腐食等がないものであること。

移動はしご

6-4　安全管理　作業床上作業　★★★

24　高さが2 m以上の作業床上で作業を行う場合の措置として，「労働安全衛生法」上，**誤っているもの**はどれか。

1.　作業床の開口部の周囲に，墜落防止のための囲いを設けた。
2.　強風による危険が予想されたので，作業員に安全帯を着用させて作業に従事させた。
3.　作業を安全に行うために仮設照明を設け，作業に必要な照度を確保した。
4.　作業員が安全に昇降するための設備を設けた。

解答

高さが**2 m以上**の作業床上で作業を行う場合，強風，大雨，大雪等の悪天候で危険が予想されるときは，作業に従事させてはならない（規則第532条）。

したがって，**2**が誤っている。　　**正解　2**

解説

高さが2 m以上の作業床上で作業を行う場合の措置は，次のように規定されている。

1. 作業床の端，開口部等で墜落により危険を及ぼす箇所には，囲い，手すり，覆い等を設けなければならない。
2. 解答のとおりである。
3. 作業を安全に行うために必要な照度を確保すること。
4. 高さ又は深さが**1.5 m**を超える箇所で作業を行うときは，安全に昇降するための設備を設けなければならない。

試験によく出る重要事項

①　墜落等による労働者の危険を防止するための措置として，高さが**2 m以**上の箇所で作業を行う場合は，作業床を設けなければならない。

②　高所作業車（作業床が接地面に対し垂直のみ上昇し，又は下降する構造のものを除く）を用いて作業を行うときは，作業床上の労働者は**安全帯**を使用しなければならない。

③　高さが**2 m 以 上**の箇所で作業を行う場合は，安全帯のフックを取り付けるための親綱等を設けなければならない。

6-4　安全管理　掘削作業　★★★

25　明り掘削の作業における，労働者の危険を防止するための措置に関する記述として「安全衛生法」上，**誤っているもの**はどれか。

1.　地中電線路を損壊するおそれがあったので，掘削機械を使用せず手掘りで掘削した。
2.　掘削作業によりガス導管が露出したので，つり防護を行った。
3.　土止め支保工を設けたので，14日ごとに点検を行い異常を認めたときは直ちに補修した。
4.　砂からなる地山を手掘りで掘削するので，掘削面のこう配を35度とした。

解答

土止め支保工を設けたときは，その後7日を超えない期間ごとに，点検しなければならない。したがって，3が誤っている。　正解　3

解説

明り掘削とは，露天の状態で掘る掘削のことである。

1. 明り掘削の作業で，地中電線管を破損する恐れがある場合には，掘削機械を使用せず，手掘りで掘削する必要がある。
2. 掘削の作業により露出したガス導管は，つり防護や移設するなどの措置を講じなければならない。
3. 解答のとおりである。
4. 砂からなる地山にあっては，掘削面のこう配は，35度以下でなければならない。

試験によく出る重要事項

①　地山の掘削作業を行う場合は，あらかじめ埋設物等の有無及び状態を調査しなければならない。

②　手掘りにより砂からなる地山又は発破等により崩壊しやすい状態になっている地山の掘削の作業を行うときは，掘削面のこう配を35度以下，または掘削面の高さを5m未満にしなければならない。

③　発破等により崩壊しやすい状態になっている地山を手掘りする場合，掘削面のこう配を45度以下とするか，掘削面の高さを2m未満にしなければならない（規則第357条）。

6-4 安全管理 電気の危険防止 ★★★

26 電気による危険の防止に関する記述として，「労働安全衛生法」上，**誤っているもの**はどれか。

1. 電気機械器具の充電部分に感電を防止するために設ける絶縁覆いは，毎月1回損傷の有無を点検した。
2. 高圧電路の停電を確認するために使用する検電器具は，その日の使用を開始する前に検電性能を点検した。
3. 高圧活線作業に使用する絶縁用保護具は，その日の使用を開始する前に損傷の有無や乾燥状態を点検した。
4. 常時使用する対地電圧が150 V を超える移動式の電動機械器具を使用する電路の感電防止用漏電しゃ断装置は，毎月1回作動状態を点検した。

解答

対地電圧が150V を超える移動式の電動機械器具を使用する電路の感電防止用漏電しゃ断装置は，その日の使用を開始する前に作動状態を点検する必要がある(規則 第352条，333条)。

したがって，**4** が誤っている。　正解　4

解説

1. 感電を防止するために設ける絶縁覆いは，毎月1回以上，その損傷の有無を点検しなければならない。
2. 検電器具は，その日の使用開始前に，検電性能の点検を実施しなければならない。
3. 絶縁用保護具は，その日の使用開始前に，損傷の有無や，乾燥状態を点検しなければならない。
4. 解答のとおりである。

試験によく出る重要事項

① 仮設配線等を通路面上に這わせて使用する場合は，絶縁被覆の損傷を防止するため，金属管またはダクト等で保護しなければならない。

② 毎日使用する交流アーク溶接機用自動電撃防止装置の作動状態を，その日の使用を開始する前に確認しなければならない。

類題　電気による危険の防止に関する記述として，「労働安全衛生法」上，**誤っているもの**はどれか。

1. 対地電圧が150 Vを超える移動式電動機械器具の電路に設けた感電防止用漏電遮断装置の作動状態を，その日の使用を開始する前に確認した。
2. 電動機の充電部分に感電を防止するために設けた絶縁覆いの損傷の有無を，毎月1回点検した。
3. 高圧活線近接作業に使用する絶縁用保護具は，絶縁性能についての自主検査を1年前に行ったものを使用した。
4. 高圧活線近接作業に使用する絶縁用保護具の自主検査の記録を3年間保存した。

解答

高圧活線近接作業に使用する絶縁用保護具は，絶縁性能についての自主検査を**6か月以内ごとに1回**，行わなければならない（規則第351条）。

したがって，**3が誤りである。**　**正解　3**

解説

1. 対地電圧が**150V**を超える移動式電動機械器具の電路には，漏電遮断器を接続しなければならない。また，**使用する日の使用前**に作動状態を確認しなければならない。
2. 電気機械器具の充電部は，感電を防止するために絶縁覆いを設けなければならない。又，その絶縁覆いは，**毎月1回以上**点検しなければならない。
3. 解答のとおりである。
4. 高圧活線近接作業に使用する絶縁用保護具の自主検査記録は，**3年間保存**しなければならない。

類題　労働者の感電を防止するための電気機械器具の囲い等の規定が，適用除外となる対地電圧として，「労働安全衛生法」上，**定められているもの**はどれか。

1. 30 V以下
2. 50 V以下
3. 150 V以下
4. 300 V以下

解答

労働者の感電を防止するための電気機械器具の囲い等の規定は，対地電圧が**50V以下**のものは，適用除外である（規則第354条）。

したがって，**2が定められている。**　**正解　2**

6-4　安全管理　電気の危険防止　★★★

27　停電作業を行う場合の措置として,「労働安全衛生法」上, **誤っているものは**どれか。

1. 電路が無負荷であることを確認したのち, 高圧の電路の断路器を開路した。
2. 開路した電路に電力コンデンサが接続されていたので, 残留電荷を放電させた。
3. 開路した高圧の電路の停電を検電器具で確認したので, 短絡接地を省略した。
4. 開路に用いた開閉器に作業中施錠したので, 監視人を置くことを省略した。

解 答

停電作業を行う場合, 開路した高圧の電路は, 検電器具により停電を確認し, 接地短絡器具を用いて確実に**短絡接地**しなければならない (規則第 339 条)。

したがって, **3** が誤っている。　正解　3

解 説

1. 事業者は, 高圧又は特別高圧の電路の断路器, 線路開閉器等の開閉器で, 負荷電流を遮断するためのものでないものを開路するときは, 当該開閉器の誤操作を防止するため, 当該電路が無負荷であることを確認させなければならない。規則第 340 条 (断路器等の開路)。
2. 電力コンデンサを開路した場合, 残留電荷があると感電する危険性があるため, 確実に放電させなければならない。
3. 解説のとおりである。
4. 開路に用いた開閉器に施錠した場合は, 監視人を置くことを省略できる。

試験によく出る重要事項

停電作業を行う場合は, 次の①又は②の措置を講じなければならない。

① 開路に用いた開閉器には, 作業中は施錠するか通電禁止の表示をする。

② 作業中に誤って閉路することを防止するため, 監視人を置く。

6-4　安全管理　作業主任者の選任　★★

28　作業主任者を選任すべき作業として，「労働安全衛生法」上，**誤っているもの**はどれか。

1. 掘削面の高さが2mの地山の掘削の作業
2. 高さが3mの構造の足場の組立ての作業
3. 型わく支保工の解体の作業
4. ケーブルを収容するための地下ピット内部での作業

解答

高さが**5m以上**の構造の足場の組立ては，作業主任者を選任する必要があるが，3mでは必要ない（令第6条）。

したがって，**2**が誤っている。　正解　2

解説

1. 掘削面の高さが**2m以上**の地山の掘削の作業は，作業主任者を選任する必要がある。
2. 解答のとおりである。
3. 型枠支保工の組立てまたは解体の作業は，作業主任者を選任する必要がある。
4. ケーブルを収容するための地下ピット内部での作業は，酸素欠乏防止場所での作業に該当する。技能講習を受けた者のうちから，**酸素欠乏危険作業主任者**を選任しなければならない。

試験によく出る重要事項

作業主任者を選任すべき作業

① 土止め支保工の切り梁又は腹起こしの取付けまたは取り外しの作業。

② 吊り足場（ゴンドラの吊り足場を除く），張り出し足場または高さが**5m以上**の構造の足場の組立て・解体または変更の作業。

6-4 安全管理 酸素欠乏危険作業 ★★

29 酸素欠乏危険作業に関する記述として，「労働安全衛生法」上，**誤っているもの**はどれか。

1. 地下に敷設されたケーブルを収容するマンホール内部での作業は，第一種酸素欠乏危険作業である。
2. 第二種酸素欠乏危険作業を開始する前に，作業場所の空気中の酸素濃度と硫化水素濃度を測定した。
3. 酸素欠乏危険場所に労働者を入場及び退場させるときに，人員の点検を行った。
4. 現場で実施した特別教育を修了した者のうちから，酸素欠乏危険作業主任者を選任した。

解答

酸素欠乏危険作業主任者は，酸素欠乏危険作業主任者技能講習又は酸素欠乏・硫化水素危険作業主任者技能講習を修了した者のうちから選任しなければならない（酸素欠乏症等防止規則）。

したがって，**4** が誤っている。 **正解 4**

解説

酸素欠乏危険作業はおおまかに，次の2つの業務に分類される。

① 酸素欠乏症のおそれのある業務 ② 硫化水素中毒のおそれのある業務

法令上は，酸欠のみのおそれがある「第一種酸素欠乏危険作業」と酸欠・硫化水素中毒の両方のおそれがある「第二種酸素欠乏危険作業」について規定されている。「硫化水素中毒のみ」の危険に関する規定はされていない。

「酸素欠乏」とは，空気中の酸素濃度が18％未満である状態をいう。

「酸素欠乏等」とは，酸素欠乏又は空気中の硫化水素の濃度が10 ppmを超える状態をいう。

試験によく出る重要事項

① 地下に敷設されるケーブルを収容するための暗きょの内部は，酸素欠乏危険場所である。

② その日の作業を開始する前に，作業場における空気中の酸素の濃度を測定する。

③ 酸素欠乏危険場所で作業を行うときは，酸素欠乏危険作業に従事する者以外の立入を禁止し，かつその旨を見やすい場所に表示する。

6-4 安全管理 労働災害用語 ★★

30 災害発生の頻度を表す度数率を求める式として，**正しいものはどれか。**

1. $度数率 = \dfrac{1年間における死傷者の総数}{1年間の平均労働者数} \times 1\,000$
2. $度数率 = \dfrac{1年間における死傷者の総数}{1年間の平均労働者数} \times 1\,000\,000$
3. $度数率 = \dfrac{労働災害による死傷者数}{延労働時間数} \times 1\,000$
4. $度数率 = \dfrac{労働災害による死傷者数}{延労働時間数} \times 1\,000\,000$

解答

度数率は，100万延実労働時間当たりに発生する死傷者の数を示す。

$$度数率 = \frac{労働災害による死傷者数}{延実労働時間数} \times 1\,000\,000$$

したがって，**4**が正しい。　　　　正解　4

類題 労働災害の統計に関する次の文章に該当する用語として，**適当なものはどれか。**
「災害発生の頻度を表すもので，100万労働時間あたりに発生する死傷者数をもって表す。」

1. 度数率
2. 年千人率
3. 安全率
4. 強度率

解答

災害発生の頻度を表すもので，100万労働時間当たりに発生する死傷者数をもって表すのは，**度数率**である。したがって，**1**が適当である。　　　　正解　1

試験によく出る重要事項

1. 年千人率は，次の式で表す。

$$年千人率 = \frac{年間死傷者数}{年間平均労働者数} \times 1\,000$$

2. 強度率は，次の式で表す。

$$強度率 = \frac{労働損失日数}{延実労働時間数} \times 1\,000$$

第7章　法規

◎学習の指針

13問出題され，任意に10問選択します。
法規は，類題をたくさん解きましょう。
出題頻度の高い問題を集中的に学習しましょう。

●出題分野と出題傾向

・問題No.80～92が対象です。
・法規は，電気設備を取り巻く関連分野から幅広く出題されており，それぞれ専門の知識が求められます。
・普段なかなか目に触れることのない法令，条文もあることでしょうし，逆に身近に感ずるものもあるでしょう。まずは，身近に感ずる法規の問題から着手してみてください。そして，類題を多く解いてみてください。
・そうすると，7-1建設業法から7-5労働基準法までは，毎年同様の問題が，表現を変えて多数出題されていることがわかります。
・傾向をつかみ，そこを集中的に勉強することが正解への近道です。

分野	出題数	出題頻度が高い項目
7-1 建設業法	3	建設業の許可，建設工事の請負契約 主任技術者，監理技術者，施工体制台帳
7-2 電気関係法規	3	電気事業法，電気用品安全法，電気工事士法， 電気工事業の業務の適正化に関する法律， 電気通信事業法
7-3 建築関係法規	3	建築基準法，建築士法，消防法
7-4 労働安全衛生法	2	安全衛生管理体制，建設業に係る届出
7-5 労働基準法	1	労働契約の締結，災害補償
7-6 その他関連法規	1	廃棄物の処理及び清掃に関する法律，道路法， 建設工事に係る資材の再資源化等に関する法律， 大気汚染防止法
計	13	

7−1 建設業法

●過去の出題傾向

建設業法に関する問題は，**毎年３問出題**されている。

[建設業の許可]

・建設業の許可に関する問題と建設工事の請負契約に関する問題は毎年出題されている。

・建設業の許可の区分について正しく理解する。

・一般建設業と特定建設業の区分について正しく理解する。

[建設工事の請負契約]

・請負契約書に記載すべき事項ならびに元請負人の義務について理解する。

[主任技術者，監理技術者]

・主任技術者，監理技術者についてもほぼ毎年出題されており，主任技術者と監理技術者の設置基準と資格要件ならびに職務を正しく理解する。

[施工体制]

・施工体制台帳の設置目的とその内容を正しく理解する。あわせて施工体系図に表示すべき事項についても覚えておく。

項目	出題内容（キーワード）
建設業の許可	許可の区分： 国土交通大臣の許可，都道府県知事の許可，特定建設業， 一般建設業，専任の技術者
建設工事の請負契約	請負契約書に記載すべき事項： 請負代金，工期，出来形，前払い金の支払，支払い時期・方法， 紛争の解決方法 元請負人の義務： 施工体制台帳の作成，完成検査，下請代金の支払い時期
主任技術者 監理技術者	設置基準と資格要件： １級・２級国家資格者，技術者資格者証 技術者の職務： 技術上の管理，技術者の専任
施工体制	施工体制台帳： 作成目的，記載事項 施工体系図： 設置場所，記載すべき事項

7-1　建設業法　建設業の許可　★★★

1

建設業の許可に関する記述として,「建設業法」上, **誤っているもの**はどれか。

1.　建設業者は，二以上の建設工事の種類について，建設業の許可を受けることができる。
2.　電気工事業を営もうとする者が，二以上の都道府県の区域内に営業所を設けて営業しようとする場合は，それぞれの所在地を管轄する都道府県知事の許可を受けなければならない。
3.　電気工事業に係る一般建設業の許可を受けた者が，電気工事業に係る特定建設業の許可を受けたときは, その一般建設業の許可は効力を失う。
4.　建設業の許可を受けた電気工事業者は，許可申請書に添付した書面に記載した使用人数に変更を生じたときは，毎事業年度経過後四月以内にその旨を届け出なければならない。

解答

電気工事業を営もうとする者が，二以上の都道府県の区域内に営業所を設けて営業をしようとする場合は，国土交通大臣の許可を受けなければならない（建設業法第３条)。

したがって，2 が誤りである。　**正解　2**

試験によく出る重要事項

建設業の許可の区分については次の下表に，一般建設業と特定建設業の区分については次ページの表に示す。

建設業の許可の区分

許可の区分	区分の内容
都道府県知事許可	**一つの都道府県**の区域内にしか営業所を設置していない業者
国土交通大臣許可	**二以上の都道府県**の区域に営業所を設置している業者
許可を必要としない者（軽微な建設工事のみを請け負う場合）	工事１件の請負代金の額が建築一式工事にあっては，1,500 万円に満たない工事または延べ面積が 150 m² に満たない木造住宅工事 **建築一式工事にあっては 500 万円に満たない工事**だけを請け負っている建設業を営む者

（注）「営業所」とは，本店または支店，もしくは常時建設工事の請負契約を締結する事務所のことをいい，その契約による建設工事の施工現場は，許可を得た都道府県でなくてもよい。

一般建設業と特定建設業の区分

許可の種類	請け負った工事の施工形態
一般建設業	下請専門か，元請となった場合でも下請に出す工事金額が**4,000万円未満**，建築一式工事業で**6,000万円未満**とする形態で施工しようとする者が受ける許可
特定建設業	元請となった場合，下請に出す工事金額が**4,000万円以上**，建築一式工事業で**6,000万円以上**となる形態で施工しようとする者が受ける許可

類題　建設業の許可に関する記述として，「建設業法」上，**誤っているもの**はどれか。

1.　特定建設業の許可を受けた電気工事業者は，その者が発注者から直接請け負う1件の電気工事において，総額が3,000万円以上となる下請契約を締結できない。
2.　1級電気工事施工管理技士の資格を有する者は，特定建設業の許可を受けようとする電気工事業者が，その営業所ごとに置く専任の技術者になることができる。
3.　特定建設業の許可を受けようとする者は，発注者との間の請負契約で，その請負代金の額が政令で定める金額以上であるものを履行するに足りる財産的基礎を有することが必要である。
4.　電気工事業の許可を受けた者でなければ，工事1件の請負代金の額が500万円以上の電気工事を請け負うことができない。

解答

特定建設業の許可を受けた電気工事業者は，その者が発注者から直接請け負う1件の電気工事において，総額が4,000万円以上となる下請契約を締結することができる（建設業法第3条，令第2条）。

したがって，**1が誤りである**。　　正解　1

7-1 建設業法　建設工事の請負契約 ★★★

2 建設工事の請負契約に関する記述として，「建設業法」上，**定められていないもの**はどれか。

1. 元請負人は，その請け負った建設工事を施工するために必要な工程の細目，作業方法を定めようとするときは，あらかじめ，注文者の意見をきかなければならない。
2. 請負契約の当事者は，工事完成後における請負代金の支払いの時期及び方法を契約の書面に記載しなければならない。
3. 注文者は，自己の取引上の地位を不当に利用して，建設工事を施工するために通常必要と認められる原価に満たない金額を請負代金の額とする請負契約を締結してはならない。
4. 請負契約の当事者は，契約に関する紛争の解決方法を契約の書面に記載しなければならない。

解答

元請負人は，その請け負った建設工事を施工するために必要な工程の細目，作業方法を定めようとするときは，あらかじめ，下請負人の意見をきかなければならない（法第24条の2）。

したがって，**1**が定められていない。　**正解　1**

試験によく出る重要事項

請負契約書は，下記14項目を記載し，署名又は記名押印をして相互に交付しなければならない（建設業法第19条）。

1. 工事内容　2. 請負代金の額　3. 工事着手の時期及び工事完成の時期
4. 請負代金の全部又は一部の前金払又は出来形部分に対する支払の定めをするときは，その支払の時期及び方法
5. 当事者の一方から設計変更又は工事着手の延期若しくは工事の全部若しくは一部の中止の申出があった場合における工期の変更，請負代金の額の変更又は損害の負担及びそれらの額の算定方法に関する定め
6. 天災その他不可抗力による工期の変更又は損害の負担及びその額の算定方法に関する定め
7. 価格等の変動若しくは変更に基づく請負代金の額又は工事内容の変更

8. 工事の施工により第三者が損害を受けた場合における賠償金の負担に関する定め
9. 注文者が工事に使用する資材を提供し，又は建設機械その他の機械を貸与するときは，その内容及び方法に関する定め
10. 注文者が工事の全部又は一部の完成を確認するための検査の時期及び方法並びに引渡しの時期
11. 工事完成後における請負代金の支払の時期及び方法
12. 工事の目的物の瑕疵を担保すべき責任又は当該責任の履行に関して講ずべき保証保険契約の締結その他の措置に関する定めをするときは，その内容
13. 各当事者の履行の遅滞その他債務の不履行の場合における遅延利息，違約金その他の損害金
14. 契約に関する紛争の解決方法

類題　元請負人の義務に関する記述として，「建設業法」上，**定められていないもの**はどれか。ただし，元請負人は特定建設業者とする。

1. 元請負人は，その請け負った建設工事について，下請負人の名称，当該下請負人に係る建設工事の内容及び工期などを記載した施工体制台帳を作成し，営業所に備え置かなければならない。
2. 元請負人は，その請け負った建設工事を施工するために必要な工程の細目，作業方法その他元請負人において定めるべき事項を定めようとするときは，あらかじめ，下請負人の意見をきかなければならない。
3. 元請負人は，下請負人からその請け負った工事が完成した旨の通知を受けたときは，通知を受けた日から20日以内で，かつ，できる限り短い期間内に検査を完了しなければならない。
4. 元請負人は，請負代金の出来形部分に対する支払いを受けたときは，下請負人に対して相応する下請代金を，当該支払を受けた日から1月以内に支払わなければならない。

解答

元請負人は，その請け負った建設工事について，下請負人の名称，当該下請負人に係る建設工事の内容及び工期などを記載した施工体制台帳を作成し，営業所ではなく，工事現場ごとに備え置かなければならない（法第24条の7）。

したがって，**1が定められていない**。　　**正解　1**

7-1　建設業法　主任技術者，監理技術者　★★★

3　建設工事の現場に置く主任技術者及び監理技術者に関する記述として，「建設業法」上，**誤っているものはどれか。**

1.　特定建設業者は，発注者から直接5,000万円で請け負った電気工事を下請に出さず自ら施工する場合，当該工事現場に監理技術者を置かなければならない。
2.　病院の建設工事において，請け負った電気工事が3,500万円の場合，当該工事現場に置く主任技術者は専任の者でなければならない。
3.　監理技術者資格者証を必要とする建設工事の監理技術者は，発注者から請求があったときは，その資格者証を提示しなければならない。
4.　工事現場における建設工事の施工に従事する者は，主任技術者又は監理技術者がその職務として行う指導に従わなければならない。

解 答

特定建設業者は，発注者から直接5,000万円で請け負った電気工事を下請に出さず，自ら施工する場合，当該工事現場に監理技術者を置く必要はなく，**主任技術者**を置けばよい（法第26条）。

したがって，**1**が誤りである。　　正解　1

試験によく出る重要事項

建設業の現場には，施工技術確保のため，次の技術者を置かねばならない。

1.　主任技術者

建設業法において，建設工事を施工する場合の工事現場における，工事の施工の技術上の管理をつかさどる技術者のことである。

2.　監理技術者

発注者から直接請け負った建設工事を施工するために締結した，下請契約の請負代金の額の合計が，4,000万円以上（建築一式工事は6,000万円以上）となる場合に，主任技術者に代えて専任で配置する技術者のことである。

主任技術者，監理技術者の設置基準と資格要件を，次ページの表に示す。

主任技術者・監理技術者の設置基準と資格要件

許可区分	特定建設業（29業種）		一般建設業（29業種）
	指定建設業（7業種）	指定建設業以外（22業種）	
工事請負方式	発注者から元請として直接請け負い，下請負金額が 4,000万円以上 ・建築一式：6,000万円以上	①発注者から元請として直接請け負い，下請負金額が 4,000万円未満 ・建築一式：6,000万円未満 ②下請 ③自社施工	発注者から元請として直接請け負い，下請負金額が 4,000万円以上 ・建築一式：6,000万円以上	①発注者から元請として直接請け負い，下請負金額が 4,000万円未満 ・建築一式：6,000万円未満 ②下請 ③自社施工
現場に置くべき技術者	監理技術者	主任技術者	監理技術者	主任技術者
同上技術者資格要件	・1級国家資格者 ・大臣特別認定者	・1級国家資格者 ・2級国家資格者 ・実務経験者	・1級国家資格者 **・2級国家資格者（4,500万円以上の元請工事で2年以上の指導監督的経験のある者）** ・実務経験者(同上) ・大臣が上記と同等以上と認めた者	・1級国家資格者 ・2級国家資格者 ・実務経験者

類題　主任技術者及び監理技術者に関する記述として，「建設業法」上，**定められていないもの**はどれか。

1. 1級電気工事施工管理技士の資格を有する者は，電気工事の主任技術者になることができる。
2. 工事現場における建設工事の施工に従事する者は，監理技術者がその職務として行う指導に従わなければならない。
3. 公共性のある施設に関する重要な建設工事で政令で定めるものに置かなければならない監理技術者は，工事現場ごとに，専任の者でなければならない。
4. 主任技術者は，工事現場における建設工事を適正に実施するため，当該建設工事の請負代金額の管理及び工程管理の職務を誠実に行わなければならない。

解答

主任技術者及び監理技術者は，当該建設工事の施工計画の作成，工程管理，品質管理その他の技術上の管理は誠実に行わなければならないが，請負代金額の管理は職務として定められていない（法第26条の3)。

したがって，**4が定められていない。**　　**正解　4**

7-1 建設業法 施工体制 ★★

4

施工体制台帳に関する記述として,「建設業法」上, **誤っているもの**はどれか。

1. 発注者から直接建設工事を請け負った特定建設業者は, 建設工事の適正な施工を確保するため, その下請契約の請負代金の額にかかわらず施工体制台帳を作成しなければならない。
2. 施工体制台帳には, 下請負人の商号又は名称, 当該下請負人に係る建設工事の内容及び工期その他の国土交通省令で定める事項を記載しなければならない。
3. 施工体制台帳は, 工事現場ごとに備え置き, 発注者から請求があったときは閲覧に供しなければならない。
4. 下請負人は, その請け負った建設工事を他の建設業を営む者に請け負わせたときは, 施工体制台帳を作成する特定建設業者に対して, 当該他の建設業を営む者の商号又は名称などの定められた事項を通知しなければならない。

解答

下請契約の請負代金の額が**4,000 万円以上**（特定建設業者が発注者から直接請け負った建設工事が建築一式工事である場合には 6,000 万円以上）の場合には, 施工体制台帳を作成しなければならない（法第 24 条の 7 および令第 7 条の 4）。

したがって, **1 が誤りである。**　　正解　1

解説

施工体制台帳とは,

1. 下請, 孫請など工事施工を請け負う全ての業者名
2. 各業者の施工範囲, 工事の内容及び工期
3. その他各業者の技術者氏名等

を記載した台帳のことである。

施工体制台帳を作成する目的は, 元請け業者が現場の施工体制を把握することにより, 施工上のトラブル防止, 建設業法違反防止等を図ることである。

類題　特定建設業者が作成し，工事現場の見やすい場所に掲示する施工体系図に表示する事項として，「建設業法」上，**定められていないもの**はどれか。

1. 作成した特定建設業者の商号又は名称
2. 作成した特定建設業者が請け負った建設工事の名称
3. 工期及び発注者の商号，名称又は氏名
4. 当該建設工事における各下請負人の請負金額

解答

当該建設工事における各下請負人の請負金額は，施工体系図に表示する事項として定められていない（規則第14条の6）。

したがって，**4が定められていない。**　正解　4

類題　建設業法第24条の7の規定に基づき作成する施工体制台帳に関する記述として，「建設業法」上，**誤っているもの**はどれか。

1. 下請負人は，その請け負った建設工事を他の建設業を営む者に請け負わせたときは，施工体制台帳を作成する特定建設業者に対して，当該他の建設業を営む者の商号又は名称などの定められた事項を通知しなければならない。
2. 施工体制台帳には，施工体制台帳を作成する特定建設業者に関する事項として，許可を受けて営む建設業の種類の他に，健康保険等の加入状況を記載しなければならない。
3. 施工体制台帳は，営業所に備え置き，発注者から請求があったときは閲覧に供しなければならない。
4. 施工体制台帳には，施工体制台帳を作成する特定建設業者の監理技術者が雇用期間を特に限定することなく雇用されている者であることを証する書面又は写しを添付しなければならない。

解答

施工体制台帳は，工事現場ごとに備え置かなければならない（法第24条の7）。

したがって，**3が誤っている。**　正解　3

7-2 電気関係法規

●過去の出題傾向

電気関係法規の問題は，**毎年３問出題**されている。

[電気事業法]

・電気事業法の問題は，**毎年１問出題**されている。
・**事業用電気工作物**，**一般用電気工作物**及び**自家用電気工作物**の違いを正しく理解する。

[電気用品安全法]

・電気用品安全法からも，**毎年１問出題**されている。
・**特定電気用品**と**電気用品**の違いを正しく理解する。

[その他の法規]

・電気工事士法，電気工事業の業務の適正化に関する法律，電気通信事業法のいずれかから，**毎年１問出題**されている。
・電気工事士が従事することのできる範囲を正しく理解する。

項目	出題内容（キーワード）
電気事業法	電気工作物： 事業用電気工作物，一般用電気工作物，自家用電気工作物， 技術基準，保安規程，主任技術者，報告書の提出，小出力発電設備
電気用品安全法	特定電気用品： 電気用品の区分，電気用品の技術上の基準
電気工事士法	電気工事士： 第一種電気工事士，第二種電気工事士， 特殊電気工事，簡易電気工事，認定電気工事， 認定電気工事従事者認定証
電気工事業の業務の適正化に関する法律	電気工事業者： 登録電気工事業者，通知電気工事業者，登録の有効期間，帳簿， 標識の記載事項
電気通信事業法	電気通信主任技術者： 事業用電気通信設備，電気通信主任技術者資格者証， 伝送交換主任技術者資格者証，線路主任技術者資格者証

7-2　電気関係法規　電気事業法　★★★

5　事業用電気工作物に関する記述として,「電気事業法」上, **誤っているもの**はどれか。
ただし, 災害その他の場合で, やむを得ない一時的な工事を除く。

1.　事業用電気工作物を設置する者は, 経済産業省令で定める技術基準に適合するように維持しなければならない。
2.　公共の安全の確保上特に重要なものとして経済産業省令で定める事業用電気工作物の設置の工事をする者は, その工事の計画について経済産業大臣又は所轄産業保安監督部長の認可を受けなければならない。
3.　事業用電気工作物を設置する者は, 事業用電気工作物の使用開始後速やかに保安規程を経済産業大臣又は所轄産業保安監督部長に届け出なければならない。
4.　受電電圧一万ボルト以上の需要設備を設置しようとする者は, その工事の計画を経済産業大臣又は所轄産業保安監督部長に届け出なければならない。

解答

事業用電気工作物を設置する者は, 保安規定を使用開始前に届け出なければならない（電気事業法施行規則第42条）。

したがって, **3**が誤りである。　　**正解　3**

試験によく出る重要事項

①　一般用電気工作物

主に一般住宅や小規模な店舗, 事業所などのように電気事業者から低圧（600ボルト以下）で受電している場所等の電気工作物をいう。

②　事業用電気工作物

電気事業用電気工作物及び自家用電気工作物の総称である。

1)　**電気事業用電気工作物**

電気事業者が電気の供給を行うために設置する電気工作物であり, 発電所, 変電所, 送配電設備, 電力用保安通信のための電気工作物等の電力会社が運用している電気供給用設備が該当する。

2)　**自家用電気工作物**

一般用電気工作物, 電気事業用電気工作物以外の電気工作物であり, 電気事業者から供給を受ける一般需要家の高圧変電設備などが該当する。

類題　電気工作物に関する記述として,「電気事業法」上,**誤っているもの**はどれか。

1.　工事計画の届出を必要とする自家用電気工作物を新たに設置する者は，保安規程を工事完了後，遅滞なく届け出なければならない。
2.　保安規程には，災害その他非常の場合に採るべき措置に関することを定めなければならない。
3.　船舶，車両又は航空機に設置されるものは，電気工作物から除かれている。
4.　事業用電気工作物の工事，維持又は運用に従事する者は，主任技術者がその保安のためにする指示に従わなければならない。

解答

工事計画の届出を必要とする自家用電気工作物を新たに設置する者は，保安規定を工事開始前に，主務大臣に届け出なければならない（電気事業法第42条）。

したがって，**1が誤りである。**　正解　1

類題　感電死傷事故が発生したときに，自家用電気工作物を設置する者が行う事故報告に関する記述として，「電気事業法」上，**定められていないもの**はどれか。

1.　事故の発生を知った時から48時間以内に，事故の概要等を報告しなければならない。
2.　事故の発生を知った日から起算して30日以内に，報告書を提出しなければならない。
3.　報告書は，管轄する産業保安監督部長に提出しなければならない。
4.　報告書には，被害状況と防止対策を記載しなければならない。

解答

自家用電気工作物を設置する者は，事故が発生したときには，事故の発生を知った時から24時間以内可能な限り速やかに，事故の発生の日時及び場所，事故が発生した電気工作物ならびに事故の概要について，電話等の方法により行うと定められている（電気関係報告規則第3条第2項）。

したがって，**1が定められていない。**　正解　1

7-2 電気関係法規　電気用品安全法 ★★★

6

電気用品に関する記述について，「電気用品安全法」上，**誤っているものは**どれか。

1. 電気用品とは，自家用電気工作物の部分となり，又はこれに接続して用いられる機械，器具又は材料であって，政令で定めるものをいう。
2. 特定電気用品とは，構造又は使用方法その他の使用状況からみて特に危険又は障害の発生するおそれが多い電気用品であって，政令で定めるものをいう。
3. 電気用品の製造の事業を行う者は，電気用品の区分に従い，必要な事項を経済産業大臣又は所轄経済産業局長に届け出なければならない。
4. 届出事業者は，届出に係る型式の電気用品を製造する場合においては，電気用品の技術上の基準に適合しなければならない。

解答

電気用品とは，自家用電気工作物の部分ではなく，一般用電気工作物の部分である（電気用品安全法第2条）。

したがって，**1**が誤りである。　正解　1

試験によく出る重要事項

電気用品と**特定電気用品**の違いをきちんと理解しておかなければならない。両者は，法第2条に，次のように定義されている。

1. 「**電気用品**」とは，次に掲げるものをいう。
   1) 一般用電気工作物（電気事業法（昭和39年法律第170号）第38条第1項に規定する一般用電気工作物をいう。）の部分となり，又はこれに接続して用いられる機械，器具又は材料であって，政令で定めるもの
   2) 携帯発電機であって，政令で定めるもの
   3) 蓄電池であって，政令で定めるもの
2. 「**特定電気用品**」とは，構造又は使用方法その他の使用状況からみて特に危険又は障害の発生するおそれが多い電気用品であって，政令で定めるものをいう。

類題 特定電気用品に該当するものとして，「電気用品安全法」上，**誤っているもの**はどれか。

ただし，使用電圧 200 V の交流の電路に使用するものとし，機械器具に組み込まれる特殊な構造のもの及び防爆型のものは除くものとする。

1. 漏電遮断器（定格電流 100 A）
2. 温度ヒューズ
3. 電気温床線
4. マルチハロゲン灯用安定器（定格消費電力 200 W）

解答

電気温床線は，特定電気用品には該当せず，特定電気用品以外の電気用品である（電気用品安全法第 2 条，令別表第 1，令別表第 2）。

したがって，**3 が誤っている**。 **正解 3**

類題 次の電気用品のうち，「電気用品安全法」上，特定電気用品に**該当しないもの**はどれか。

ただし，機械器具に組み込まれる特殊な構造のもの及び防爆型のものは除く。

1. 定格電圧 250 V 32 W1 灯用の蛍光灯用安定器
2. 定格電圧 125 V 定格電流 20 A のライティングダクト
3. 定格電圧 250 V 定格電流 50 A の配線用遮断器
4. 600V 架橋ポリエチレン絶縁ビニルシースケーブル（CVT 14 mm^2）

解答

定格電圧 125V，定格電流 20A のライティングダクトは，特定電気用品には該当せず，特定電気用品以外の電気用品である（電気用品安全法第 2 条，令別表第 1，令別表第 2）。

したがって，**2 が該当しない**。 **正解 2**

7-2 電気関係法規　電気工事士法　★★★

7　電気工事士等に関する記述として，「電気工事士法」上，**誤っているもの**はどれか。

1.　認定電気工事従事者認定証は，経済産業大臣が交付する。
2.　第二種電気工事士は，一般用電気工作物に係る電気工事に従事することができる。
3.　第一種電気工事士は，自家用電気工作物に係る電気工事のうち特殊電気工事を除く作業に従事することができる。
4.　認定電気工事従事者は，自家用電気工作物に係る電気工事のうち特殊電気工事の作業に従事することができる。

解答

認定電気工事従事者といえども，特種電気工事資格者認定証の交付を受けている者でなければ，特殊電気工事（ネオン工事，非常用予備発電装置工事）の作業に従事することはできない（電気工事士法第3条）。

したがって，**4が誤りである。**　　　　**正解　4**

試験によく出る重要事項

電気工事士等が従事することのできる範囲は，次の通りである。

① 第一種電気工事士

一般用電気工作物及び自家用電気工作物（最大電力500キロワット未満の需要設備に限る）に係わる電気工事の作業に従事できる。

② 第二種電気工事士

一般用電気工作物に係わる電気工事の作業に従事できる。

③ 特種電気工事資格者

自家用電気工作物で，最大電力500キロワット未満の需要設備におけるネオン用の設備及び非常用予備発電装置の電気工事を特殊電気工事といい，当該特殊電気工事に係る特種電気工事資格者認定証の交付を受けている者が，これらの電気工事の作業に従事できる。

④ 認定電気工事従事者

自家用電気工作物で最大電力500キロワット未満の需要設備における600ボルト以下で使用する設備の電気工事を簡易電気工事といい，認定電気工事従事者認定証の交付を受けている者（「認定電気工事従事者」という。）は，第一種電気工事士でなくともその作業に従事することができる。

類題 電気工事士等に関する記述として，「電気工事士法」上，**誤っているもの**はどれか。

ただし，保安上支障がないと認められる作業であって省令で定める軽微なものを除く。

1. 第1種電気工事士は，自家用電気工作物の保安に関する所定の講習を受けなければならない。
2. 第2種電気工事士は，最大電力 50 kW 未満であってもその自家用電気工作物に係る電気工事の作業に従事することができない。
3. 認定電気工事従事者は，使用電圧 600 V 以下であってもその自家用電気工作物の電線路に係る電気工事の作業に従事することができない。
4. 非常用予備発電装置工事の特殊電気工事資格者は，自家用電気工作物の非常用予備発電装置として設置される原動機であってもその附属設備に係る電気工事の作業に従事することができない。

解答

非常用予備発電装置工事の特殊電気工事資格者は，他の需要設備との間の電線との接続部分の工事はできないが，自家用電気工作物の非常用予備発電装置として設置される原動機の附属設備に係る電気工事の作業には従事することができる（電気工事士法施行規則第2条の2）。

したがって，**4が誤っている。** 正解 4

類題 次の記述のうち，「電気工事士法」上，**誤っているもの**はどれか。

1. 特殊電気工事には，ネオン工事と非常用予備発電装置工事がある。
2. 特種電気工事資格者認定証及び認定電気工事従事者認定証は，経済産業大臣が交付する。
3. 第一種電気工事士は，自家用電気工作物に係るすべての電気工事の作業に従事することができる。
4. 認定電気工事従事者は，自家用電気工作物に係る電気工事のうち簡易電気工事の作業に従事することができる。

解答

第一種電気工事士といえども，特種電気工事資格者認定証の交付を受けている者でなければ，特殊電気工事（ネオン工事，非常用予備発電装置工事）に係る作業に従事することはできない（電気工事士法第3条第3項）。

したがって，**3が誤りである。** 正解 3

7-2 電気関係法規 電気工事業の業務の適正化に関する法律 ★★

8 電気工事業に関する記述として，「電気工事業の業務の適正化に関する法律」上，誤っているものはどれか。

1. 登録電気工事業者の登録の有効期間は，5年である。
2. 電気工事業者には，登録電気工事業者と通知電気工事業者がある。
3. 電気工事業者は，営業所ごとに省令で定める事項を記載した標識を掲げなければならない。
4. 電気工事業者は，営業所ごとに帳簿を備え，省令で定める事項を記載し，記載の日から3年間保存しなければならない。

解答

電気工事業者は，営業所ごとに帳簿を備え，省令で定める事項を記載し，記載の日から5年間保存しなければならない（電気工事業の業務の適正化に関する法律第26条，施行規則第13条）。

したがって，**4が誤りである。**　　**正解　4**

解説

法第26条に基づき，施行規則第13条には，次に示す内容が定められている。

1. 電気工事業者は，その営業所ごとに帳簿を備え，電気工事ごとに次に掲げる事項を記載しなければならない。
   1) 注文者の氏名または名称および住所
   2) 電気工事の種類および施工場所
   3) 施工年月日
   4) 主任電気工事士等および作業者の氏名
   5) 配線図
   6) 検査結果
2. 前項の帳簿は，記載の日から**5年間保存**しなければならない。

7-2 電気関係法規　電気通信事業法　★★

9　電気通信主任技術者に関する記述として，「電気通信事業法」上，**誤っているもの**はどれか。

ただし，事業用電気通信設備が小規模である場合その他の省令で定める場合を除く。

1. 電気通信主任技術者は，省令で定めるところにより，事業用電気通信設備の管理規程を定めなければならない。
2. 電気通信事業者は，事業用電気通信設備の工事，維持及び運用に関する事項を監督させるため，電気通信主任技術者を選任しなければならない。
3. 電気通信事業者は，電気通信主任技術者を選任したときは，遅滞なく，その旨を総務大臣に届け出なければならない。
4. 電気通信主任技術者資格者証の種類には，伝送交換主任技術者資格者証と線路主任技術者資格者証がある。

解答

電気通信主任技術者は，事業用電気通信設備の工事，維持及び運用に関する事項に関し総務省令で定める事項を監督するために選任されるものであり，事業用電気通信設備の管理規程を定めなければならないのは，電気通信事業者である（電気通信事業法第44条，45条）。

したがって，**1** が誤っている。　正解　1

解説

電気通信主任技術者は，電気通信事業法第45条に，次のように定められている。

1. 電気通信事業者は，事業用電気通信設備の工事，維持及び運用に関する事項を監督させるため，総務省令で定めるところにより，電気通信主任技術者資格者証の交付を受けている者のうちから，**電気通信主任技術者を選任**しなければならない。ただし，その事業用電気通信設備が小規模である場合その他の総務省令で定める場合は，この限りでない。
2. 電気通信事業者は，前項の規定により電気通信主任技術者を選任したときは，遅滞なく，その旨を**総務大臣に届け出**なければならない。これを解任したときも，同様とする。

また，電気通信主任技術者資格者証の種類は，**伝送交換技術**及び**線路技術**について総務省令に定められている（法第46条）。

7-3 建築関係法規

●過去の出題傾向

建築関係法規の問題は消防法を含め，**毎年3問出題**されている。

[建築基準法]

・建築基準法からは，**毎年1問出題**されている。
・建築基準法第2条に定められた用語の定義を正しく理解し覚えておく。

[建築士法]

・建築士法からは，**毎年1問出題**されている。
・建築士法第2条に定められた用語の定義を正しく理解し覚えておく。

[消防法]

・消防法の問題は，**毎年1問出題**されている。
・特定防火対象物に関する問題と消防用設備等に関する問題のいずれかが，毎年出題されている。
・特定防火対象物とは何か，その定義を正しく理解し，特定防火対象物に該当する建物用途を覚えておく。
・消防用設備等の種類を把握し，その設備の特徴・設置基準を理解しておく。

項目	出題内容（キーワード）
建築基準法	用語の定義： 特殊建築物，大規模の模様替，居室，不燃材，耐火建築物，準耐火建築物，増築，改築，移転，避雷針，建築設備，建築主事，特定行政庁
建築士法	用語の定義： 一級建築士，二級建築士，木造建築士，建築設備士，設備設計一級建築士，設計，工事監理，登録講習機関
消防法	特定防火対象物： 特定防火対象物に該当するもの 消防用設備等： 消火設備，スプリンクラー設備，屋内消火栓設備，甲種消防設備士，乙種消防設備士，警報設備，自動火災報知設備，非常コンセント設備

7-3 建築関係法規　建築基準法　★★★

10

次の記述のうち，「建築基準法」上，**誤っているもの**はどれか。

1.　モルタルは，不燃材料である。
2.　鉄筋コンクリート造の建築物は，すべて耐火建築物である。
3.　特殊建築物は，用途，規模などが所定の条件に該当する場合，耐火建築物又は準耐火建築物としなければならない。
4.　居室とは，居住，執務，作業，集会，娯楽その他これらに類する目的のために継続的に使用する室をいう。

解答

鉄筋コンクリート造の建築物でも，耐火性能に関して政令で定める技術基準に適合しなければ，耐火建築物とはみなされない（建築基準法第2条第7号）。

したがって，**2が誤りである。**　　**正解　2**

試験によく出る重要事項

建築基準法第2条に用語の定義が定められている。次に，その一部を記載する。

① **建築物**

土地に定着する工作物のうち，屋根及び柱もしくは壁を有するもの（これに類する構造のものを含む。），これに附属する門もしくは塀，観覧のための工作物又は地下もしくは高架の工作物内に設ける事務所，店舗，興行場，倉庫その他これらに類する施設（鉄道及び軌道の線路敷地内の運転保安に関する施設並びに跨線橋，プラットホームの上家，貯蔵槽その他これらに類する施設を除く。）をいい，建築設備を含むものとする。

② **特殊建築物**

学校（専修学校及び各種学校を含む。以下同様とする。），体育館，病院，劇場，観覧場，集会場，展示場，百貨店，市場，ダンスホール，遊技場，公衆浴場，旅館，共同住宅，寄宿舎，下宿，工場，倉庫，自動車車庫，危険物の貯蔵場，と畜場，火葬場，汚物処理場その他これらに類する用途に供する建築物をいう。

③　**建築設備**

建築物に設ける電気，ガス，給水，排水，換気，暖房，冷房，消火，排煙もしくは汚物処理の設備又は煙突，昇降機もしくは避雷針をいう。

④　**居室**

居住，執務，作業，集会，娯楽その他これらに類する目的のために継続的に使用する室をいう。

⑤　**耐火構造**

壁，柱，床その他の建築物の部分の構造のうち，耐火性能（通常の火災が終了するまでの間，当該火災による建築物の倒壊及び延焼を防止するために当該建築物の部分に必要とされる性能をいう。）に関して政令で定める技術的基準に適合する鉄筋コンクリート造，れんが造その他の構造で国土交通大臣が定めた構造方法を用いるもの又は国土交通大臣の認定を受けたものをいう。

⑥　**準耐火構造**

壁，柱，床その他の建築物の部分の構造のうち，準耐火性能（通常の火災による延焼を抑制するために当該建築物の部分に必要とされる性能をいう。第9号の3ロ及び第27条第1項において同じ。）に関して政令で定める技術的基準に適合するもので，国土交通大臣が定めた構造方法を用いるもの又は国土交通大臣の認定を受けたものをいう。

⑦　**不燃材料**

建築材料のうち，不燃性能（通常の火災時における火熱により燃焼しないことその他の政令で定める性能をいう。）に関して政令で定める技術的基準に適合するもので，国土交通大臣が定めたもの又は国土交通大臣の認定を受けたものをいう。

⑧　**大規模の修繕**

建築物の主要構造部の一種以上について行う過半の修繕をいう。

類題　次の記述のうち，「建築基準法」上，**誤っているもの**はどれか。

1.　建築とは，建築物を新築し，増築し，改築し，又は移転することをいう。
2.　建築設備の一種以上について行う過半の修繕は，大規模の修繕である。
3.　避難階とは，直接地上へ通ずる出入口のある階をいう。
4.　共同住宅の用途に供する建築物は，特殊建築物である。

解答

大規模修繕とは，建築設備ではなく，建築物の主要構造部の一種以上について行う過半の修繕である（建築基準法第2条）。

したがって，**2が誤りである。**　正解　2

類題　次の記述のうち，「建築基準法」上，**誤っているもの**はどれか。

1.　建築物に設ける防火シャッターは，建築設備である。
2.　展示場の用途に供する建築物は，特殊建築物である。
3.　建築物の主要構造部の一種以上について行う過半の修繕は，大規模の修繕である。
4.　建築主事を置いていない市町村の区域についての特定行政庁は，都道府県知事である。

解答

建築設備とは，建築物に設ける電気，ガス，給水，排水，換気，暖房，冷房，消火，排煙もしくは汚物処理の設備又は煙突，昇降機もしくは避雷針をいい，防火シャッターは含まれない（建築基準法第2条）。

したがって，**1が誤りである。**　正解　1

7-3 建築関係法規　建築士法　★★★

11

次の記述のうち，「建築士法」上，**誤っているもの**はどれか。

1. 建築設備士は，建築設備に関する知識及び技能につき国土交通大臣が定める資格を有する者である。
2. 二級建築士になろうとする者は，二級建築士試験に合格し，国土交通大臣の免許を受けなければならない。
3. 建築士は，建築物に関する調査又は鑑定を行うことができる。
4. 工事監理とは，その者の責任において，工事を設計図書と照合し，それが設計図書のとおりに実施されているかいないかを確認することをいう。

解答

二級建築士になろうとする者は，国土交通大臣ではなく，都道府県知事の免許を受けなければならない（建築士法第4条第2項）。

したがって，**2**が誤りである。　**正解　2**

試験によく出る重要事項

① 用語の定義

建築士法第2条に用語の定義が定められている。次にその一部を記載する。

1) **建築士**

一級建築士，二級建築士及び木造建築士をいう。

2) **一級建築士**

国土交通大臣の免許を受け，一級建築士の名称を用いて，建築物に関し，設計，工事監理その他の業務を行う者をいう。

3) **二級建築士**

都道府県知事の免許を受け，二級建築士の名称を用いて，建築物に関し，設計，工事監理その他の業務を行う者をいう。

4) **木造建築士**

都道府県知事の免許を受け，木造建築士の名称を用いて，木造の建築物に関し，設計，工事監理その他の業務を行う者をいう。

5)　**設計図書**

建築物の建築工事の実施のために必要な図面（現寸図その他これに類するものを除く。）及び仕様書をいう。

6)　**設計**

その者の責任において設計図書を作成することをいう。

7)　**構造設計**

基礎伏図，構造計算書その他の建築物の構造に関する設計図書で国土交通省令で定めるもの（以下「構造設計図書」という。）の設計をいう。

8)　**設備設計**

建築設備（建築基準法（昭和25年法律第201号）第2条第3号に規定する建築設備をいう。以下同じ。）の各階平面図及び構造詳細図その他の建築設備に関する設計図書で国土交通省令で定めるもの（以下「設備設計図書」という。）の設計をいう。

9)　**工事監理**

その者の責任において，工事を設計図書と照合し，それが設計図書のとおりに実施されているかいないかを確認することをいう。

②　**構造設計一級建築士（設備設計一級建築士）**

法第10条の2に，一級建築士として5年以上構造設計（設備設計）の業務に従事した後，「登録講習機関」が行う**講習の課程をその申請前一年以内に修了**した一級建築士，もしくは国土交通大臣が，構造設計（設備設計）に関し前述の一級建築士と同等以上の知識及び技能を有すると認める一級建築士のいずれかに該当する一級建築士は，国土交通大臣に対し，構造設計一級建築士証（設備設計一級建築士証）の交付を申請することができると定められている。

③　**建築設備士**

建築設備士とは，法第20条第5項に

「建築士は，大規模の建築物その他の建築物の建築設備に係る設計又は工事監理を行う場合において，建築設備に関する知識及び技能につき国土交通大臣が定める資格を有する者の意見を聴いたときは，第1項の規定による設計図書又は第3項の規定による報告書（前項前段に規定する方法により報告が行われた場合にあっては，当該報告の内容）において，その旨を明らかにしなければならない」

と規定されている。

類題　次の記述のうち，「建築士法」上，**誤っているもの**はどれか。

1. 建築士は，建築物に関する調査又は鑑定を行うことができる。
2. 一級建築士は，木造の建築物の設計及び工事監理を行うことができる。
3. 二級建築士になろうとする者は，二級建築士試験に合格し，国土交通大臣の免許を受けなければならない。
4. 工事監理とは，その者の責任において，工事を設計図書と照合し，それが設計図書のとおり実施されているかを確認することをいう。

解答

二級建築士になろうとする者は，それぞれの都道府県知事の行う二級建築士試験に合格し，その都道府県知事の免許を受けなければならない（建築士法第4条）。

したがって，**3が誤りである。**　　正解　3

類題　次の記述のうち，「建築士法」上，**誤っているもの**はどれか。

1. 建築設備士は，建築設備に関する知識及び技能につき国土交通大臣が定める資格を有する者である。
2. 建築士は，建築物に関する調査又は鑑定を行うことができる。
3. 二級建築士は，延べ面積1 000 m^2の学校の用途に供する建築物を新築する場合においては，その工事監理をすることができる。
4. 建築士は，延べ面積が2 000 m^2を超える建築物の建築設備に係る工事監理を行う場合においては，建築設備士の意見を聴くよう努めなければならない。

解答

延べ面積が500m^2を超える学校の用途に供する建築物を新築する場合の設計又は工事監理は，一級建築士でなければ行うことができない（建築士法第3条）。

したがって，**3が誤りである。**　　正解　3

7-3 建築関係法規 消防法 防火対象物 ★★★

12 特定防火対象物に該当するものとして,「消防法」上, **定められていないもの**はどれか。

1. 中学校
2. 病院
3. 映画館
4. 百貨店

解 答

特定防火対象物とは, 映画館, 百貨店, ホテル等不特定多数の人が出入りする建物や, 病院, 老人福祉施設等災害時要援護者が利用する施設である（消防法第17条の2の5第2項, 令第34条の4, 令別表第1）。

したがって, **1 が定められていない。** 正解 1

解 説

特定防火対象物とは, 法第17条の2の5第2項第4号及び令第34条の4に基づき, 令別表第1の（1)項から（4)項まで,（5)項イ,（6)項,（9)項イ,（16)項イ及び（16の3)項に掲げる防火対象物と定められている。

具体的には, 映画館, 公会堂, 飲食店, 百貨店, 旅館, ホテル, 病院, 老人ホーム等がこれに該当する。

類題 次の防火対象物のうち, 自動火災報知設備を設置するものとして,「消防法」上, **定められていないもの**はどれか。

ただし, 防火対象物は, 平屋建てとし無窓階でないものとする。

1. 延べ面積 300 m^2 の旅館
2. 延べ面積 1 000 m^2 の飛行機の格納庫
3. 延べ面積 300 m^2 の倉庫
4. 延べ面積 1 000 m^2 の事務所

解 答

倉庫は 500m^2 以上の場合, 自動火災報知設備の設置が必要となる（消防法施行令第21条）。

したがって, **3 が定められていない。** 正解 3

7-3 建築関係法規　消防法　消防用設備等 ★★★

13

消防用設備等に関する記述として,「消防法」上, **誤っているものはどれか。**

1. 屋内消火栓設備及びスプリンクラー設備は, 消火設備である。
2. 自動火災報知設備及びガス漏れ火災警報設備は, 警報設備である。
3. 自動火災報知設備の電源の部分の工事は, 第4類の甲種消防設備士が行うことができる。
4. 電源の部分を除くガス漏れ火災警報設備の整備は, 第4類の乙種消防設備士が行うことができる。

解答

第4類の甲種消防設備士は, 自動火災報知設備の電源の部分の工事はできないが, 電源の部分を除いた設備の工事と整備は行うことができる（消防法第17条の5)。

したがって, **3** が誤りである。　　正解　3

試験によく出る重要事項

消防用設備等とは, 消防法第17条第1項に「政令で定める**消防の用に供する設備**, 消防用水及び**消火活動上必要な施設**」と定められている。

政令で定める消防の用に供する設備とは, **消火設備**, **警報設備及び避難設備**である。

① **消火設備**

消火設備とは, 水その他消火剤を使用して消火を行う機械器具又は設備であり, 次のようなものがある。

1) 消火器及び次に掲げる簡易消火用具
（水バケツ, 水槽, 乾燥砂, 膨張ひる石又は膨張真珠岩）
2) 屋内消火栓設備
3) スプリンクラー設備
4) 水噴霧消火設備
5) 泡消火設備
6) 不活性ガス消火設備
7) ハロゲン化物消火設備
8) 粉末消火設備
9) 屋外消火栓設備
10) 動力消防ポンプ設備

② 警報設備

警報設備とは，火災の発生を報知する機械器具又は設備であり，次のようなものがある。

1) 自動火災報知設備

1の2) ガス漏れ火災警報設備

2) 漏電火災警報器

3) 消防機関へ通報する火災報知設備

4) 警鐘，携帯用拡声器，手動式サイレンその他の非常警報器具及び次に掲げる非常警報設備

イ 非常ベル　ロ 自動式サイレン　ハ 放送設備

③ 避難設備

避難設備とは火災発生時に速やかに避難できるよう誘導したりする，避難時に使用する機械器具又は設備であり，次のようなものがある。

1) すべり台，避難はしご，救助袋，緩降機，避難橋その他の避難器具

2) 誘導灯及び誘導標識

④ 消火活動上必要な施設

消火活動上必要な施設とは，消防隊の消火活動が効率的に行われるように設置が義務付けられている設備であり，次のようなものがある。

1) 排煙設備

2) 連結散水設備

3) 連結送水管

4) 非常コンセント設備

5) 無線通信補助設備

⑤ 消防設備士

消防設備士とは，消防用設備等又は特殊消防用設備等（特類の資格者のみ）の設置工事や設置後の点検，整備を行うために必要な国家資格である。

工事，整備，点検ができる**甲種消防設備士**と，整備，点検のみを行うことができる**乙種消防設備士**に分類される。

さらに各種消防設備の指定区分により，甲種消防設備士は特類，第1類～第5類の6区分に，乙種消防設備士は，第1類～第7類の7区分に分かれている。

類題　次の記述のうち，「消防法」上，**誤っているもの**はどれか。

1.　無窓階とは，建築物の地上階のうち，総務省令で定める避難上又は消火活動上有効な開口部を有しない階をいう。
2.　漏電火災警報器は，建築物の屋内電気配線に係る火災を有効に感知することができるように設置する。
3.　乙種消防設備士は，政令で定める消防用設備等の工事及び整備を行うことができる。
4.　排煙設備には，手動起動装置又は火災の発生を感知した場合に作動する自動起動装置を設けなければならない。

解答

乙種消防設備士は，政令で定める消防用設備等の整備を行うことはできるが，工事を行うことはできない（消防法第17条の6)。

したがって，**3が誤りである。**　　正解　3

類題　次の記述のうち，「消防法」上，**誤っているもの**はどれか。

1.　消防の用に供する設備は，消火設備，警報設備及び避難設備である。
2.　自動火災報知設備及び漏電火災警報器は，警報設備である。
3.　乙種消防設備士は，政令で定める消防用設備等の工事及び整備を行うことができる。
4.　非常コンセント設備及びガス漏れ火災警報設備には，非常電源を附置しなければならない。

解答

乙種消防設備士は，政令で定める消防用設備等の整備を行うことはできるが，工事を行うことはできない（消防法第17条の6)。

したがって，**3が誤りである。**　　正解　3

7-4 労働安全衛生法

●過去の出題傾向

労働安全衛生法の問題は，**毎年２問出題**されている。

[安全衛生管理体制]

・安全衛生管理体制からは，**毎年１問ないし２問出題**されている。

・統括安全衛生責任者，総括安全衛生責任者等よく似た名称が出てくるので，それぞれの内容を正確に覚えておく。

[建設業に係る届出]

・建設業に係る届出についても出題されている。

項目	出題内容（キーワード）
安全衛生管理体制	安全衛生管理体制： 元方安全衛生管理者，安全衛生責任者，労働基準監督署長， 都道府県労働局長 総括安全衛生管理者： 総括安全衛生管理者の選任，報告書の提出， 安全管理者及び衛生管理者の指揮 統括安全衛生責任者： 協議組織の設置及び運営，作業場所を巡視， 関係請負人が講ずべき措置についての指導 店社安全衛生管理者： 安全又は衛生のための教育，協議組織の会議， 作業の実施状況の把握 選任しなければならない者： 安全衛生推進者，衛生管理者 設置すべき委員会： 安全衛生委員会，安全委員会，衛生委員会 酸素欠乏危険作業： 特別の教育，酸素欠乏，酸素の濃度を測定，人員の点検
建設業に係る届出	建設業に係る届出： 計画の届出，労働基準監督署長に届け出

7-4 労働安全衛生法　安全衛生管理体制　★★★

14 安全衛生管理体制に関する記述として，「労働安全衛生法」上，**定められていないもの**はどれか。

1. 事業者は，元方安全衛生管理者が旅行，疾病，事故その他やむを得ない事由によって職務を行うことができないときは，代理者を選任しなければならない。
2. 安全衛生責任者を選任した請負人は，同一の場所において作業を行う統括安全衛生責任者を選任すべき事業者に対し，遅滞なく，その旨を通報しなければならない。
3. 労働基準監督署長は，労働災害を防止するため必要があると認めるときは，事業者に対し，衛生管理者の増員を命ずることができる。
4. 都道府県労働局長は，労働災害を防止するため必要があると認めるときは，事業者に対し，安全管理者の解任を命ずることができる。

解答

労働災害を防止するため，事業者に安全管理者の増員または解任を命ずることができる者は，都道府県労働局長ではなく**労働基準監督署長**である（労働安全衛生法第11条の2）。

したがって，**4が定められていない**。　**正解　4**

試験によく出る重要事項

よく似た言葉が出てくるので，それぞれの内容を正確に覚えておく。

① **総括安全衛生管理者**（法第10条）

常時100人以上の労働者を使用する単一の事業場において，事業を実質的に統括管理する者であり，安全管理者，衛生管理者を指揮し，労働者の危険または健康障害を防止するための措置等の業務を統括管理する者。

② **統括安全衛生責任者**（法第15条）

元請け・下請併せて50人以上の労働者が混在する大規模現場において，事業の実施を統括管理する者であり，元方安全衛生管理者を指揮し，労働災害を防止するための措置等の業務を統括管理する者。

③　**元方安全衛生管理者**（法第15条の2）

統括安全衛生責任者を選任した現場において，統括安全衛生責任者の行う職務のうち，技術的事項の職務を担当する者。

④　**安全衛生責任者**（法第16条）

下請企業を含めて常時50人以上の労働者が混在する大規模現場において，統括安全衛生責任者を選任すべき事業者以外の請負人（下請負人，孫請負人等）が選任し，統括安全衛生責任者との連絡や下請の安全衛生責任者との連絡調整等を行う者。

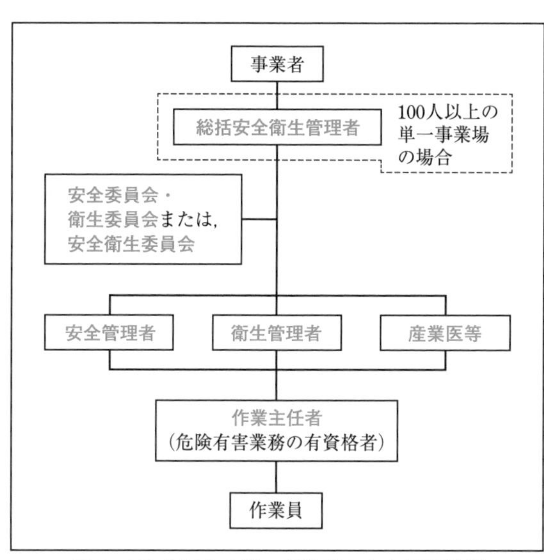

図1　50人以上の単一事業場の安全管理体制

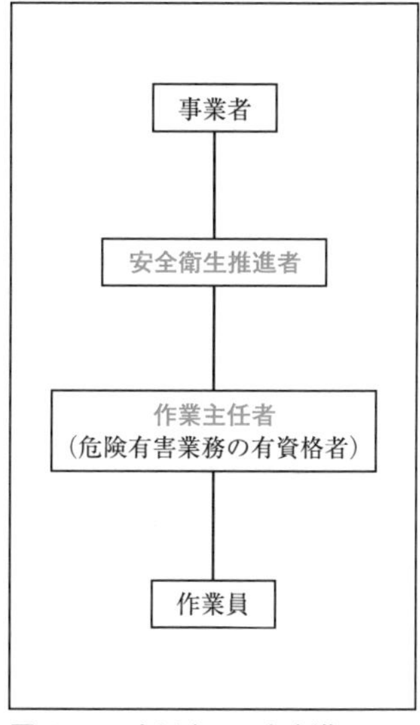

図2　10人以上50人未満の単一事業場の安全管理体制

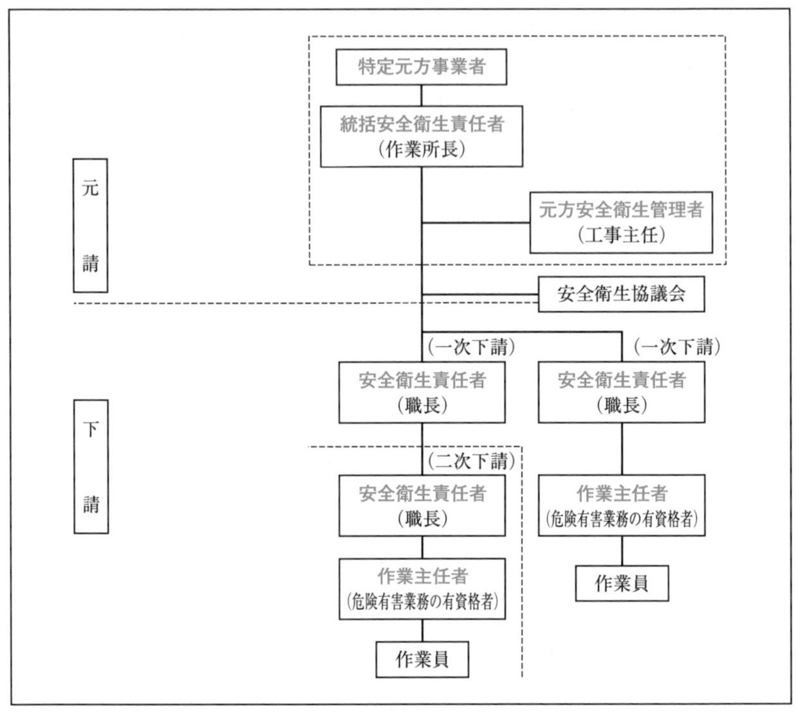

図３　50人以上の下請混在事業場の安全管理体制

類題　建設業の総括安全衛生管理者に関する記述として，「労働安全衛生法」上，誤っているものはどれか。

1.　常時100人以上の労働者を使用する事業場ごとに，総括安全衛生管理者を選任しなければならない。
2.　総括安全衛生管理者を選任すべき事由が発生した日から30日以内に選任しなければならない。
3.　総括安全衛生管理者を選任したときは，遅滞なく，報告書を所轄労働基準監督署長に提出しなければならない。
4.　総括安全衛生管理者は，安全管理者及び衛生管理者の指揮をしなければならない。

解答

総括安全衛生管理者を選任すべき事由が発生した場合，発生した日から14日以内に選任しなければならない（労働安全衛生法施行規則第２条）。

したがって，２が誤りである。　　正解　２

類題　建設業における特定元方事業者が，労働災害を防止するために講ずべき措置に関する記述として，「労働安全衛生法」上，**誤っているもの**はどれか。

1.　関係請負人が行う労働者の安全又は衛生のための教育に対する指導及び援助を行うこと。
2.　特定元方事業者及びすべての関係請負人が参加する協議組織の設置及び運営を行うこと。
3.　特定元方事業者と関係請負人との間及び関係請負人相互間における，作業間の連絡及び調整を行うこと。
4.　関係請負人の安全管理者を選任し，労働者の危険を防止するための措置に関することを担当させること。

解答

関係請負人の安全管理者を選任し，労働者の危険を防止するための措置に関することを担当させることは，特定元方事業者が労働災害を防止するために講ずべき措置として定められていない（労働安全衛生法第30条）。

したがって，**4が誤り**である。　正解　4

類題　建設業の総括安全衛生管理者に関する記述として，「労働安全衛生法」上，**誤っているもの**はどれか。

1.　常時100人以上の労働者を使用する事業場ごとに，総括安全衛生管理者を選任しなければならない。
2.　総括安全衛生管理者を選任すべき事由が発生した日から30日以内に選任しなければならない。
3.　総括安全衛生管理者を選任したときは，遅滞なく，報告書を所轄労働基準監督署長に提出しなければならない。
4.　総括安全衛生管理者は，安全管理者及び衛生管理者の指揮をしなければならない。

解答

総括安全衛生管理者を選任すべき事由が発生した日から，14日以内に選任しなければならない（労働安全衛生法施行規則第2条）。

したがって，**2が誤り**である。　正解　2

7-4 労働安全衛生法　建設業に係る届出　★★

15 建設業に係る届出に関する次の文章中，[　　]内の日数として，「労働安全衛生法」上，**定められているもの**はどれか。

「事業者は，計画の届出を要する仮設足場を設置しようとするときは，当該工事の開始の日の[　　]前までに，労働基準監督署長に届け出なければならない。」

1. 7日
2. 10日
3. 14日
4. 30日

解 答

事業者は，計画の届出を要する仮設足場を設置しようとするときは，当該工事の開始の日の30日前までに，労働基準監督署長に届け出なければならない（法第88条）。

したがって，**4が定められているものである。**　正解　4

解 説

第88条第1項には，次のように規定されている。

事業者は，当該事業場の業種及び規模が政令で定めるものに該当する場合において，当該事業場に係る建設物若しくは機械等（仮設の建設物又は機械等で厚生労働省令で定めるものを除く。）を設置し，若しくは移転し，又はこれらの主要構造部分を変更しようとするときは，その計画を当該工事の開始の日の**30日前**までに，厚生労働省令で定めるところにより，労働基準監督署長に届け出なければならない。

ただし，第28条の2第1項に規定する措置その他の厚生労働省令で定める措置を講じているものとして，厚生労働省令で定めるところにより労働基準監督署長が認定した事業者については，この限りでない。

7-5 労働基準法

●過去の出題傾向

労働基準法の問題は，**毎年 1 問出題**されている。

[労働契約の締結]

・労働契約に関する問題がほぼ毎年出題されている。

・使用者が労働者に対して書面に明示しなければならない労働条件は多岐にわたる。労働時間と賃金だけではなく，福利厚生や退職に関することも含まれることを正しく理解する。

[災害補償]

・災害補償に関しての問題も出題されている。

・災害補償の種類とその内容を正しく覚える。

項目	出題内容（キーワード）
労働契約の締結	労働契約の締結： 書面による労働条件の明示，書面の交付，就業の場所，従事すべき業務，労働契約の期間，退職に関する事項 使用者： 事業主，事業の経営担当者，休憩時間，労働者名簿，賃金台帳，重要な書類の保存 年少者の使用： 満 18 歳に満たない者，児童の使用禁止，親権者，後見人
災害補償	災害補償： 労働者災害補償保険法，災害補償，療養補償，休業補償，打切補償，遺族補償，障害補償

7-5 労働基準法　労働契約の締結　★★★

16 使用者が労働契約の締結に際し，労働者に対して書面の交付により明示しなければならない労働条件として，「労働基準法」上，**定められていないもの**はどれか。

1. 就業の場所及び従事すべき業務に関する事項
2. 労働契約の期間に関する事項
3. 福利厚生施設の利用に関する事項
4. 退職に関する事項

解答

使用者が労働者に対して明示しなければならない労働条件に，福利厚生施設の利用に関する事項は含まれていない（労働基準法施行規則第5条）。

したがって，**3が定められていない。**　　**正解 3**

解説

使用者が労働契約の締結に際し，労働者に対して書面の交付により明示しなければならない労働条件は，労働基準法施行規則第5条に，次のように定められている。

> 使用者が法第15条第1項 前段の規定により労働者に対して明示しなければならない労働条件は，次に掲げるものとする。ただし，第1号の2に掲げる事項については期間の定めのある労働契約であって，当該労働契約の期間の満了後に当該労働契約を更新する場合があるものの締結の場合に限り，第4号の2から第11号までに掲げる事項については，使用者がこれらに関する定めをしない場合においては，この限りでない。
>
> 1. 労働契約の期間に関する事項
>   1の2. 期間の定めのある労働契約を更新する場合の基準に関する事項
>   1の3. 就業の場所及び従事すべき業務に関する事項
> 2. 始業及び終業の時刻，所定労働時間を超える労働の有無，休憩時間，休日，

休暇並びに労働者を二組以上に分けて就業させる場合における就業時転換に関する事項

3. 賃金（退職手当及び第5号に規定する賃金を除く。以下，この号において同じ。）の決定，計算及び支払の方法，賃金の締切り及び支払の時期並びに昇給に関する事項

4. 退職に関する事項（解雇の事由を含む。）

4の2. 退職手当の定めが適用される労働者の範囲，退職手当の決定，計算及び支払の方法並びに退職手当の支払の時期に関する事項

5. 臨時に支払われる賃金（退職手当を除く。），賞与及び第8条各号に掲げる賃金並びに最低賃金額に関する事項

6. 労働者に負担させるべき食費，作業用品その他に関する事項

7. 安全及び衛生に関する事項

8. 職業訓練に関する事項

9. 災害補償及び業務外の傷病扶助に関する事項

10. 表彰及び制裁に関する事項

11. 休職に関する事項

類題　建設の事業において年少者を使用する場合の記述として，「労働基準法」上，**誤っているもの**はどれか。

1. 使用者は，児童が満15歳に達した日以後の最初の3月31日が終了するまで使用してはならない。
2. 使用者は，満16歳以上の男性を，交替制により午後10時から午前5時までの間において使用することができる。
3. 親権者又は後見人は，未成年者の賃金を代って受け取ることができる。
4. 親権者又は後見人は，労働契約が未成年者に不利であると認める場合においては，将来に向ってこれを解除することができる。

解答

未成年者は，独立して賃金を請求することができる。親権者又は後見人といえども，未成年者の賃金を代わって受け取ってはならない（労働基準法第59条）。

したがって，**3**が誤りである。　正解　3

7−5 労働基準法　災害補償　★★★

17 災害補償に関する記述として，「労働基準法」上，**誤っているものはどれか。**

1. 療養補償は，労働者が業務上負傷し又は疾病にかかった場合の，療養のための補償である。
2. 休業補償は，労働者が療養補償の規定による療養のため，労働することができないために賃金を受けない場合の補償である。
3. 打切補償は，労働者が業務上負傷し又は疾病にかかり，治った場合において，身体に障害が残ったときの補償である。
4. 遺族補償は，労働者が業務上死亡した場合の，遺族に対する補償である。

解答

労働者が業務上負傷し又は疾病にかかり，治った場合において，身体に障害が残ったときには，使用者は**障害補償**を行わなければならない（労働基準法第77条）。

したがって，**3** が誤りである。　**正解　3**

解説

その他の災害補償について，労働基準法では以下のように規定されている。

① **療養補償**：労働者が業務上負傷し，又は疾病にかかった場合においては，使用者は，その費用で必要な療養を行い，又は必要な療養の費用を負担しなければならない（法第75条）。

② **休業補償**：労働者が前条の規定による療養のため，労働することができないために賃金を受けない場合においては，使用者は労働者の療養中平均賃金の60/100の休業補償を行わなければならない（法第76条）。

③ **遺族補償**：労働者が業務上死亡した場合においては，使用者は，遺族に対して，平均賃金の1,000日分の遺族補償を行わなければならない（法第79条）。

④ **打切補償**：療養開始後3年を経過しても負傷又は疾病が治らない場合においては，使用者は，平均賃金の1,200日分の打切補償を行い，その後はこの法律の規定による補償を行わなくてもよい（法第81条）。

類題　災害補償に関する記述として，「労働基準法」上，**誤っているもの**はどれか。

1.　建築の事業が数次の請負によって行われる場合においては，災害補償については，その元請負人を使用者とみなす。
2.　労働者が重大な過失によって業務上負傷し，又は疾病にかかり，且つ使用者がその過失について所轄労働基準監督署長の認定を受けた場合においては，休業補償又は障害補償を行わなくてもよい。
3.　労働者災害補償保険法又は省令で指定する法令に基づいてこの法律の災害補償に相当する給付が行われる場合においては，使用者は，補償の責を免れる。
4.　災害補償を受けている労働者が退職し，雇用関係が解消された場合においては，その権利を失う。

解答

災害補償を受けている労働者が退職し，雇用関係が解消された場合においても，補償を受ける権利は失われることはない（労働基準法第83条）。

したがって，**4が誤りである。**　正解　4

類題　災害補償に関する記述として，「労働基準法」上，**誤っているもの**はどれか。

1.　建築の事業が数次の請負によって行われる場合においては，災害補償については，その元請負人を原則として使用者とみなす。
2.　労働者が業務上負傷し，治った場合において，その身体に障害が存するときは，使用者は障害補償を行わなければならない。
3.　労働者災害補償保険法に基づいて労働基準法の災害補償に相当する給付が行われる場合においては，使用者は，補償の責を免れる。
4.　災害補償を受けている労働者が退職し，雇用関係が解消された場合においては，補償を受ける権利を失う。

解答

災害補償を受けている労働者が退職し，雇用関係が解消された場合においても，補償を受ける権利は失われることはない（労働基準法第83条）。

したがって，**4が誤りである。**　正解　4

7-6 その他 関連法規

●過去の出題傾向

その他関連法規から，**毎年1問出題**されている。

[その他関連法規]

・毎年異なった法規から出題されており，幅広い知識が必要である。

項目	出題内容（キーワード）
その他 関連法規	**廃棄物の処理及び清掃に関する法律：** 産業廃棄物の処分，管理票，管理票交付者， 保存しなければならない期間 **建設工事に係る資材の再資源化等に関する法律：** 建設資材廃棄物，特定建設資材廃棄物，分別解体等，再資源化， 書面での報告 **大気汚染防止法：** ばい煙発生施設，ディーゼル機関の燃料の燃焼能力， 燃焼能力の重油換算 **道路法：** 道路の占用許可申請書，工事実施の方法， 道路の復旧方法，工作物，物件又は施設の構造

7-6 その他関連法規　廃棄物の処理及び清掃に関する法律　★★

18　産業廃棄物の処分が終了した旨の記載された管理票の写しを受けた管理票交付者が，送付を受けた日から保存しなければならない期間として，「廃棄物の処理及び清掃に関する法律」上，**定められているもの**はどれか。

ただし，電子情報処理組織使用事業者を除く。

1.　1年
2.　3年
3.　5年
4.　10年

解答

産業廃棄物の処分が終了した旨の記載された管理票の写しを受けた管理票交付者が，送付を受けた日から保存しなければならない期間は，5年である（廃棄物の処理及び清掃に関する法律第12条の3第6項，則第8条の26）。

したがって，**3が定められているもの**である。　正解　3

解説

廃棄物の処理及び清掃に関する法律第12条の3第6項に産業廃棄物管理票について，

「管理票交付者は，前3項又は第12条の5第5項の規定による管理票の写しの送付を受けたときは，当該運搬又は処分が終了したことを当該管理票の写しにより確認し，かつ，当該管理票の写しを当該送付を受けた日から環境省令で定める期間保存しなければならない。」

と定められている。また，同法施行規則第8条の26に管理票交付者が送付を受けた管理票の写しの保存期間は，

「法第12条の3第6項 の環境省令で定める期間は，5年とする」

と定められている。

7-6 その他関連法規　資材の再資源化等に関する法律　★★

19 建設資材廃棄物に関する記述として，「建設工事に係る資材の再資源化等に関する法律」上，**誤っているもの**はどれか。

1. 建設業を営む者は，建設資材廃棄物の再資源化により得られた建設資材を使用するよう努めなければならない。
2. 建設工事の元請業者は，当該工事に係る特定建設資材廃棄物の再資源化等が完了したときは，その旨を都道府県知事に書面で報告しなければならない。
3. 解体工事における分別解体等とは，建築物等に用いられた建設資材に係る建設資材廃棄物をその種類ごとに分別しつつ当該工事を計画的に施工する行為である。
4. 再資源化には，分別解体等に伴って生じた建設資材廃棄物であって，燃焼の用に供することができるものを，熱を得ることに利用できる状態にする行為が含まれる。

解答

建設工事の元請業者は，当該工事に係る特定建設資材廃棄物の再資源化等が完了したときは，その旨を発注者に書面で報告しなければならない（建設工事に係る資材の再資源化等に関する法律第18条）。

したがって，**2**が誤りである。　**正解　2**

解説

法第18条に発注者への報告等に関して，次のように定められている。

対象建設工事の元請業者は，当該工事に係る特定建設資材廃棄物の再資源化等が完了したときは，主務省令で定めるところにより，その旨を当該工事の発注者に書面で報告するとともに，当該再資源化等の実施状況に関する記録を作成し，これを保存しなければならない。

7-6 その他関連法規　大気汚染防止法　★★

20 　ディーゼル機関の燃料の燃焼能力に関し，ばい煙発生施設に該当するものとして，「大気汚染防止法」上，**定められているもの**はどれか。

1. 軽油換算 1 時間当たり 35 *l* 以上
2. 軽油換算 1 時間当たり 50 *l* 以上
3. 重油換算 1 時間当たり 35 *l* 以上
4. 重油換算 1 時間当たり 50 *l* 以上

解答

ディーゼル機関の燃料の燃焼能力が，重油換算 1 時間当たり 50 リットル以上ある場合，ばい煙発生施設に該当する（大気汚染防止法第 2 条第 2 項，令第 2 条及び令別表第 1）。

したがって，**4 が定められているものである。**　　**正解　4**

解説

法第 2 条第 1 項に「ばい煙」の定義が，また同第 2 項に「ばい煙発生施設」の定義が，次のように定められている。

1.「ばい煙」とは，次の各号に掲げる物質をいう。

1）燃料その他の物の燃焼に伴い発生する いおう酸化物

2）燃料その他の物の燃焼又は熱源としての電気の使用に伴い発生するばいじん

3）物の燃焼，合成，分解その他の処理（機械的処理を除く。）に伴い発生する物質のうち，カドミウム，塩素，フッ化水素，鉛，その他の人の健康又は生活環境に係る被害を生ずるおそれがある物質（第一号に掲げるものを除く。）で政令で定めるもの

2.「ばい煙発生施設」とは，工場又は事業場に設置される施設でばい煙を発生し，及び排出するもののうち，その施設から排出されるばい煙が大気の汚染の原因となるもので政令で定めるものをいう。

令第 2 条及び令別表第 1 に具体的施設とその規模が示されており，ガスタービンおよびディーゼル機関は燃料の燃焼能力が重油換算 1 時間当たり 50 リットル以上であること，またガス機関およびガソリン機関は，燃料の燃焼能力が重油換算 1 時間当たり 35 リットル以上であることが定められている。

7-6 その他関連法規　道路法　★★

21　道路の占用許可申請書に記載する事項として，「道路法」上，**定められていない**ものはどれか。

1.　工事実施の方法
2.　道路の復旧方法
3.　工作物，物件又は施設の構造
4.　工作物，物件又は施設の維持管理方法

解答

工作物，物件又は施設の維持管理方法は，道路の占有許可申請書に記載する事項に含まれていない（道路法第32条第2項）。

したがって，**4が定められていない。**　正解　4

解説

道路の占用の許可に関する規定は，法第32条に次のように定められている。

1. 道路に次の各号のいずれかに掲げる工作物，物件又は施設を設け，継続して道路を使用しようとする場合においては，道路管理者の許可を受けなければならない。
   1）電柱，電線，変圧塔，郵便差出箱，公衆電話所，広告塔，その他これらに類する工作物
   2）水管，下水道管，ガス管，その他これらに類する物件
   3）～6）略）
   7）前各号に掲げるものを除く外，道路の構造又は交通に支障を及ぼす虞（おそれ）のある工作物，物件又は施設で政令で定めるもの
2. 前項の許可を受けようとする者は，左の各号に掲げる事項を記載した申請書を道路管理者に提出しなければならない。
   1）道路の占用
   2）道路の占用の期間
   3）道路の占用の場所
   4）工作物，物件又は施設の構造
   5）工事実施の方法
   6）工事の時期
   7）道路の復旧方法

付　録

付録 1

電気設備の用語と単位

用語		単位	読み
日本語	記号		
電気量（電荷）	Q	C	クーロン
電流	I	A	アンペア
電圧	V	V	ボルト
周波数	f	Hz	ヘルツ
電力，有効電力	P	W	ワット
電力量	W	W・h	ワットアワー，ワット時
皮相電力	S	V・A	ボルトアンペア
無効電力	Q	var	バール
電気抵抗	R	Ω	オーム
インピーダンス	Z	Ω	オーム
抵抗率	ρ	Ω・m	オームメートル
静電容量	C	F	ファラド
電界の強さ	E	V/m	ボルト毎メートル
誘電率	ε	F/m	ファラド毎メートル
磁界の強さ	H	A/m	アンペア毎メートル
磁束密度	B	T	テスラ
インダクタンス	L	H	ヘンリー
透磁率	μ	H/m	ヘンリー毎メートル
光束	F	lm	ルーメン
光度	I	cd	カンデラ
照度	E	lx	ルクス
発光効率	η	lm/W	ルーメン毎ワット
色温度	K	K	ケルビン
回転速度	N	$\min^{-1}$	毎分
		rpm	
角度	θ	°	度
		rad	ラジアン
角速度	ω	rad/s	ラジアン毎秒

ギリシャ文字

小文字	読み	小文字	読み
α	アルファ	η	イータ
β	ベータ	θ	シータ
γ	ガンマ	λ	ラムダ
δ	デルタ	μ	ミュー
ε	イプシロン	ρ	ロー
π	パイ	ω	オメガ

10の倍数

数値	倍数	記号	読み
1,000,000,000,000	10^{12}	T	テラ
1,000,000,000	10^{9}	G	ギガ
1,000,000	10^{6}	M	メガ
1,000	10^{3}	k	キロ
1	10^{0}		
$\frac{1}{1,000}$	10^{-3}	m	ミリ
$\frac{1}{1,000,000}$	10^{-6}	μ	マイクロ
$\frac{1}{1,000,000,000}$	10^{-9}	n	ナノ
$\frac{1}{1,000,000,000,000}$	10^{-12}	p	ピコ

$$\frac{1}{8} = \frac{1}{2^3} = 2^{-3}$$

$$\sqrt{2} = 2^{\frac{1}{2}}$$

1,000,000[Ω]＝1,000[kΩ]＝1[MΩ]

物質の抵抗率の例

抵抗率は，電気の流れにくさを示す数値である。

物質	抵抗率［Ω・m］
銀	1.6×10^{-8}
銅	1.7×10^{-8}
金	2.2×10^{-8}
アルミニウム	2.7×10^{-8}
鉄	1.0×10^{-7}
海水	2.0×10^{-1}
純水	2.5×10^{5}
ガラス	$10^{10} \sim 10^{14}$
ゴム	10^{13}
ポリエチレン	10^{16}

付録2

■ ピタゴラスの定理（三平方の定理）

ピタゴラスの定理は，直角三角形の3辺の長さの関係を表す等式であり，三平方の定理（さんへいほうのていり）とも呼ばれる。

直角三角形の斜辺の長さをc，他の2辺の長さをa，b，とすると，

$$a^2 + b^2 = c^2$$

が成立する。

■ 三角関数

三角関数 ／ 三角形	正弦 サイン $\sin\theta$	余弦 コサイン $\cos\theta$	正接 タンジェント $\tan\theta$	備　考
c, a, θ, b	$\frac{a}{c}$	$\frac{b}{c}$	$\frac{a}{b}$	
$\sqrt{2}$, 1, 45°, 1	$\frac{1}{\sqrt{2}} \fallingdotseq 0.71$	$\frac{1}{\sqrt{2}} \fallingdotseq 0.71$	$\frac{1}{1} = 1$	$\sqrt{2} \fallingdotseq 1.41$
5, 3, θ, 4	$\frac{3}{5} = 0.6$	$\frac{4}{5} = 0.8$	$\frac{3}{4} = 0.75$	
2, 1, 30°, $\sqrt{3}$	$\frac{1}{2} = 0.5$	$\frac{\sqrt{3}}{2} \fallingdotseq 0.87$	$\frac{1}{\sqrt{3}} \fallingdotseq 0.58$	$\sqrt{3} \fallingdotseq 1.73$

■ 角度の単位，度とラジアンの関係

度	0°	30°	45°	60°	90°	180°	270°	360°
ラジアン	0	$\frac{\pi}{6}$	$\frac{\pi}{4}$	$\frac{\pi}{3}$	$\frac{\pi}{2}$	π	$\frac{3}{2}\pi$	2π

付録３　数学の公式

1.　指数（$a \neq 0$）

（1）　$a^m \times a^n = a^{m+n}$

（2）　$a^m \div a^n = \dfrac{a^m}{a^n} = a^{m-n}$

（3）　$(a^m)^n = a^{mn}$

（4）　$(ab)^n = a^n b^n$

（5）　$\left(\dfrac{a}{b}\right)^n = \dfrac{a^n}{b^n}$　$(b \neq 0)$

（6）　$a^0 = 1$　（7）　$a^{-m} = \dfrac{1}{a^m}$

2.　乗法公式

（1）　$m(a+b) = ma + mb$

（2）　$(a+b)^2 = a^2 + 2ab + b^2$

（3）　$(a-b)^2 = a^2 - 2ab + b^2$

（4）　$(a+b)(a-b) = a^2 - b^2$

（5）　$(x+a)(x+b)$
$= x^2 + (a+b)x + ab$

（6）　$(ax+b)(cx+d)$
$= acx^2 + (ad+bc)x + bd$

3.　比例式

$a : b = c : d$ のとき

$\dfrac{a}{b} = \dfrac{c}{d}$，$bc = ad$

4.　１次方程式・１次不等式の解

（1）　$ax = b$　$(a \neq 0)$ の解は

$x = \dfrac{b}{a}$

（2）　$ax > b$　$(a \neq 0)$ の解は

$x > \dfrac{b}{a}$

5.　２次方程式の解

$ax^2 + bx + c = 0$　$(a \neq 0)$
の解は

$$x = \frac{-b \pm \sqrt{b^2 - 4ac}}{2a}$$

6.　複素数表示と絶対値

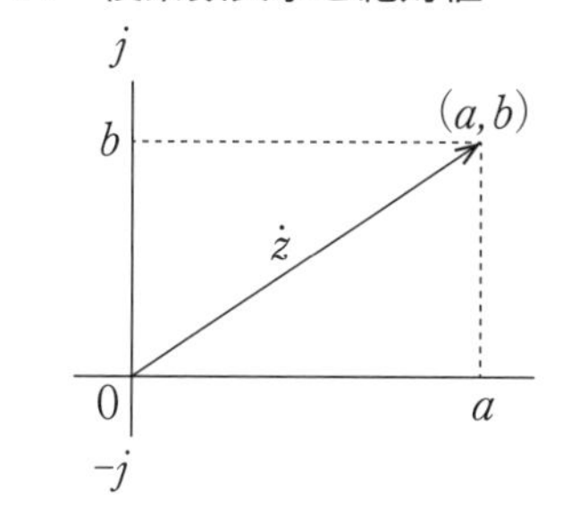

$\dot{z} = a + jb$

$z = |\dot{z}| = \sqrt{a^2 + b^2}$

7.　円の面積と円周の長さ

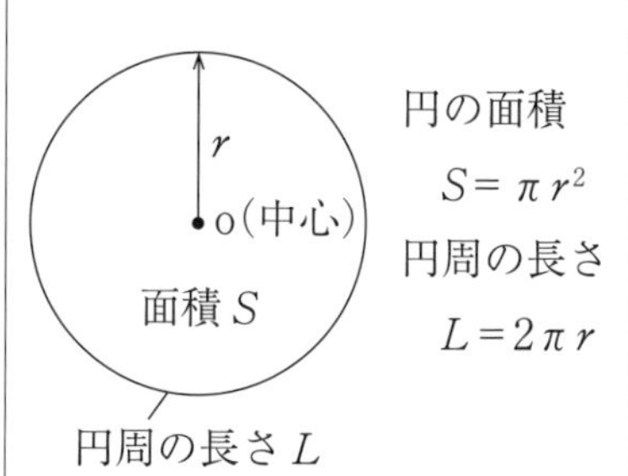

円の面積

$S = \pi r^2$

円周の長さ

$L = 2\pi r$

[執筆者] 片上男次 Yuuji Katakami
1972年 東北大学工学部電気工学科 卒業
元 清水建設（株）設計本部 所属
現在 片上技術士事務所
技術士（電気電子部門），第２種電気主任技術者，
建築設備士

小坂睦夫 Mutsuo Kosaka
1979年 北海道大学工学部電気工学科 卒業
元 清水建設（株）設計本部 所属
現在 三井不動産アーキテクチュラル・エンジニアリング（株）
技術士（電気電子部門），第２種電気主任技術者，
建築設備士，一級電気工事施工管理技士

本庄英智 Hidetomo Honjyo
1979年 早稲田大学理工学部電気工学科 卒業
元 清水建設（株）設計本部 所属
現在 JPビルマネジメント（株）専門役
技術士（総合技術監理部門／電気電子部門），
第２種電気主任技術者，建築設備士，
一級電気工事施工管理技士

エクセレント ドリル
１級電気工事施工管理技士
試験によく出る重要問題集

2020年１月22日 初版印刷
2020年１月31日 初版発行

執筆者 片上男次（ほか上記２名）
発行者 澤崎明治

（印刷）廣済堂 （製本）三省堂印刷
（トレース）丸山図芸社

発行所 株式会社市ヶ谷出版社
東京都千代田区五番町５
電話 03-3265-3711(代)
FAX 03-3265-4008
http://www.ichigayashuppan.co.jp

ISBN978-4-87071-393-2